食品检验检测分析技术

李晓燕　周京丽　高延伟◎著

线装书局

图书在版编目（CIP）数据

食品检验检测分析技术/李晓燕，周京丽，高延伟
著.--北京:线装书局,2023.8
ISBN 978-7-5120-5551-3

Ⅰ.①食… Ⅱ.①李… ②周… ③高… Ⅲ.①食品检
验②食品分析 Ⅳ.①TS207.3

中国国家版本馆 CIP 数据核字(2023)第 134068 号

食品检验检测分析技术
SHIPIN JIANYAN JIANCE FENXI JISHU

作　　者：	李晓燕　周京丽　高延伟	
责任编辑：	林　菲	
出版发行：	线装书局	
	地　　址：北京市丰台区方庄日月天地大厦 B 座 17 层（100078）	
	电　　话：010-58077126（发行部）010-58076938（总编室）	
	网　　址：www.zgxzsj.com	
经　　销：	新华书店	
印　　制：	北京四海锦诚印刷技术有限公司	
开　　本：	787mm×1092mm　　1/16	
印　　张：	14.75	
字　　数：	292 千字	
版　　次：	2023年 8月第 1 版第 1 次印刷	
定　　价：	78.00 元	

线装书局官方微信

前　言

　　食品是人类赖以生存的最基本物质，它为人类身体的生长发育、细胞更新、组织修复等提供了必需的营养物质和能量，而食品安全是关系到人类身体健康的最基本因素。

　　随着科学的进步、社会的发展和生活水平的不断提高，人们不仅要求食品营养丰富、美味可口，更需要安全卫生。食品从原料生产、加工、贮运、销售直到消费的整个过程都存在着不安全因素，包括工农业生产快速发展带来的各种污染，不科学的生产技术、不规范的生产方式、不良的饮食习惯以及精神文明素质不高、弄虚作假或对食品安全性了解不够等人为因素。目前，食品安全问题已成为世界性的问题，日益引起广大民众的关注，它不仅影响企业的声誉、工人农民的利益，也关系到整个食品产业链的、安全稳定运行，更直接影响着人类的身体健康。目前，食品分析检测技术也在不断地发展和更新。为了使学生能够接触到最新、最先进的检测方法，并与国际通用的分析方法接轨，我们急需一本能够涵盖最新检测技术和方法、适合食品专业特点的书籍，使得内容更加实用、规范、新颖，最终达到培养适应当前社会经济发展需求的创新应用型人才这一目标。

　　本书是一本关于食品检验检测分析技术方面研究的著作。全书首先对食品检验检测分析样品的采集及数据处理的内容进行简要概述，介绍了样品的采集、保存、制备、前处理以及相关试验方法的选择、试验数据的处理等；然后对几项典型的食品检验检测分析技术进行梳理和分析，包括食品的感官检测、物理检测、一般成分的测定、添加剂的检测、微生物检验、掺假物质的检测以及加工与储藏过程中有害物质的检验等多个方面。本书论述严谨，结构合理，条理清晰，其能为当前食品检验检测分析技术相关理论的深入研究提供借鉴。

目 录

第一章 样品采集及数据处理

第一节 样品的采集与保存

一、样品采集与保存的重要性和要求

采样，也称抽样，是从某原料或产品的总体（通常指一个货批）中抽取样品的过程。有时，采样是指从怀疑发生污染、有毒和掺假的原料和产品中抽取样品的过程。采样是分析检验中最基础的工作。正确的采样方法、合理的保存和及时送检是保证食品质量与安全检验质量的前提。

样品的采集和保存要求如下：

（一）代表性

采样对象整体数量往往很大，各个体间的物理、化学、生物等性质存在细微差别，个别个体可能与其他差别很大。采样量相比之下则很小，只有采得代表性强的样品，才能在源头保证分析结果的代表性。

（二）科学性

由于食品多种多样、均匀性差、货批量大，采样方法和采样量对采样结果影响很大。因此，必须科学制订和严格遵守采样程序和方法，保证分析结果的科学性。

（三）真实性

有些样品在采样、运输和保存中易受外界因素影响而变质。因此，必须严格保护样品以减少外界因素对样品原始特性的改变，否则最后的分析结果将难以反映样品的真实特性。对于特别易变化的样品，应强调即时采样，即时分析。当采集的样品要用于微生物检

验时，采样必须符合无菌操作的要求，一件用具只能用于一个样品，且保存和运送过程中应保证样品中微生物的状态不发生变化。另外，样品不得跨货批混采或替代，也不得从破损或泄漏的包装中采集（它们直接属不合格品）。

（四）典型性

在食品安全监测中，对于怀疑被污染的原料、产品和商品，应采集接近污染源和易受污染的典型样品；对于发生中毒或怀疑有毒的原料、产品和商品，应采集中毒者有关的典型样品（如呕吐物、排泄物、剩余食物和未洗刷餐具等）；对于发生掺假或怀疑掺假的原料、产品和商品，应按可能的线索提示，采集有可能揭露掺假的典型样品。

（五）操作规范

采样方式多样、采样过程长、操作步骤多，食品分析中采样带来的误差，往往大于后续测定带来的误差。因此，根据样品特点科学制订和严格执行规范化的采样操作和记录是保证采样精确性和可信度的关键因素。

（六）均匀性

贮器内液体和半固态流体在采样前先要充分混匀。仓储或袋装的固态粉粒样品需分别依据规定方法均匀地从不同部位采样，充分混匀后再取样。肉类、水产等食品应按分析项目的要求分别采取不同部位的样品或混合后采样。

（七）清楚标记，严防混淆

一个样品盛具只能用于一个样品，每个样品都必须有唯一性标志，且标签上应标记有与该样品有关的尽可能详尽的资料。

（八）注重保质

不论什么样品，采后都必须尽快检测，检测前的储运方法应保证样品不发生变质和污染。除了易变质的样品可以按照特殊规定检验后不保留外，一般样品检验后仍需保留一定时间（常为 1 个月）有待复查。因此，保留方法应尽量保证样品不发生变质和污染。

二、样品采集与保存的注意事项

由于食品样品的状态不同，其处理程序也不同。有的样品是冷冻的，有的是盐渍的，有的是干燥的，有的是新鲜的。不同状态的样品，在进行检测前，都要进行处理。我们在处理过程中，都要严格按规定的检测规程操作，不能随意更改处理程序，或是省略某项处理程序，抑或是随意颠倒处理流程，或是根据自己的检测工作经验进行操作，这些不规范的操作都将影响着检测结果。因此，样品处理工作是一项很系统和严谨的工作，准备工作可能涉及多个人或多个设备，分析人员操作的因素、设备操作的差异，这些都将影响着样品处理结果。如果处理不当，还可能带来极大的污染样品的风险，这将直接导致产品检测结果不准确。以下几点在样品采集和保存过程中尤其需要注意：

（一）注意酶活力的影响

在制备样品时尽量不要激活任何种类的酶活力，否则一些成分会发生酶促变化而改变。对于可能存在酶活力的样品，要采用冷冻、低温及快速处理。

（二）防止脂质的氧化

食品中的脂肪易发生氧化，光照、高温、氧气或过氧化剂都能增加被氧化的概率。因此通常将这种含有高不饱和脂肪酸的样品保存在氮气或惰性气体中，并且低温存放于暗室或深色瓶子里，在不影响分析结果的前提下可加入抗氧化剂减缓氧化速度。

（三）注意微生物的生长和交叉污染

如果食品中存在活的微生物，在不加控制的条件下极易改变样品的成分。冷冻、烘干、热处理和添加化学防腐剂是常用于控制食品中微生物的技术。对于这类食品要尽可能地快速完成样品的制备。

（四）注意处理过程中对重金属含量的影响

在检测食品中的有害重金属含量时，对于需要粉碎的样品，要避免粉碎设备带来的重金属污染。最常见的污染是 Fe 或 Cr。

（五）防止食品形态改变对样品的影响

食品形态的改变也会对样品的分析有影响，例如，由于蒸发或者浓缩，水分可能有所损失；脂肪或冰的融化或水的结晶，可能使食品结构属性发生变化，进而影响某些成分结构。通过控制温度和外力可以将形态变化控制到最小程度。

综上所述，食品的取样、制样技术对于食品的质量与安全检测非常重要。生产企业应建立一套完善的取制样流程和技术，以便及时提供正确的分析报告，保障食品的质量与安全；对于质量监督部门而言，不仅需要科学的检测方法，还要注意样品采集与保存技术，这是检测的重要步骤。

三、样品采集的基本术语、基本程序和抽样方案

（一）基本术语

1. 货批和检验批

同一货批指相同品名、相同物品、相同来源、相同包装，甚至相同生产批次的物品构成的货物群体。商检时常常将大货批分成几个检验批，小的货批往往属于一个检验批。检验批的货物件数有规定（称为批量），一个检验批中应采集的原始样品件数往往也有规定，但这些规定中包含着必要的灵活性。

2. 检样

由组批或货批中所抽取的样品称为检样。一批产品抽取检样的多少，按该产品标准中检验规则所规定的抽样方法和样本量执行。如果计量单位相同，一个检验批称为总体，检样之和称为样本，检样此时就等同样本单元。

3. 原始样品

指按采样规则、采样方案和操作要求，从待测原料、产品或商品一个检验批的各个部位采集的检样保持其原有状态时的样品。不同食品、不同检验类别的一个检验批应采集的样本量和原始样品量常有规定，采样时应遵守。即使货批很小，原始样品的最低总量一般也不得少于1kg（固体）或4L（液体）。

4. 平均样品

将原始样品按一定的均匀缩分法分出的作为全部检验用的样品。平均样品量应不少于试验样品量的4倍，通常，它的总量不得少于0.5kg（固体）或2L（液体）。

5. 试验样品

由平均样品分出用于立即进行的全部项目检验用的样品。它的量不应少于全部检验项目需用量（设计各项目检验需用量时要考虑全部平行试验）。

6. 复检样品

由平均样品分出用于复检用的样品。它的量与试验样品量相等。

7. 保留样品

由平均样品分出用于在一定时间内保留，以备再次检验用的样品。它的量与试验样品量相等。

8. 缩分

指按一定的方法，不改变样品的代表性而缩小样品量的操作。一般在将原始样品转化为平均样品时使用。

原始样品的缩分方法依样品种类和特点而不同。颗粒状样品可采用四分法。即将样品混匀后堆成一圆堆，从正中画十字将其四等分，将对角的两份取出后，重新混匀堆成堆，再从正中画十字将其四等分，将对角的两份取出混匀，这样继续缩分到平均样品的需要量为止。

液体样品的缩分只要将原始样品搅匀或摇匀，直接按平均样品的需要量倒取或吸取平均样品即可。易挥发液体，应始终装在加盖容器内，缩分时可用虹吸法转移液体。

不均匀的大个体生鲜原始样品（例如水果）的缩分比较难。应先将原始样品按个体大小分类，然后将尺寸同类的样品分别缩分，最后把各类缩分样再混合，构成平均样品或直接构成试验、复检和保留样品。这类样品在转变为分析试样时，还得再次缩分，因为只有这时候才能将样品个体破碎。

9. 生产线样品

生产线样品一般是指原材料，原料生产用水、包装材料或其他任何使用在生产线的材料。生产线样品的采集一般用来确定细菌污染源是否来自原材料或加工工序中的某些地方。

10. 环境样品

一般主要指从车间的地面、墙壁和天花板等处取得的样品，这些样品可用于分析生产环境有无可污染食品的污物和致病微生物。

11. 简单随机抽样

指按照随机原则，从大批物料中抽取部分样品。操作时，应使所有物料的各个部分都有均等的被抽到的机会。随机取样可以避免人为倾向，但是，对不均匀样品，仅用随机抽样法是不够的，必须结合代表性取样，从有代表性的各个部分分别取样，才能保证样品的代表性。

12. 代表性抽样

指用概率抽样方法中的非简单随机抽样法进行采样，即根据样品随空间（位置）、时间变化的规律，将样品总体的元素单位按一定规律划分后，采集能代表各划分部分相应组成和质量的样品，然后再均匀混合的采样方法。例如，可对储器中的物料均匀分层取得检样、可随生产流动过程在某工序定时取得检样、可按产品生产组批从每批中均匀取几个检样、可按生产日期定期抽取几个检样、可按货架商品的架位分布序号抽取检样等，然后把各检样均匀混合形成原始样品。

（二）基本程序

原始样品应由采样负责人（或由货主和检验单位委托的具有专业资格的采样人）按规定的采样程序和方法前往货批现场采集，由货主自己送达检验单位的受检样品不等同检样和原始样品，这种样品的检验结果在法律上不能作为货批的检验结果。采样工作的大部分时间和工作量多花在检样和原始样品的采集中。为了减少运输负担，有些缩分工作可在采得原始样品之后，立即在货批所在地进行，但通常是将原始样品带回检验单位后，在制备样品的过程中再缩分为平均样品。将平均样品分为试验样品、复检样品和保留样品的工作应当是在样品送回到分析单位后尽快进行。一旦获得试验样品，应当立即开始检验，同时进行复检样品和保留样品的保存工作。如果实际情况不允许立即对试验样品进行检验，这种样品也需按一定方法保留，不能使之变质。

（三）抽样方案

在多数情况下，科学性的抽样应当是指统计学抽样（或称为概率抽样），它是从一批产品中随机抽取少量产品（样本）进行检验，并根据检验结果来推断整批产品的质量。抽样方案指检验所使用的样本量和有关批接收准则的组合。样本量由检验水平决定，检验水平指抽取的样本量和批样本总量之比，通常分为Ⅰ、Ⅱ、Ⅲ个水平。接收准则和接收质量限（AQL）有关，AQL 是指当一个连续系列批提交验收抽样时，预先制定的可允许的最差过程质量水平（质量水平指不合格百分数或每百单位产品的不合格数）。抽样检验又分为计数抽样检验和计量抽样检验，前者是根据产品质量特性规定和对抽取样本检验的结果（不合格品所占比例）估计批产品中不合格品数的抽样检验；后者是根据单位产品质量特性的规定和对抽取样本该特性的测量值，从统计学上判定该批产品生产过程是否合格的检验。

四、样品的采集方法

样品采集方法要求既满足采样要求，又尽量达到快速、准确、成本低和配合实务。食品检验样品的具体采集方法是概率抽样的具体体现，常见的是简单随机抽样和代表性抽样及它们的配合。未有特殊缘由或特殊授权，不能采用任何非概率抽样法。

概率抽样法抽取的样本是按照样本个体在样本总体中出现的概率随机抽出的。它的优点是：样本具有代表性，而且可根据具体抽样方法的设计和统计学方法估计采样的精确度。

概率抽样又可分为简单随机抽样、分层随机抽样、系统抽样、集群抽样、两段集群抽样等。简单随机抽样指不对样本总体的任何个体加以区分，每一个体均有相同的概率被抽中。分层随机抽样是指先将样本总体的个体按空间位置或时间段等特性分成不重叠的组群（称为"层"），然后从它们中各随机抽取若干个体，混合均匀即为样本。系统抽样指将样本总体的每一个体按一定顺序编号，然后每隔一定编号间隔系统地抽取一个个体，合起来即为样本。集群抽样是将样本总体中相邻近的个体划分为一个集体，形成一系列集体后，再以集体为单位，简单随机从这些中集体选取几个单位，合起来即为样本。两段集群抽样是先按集群抽样抽取几个集体，然后再从这些抽出的集体中分别简单随机抽出部分基本个体，然后混合。

非概率抽样法抽取的样本不按均等概率出现在样本总体中。例如，只取方便可取的样品个体的方法称为便利抽样；研究人员凭其经验和专业知识，主观地抽取他认为有代表性的样本的方法称为判断抽样；先根据研究人员认为较重要的控制变项把样本总体分类，然后在各类中按定额数量抽选样本的方法称为配额抽样。这些非概率抽样法缺乏代表性，也无法计算抽样误差，因此一般不能在食品质量与安全检测中采用。个别情况下使用的一个例子，如检验者已有一定根据怀疑某一农产品的某个局部的个体是引起某一食物中毒事故的毒源所在，为检验它是否果真有毒，就可只对这一局部的个体采样。

对于不同类型的食品或农产品，具体的采样方法常常已建立。其中都包含了概率取样方法的原理并考虑了不同样品的特点和把采样误差限制在允许的范围内。简单概述如下：

（一）液体样品的采集

1. 散装批量样品的采集

在批量产品的每一个储存容器中，于不同深度、不同部位，分别采集每份 0.1~0.2L 的五份独立检样，将它们充分混合成 0.5~1L 的混合样品，就是该储存容器的原始样品。如果检验项目规定的检验批量等于几个储存容器内的物量，可将同批量不同储存容器采得的样品再混合，从中取 1~2L 作为一个检验批的原始样品。如果检验项目规定的检验批量小于或等于一储存容器内的物量，就以各储存容器采得的样品作为每个检验批的原始样品。如哪一储存容器中采出的样品感官测定异常时，应直接判定不合格或单独标记留样。

2. 包装样品的采集

对于铁桶、塑料桶、磁缸、木桶等大包装液体样品，如果未规定检验批量，可从一货批中随机均匀抽取数个（数量一般为一货批总包装件数的 5%左右）包装。如果检验方案已定（货批、检验水平、样本量都已定）应按一检验批规定的抽取件数随机均匀抽取一定包装个数。然后用采样器在每一抽取的包装内上、中、下部分别吸取 0.1~0.2L 样品，如果感官测定无特殊异常，将各包装抽取的样品分别充分混合，从中再取够制备平均样品的混合样品作为原始样品。如哪一包装采得的样感官测定异常，应直接判定不合格并单独留样。

对于内部包装为盒、瓶、罐等，外部包装为纸箱、塑料箱等液体样品，通常抽样方案都规定了检验批和相应的采样量，应遵照规定随机均匀抽取相应的箱数，再按规定从每箱中随机抽出相应的小包装件数，将各箱抽取的小包装分别合并，即为一检验批的原始样品。如果没有规定检验批，一般可随机均匀抽取 $\sqrt{\dfrac{x}{2}}$ 箱（x 为该货批的总箱数），然后从抽出的每箱中随机抽出规定个数小包装，分别合并为样本的原始样品。

小包装食品样品在进行检验前，尽可能取原包装，不要开封，以防污染。

（二）固体样品的采集

1. 散装批量样品的采集

对于装在若干个储存容器内的散装批量颗粒或粉末产品，如果检验方案规定的检验样本量等于几个储存器中的物品，则在随机抽取的每一储存器的不同深度、不同部位，分别采取每份 0.1~0.2kg 的 5~10 份样品，然后将各储存器抽出样品分别充分混合成 0.5~2.0kg 的样品，作为样本各单元的原始样品。如哪一储存容器中采出的样品感官测定异常时，应直接判定不合格或单独留样。如果检验项目规定的检验批量小于或等于一储存容器内的物量，就只在实际储存货物的容器中随机采得样品并混合，作为该检验批的原始样品。

2. 包装样品的采集

对于内部包装为盒、袋、包等，外部包装为纸箱、塑料箱等的固体样品，抽样方案通常都规定了检验批量和相应的抽样量，应遵照规定随机均匀抽取相应的箱数，再按规定从每箱中随机抽出相应的小包装件数，分别合并为一检验批的原始样品。如果没有规定检验批，一般可随机均匀抽取 $\sqrt{\dfrac{x}{2}}$ 箱（x 为该货批的总箱数），然后从抽取的每箱中随机抽出

1个小包装，分别合并为一检验批的原始样品。在总货批量相对较小时，常将总货批作为一个检验批，采集的包装数量一般为该货批总包装数的5%，最少为5个，最多为15个。如果总包装数少于5个，则打开每一箱外包装，从每箱中随机抽取一定的小包装数（视小包装的大小而定），最少取一包。最后将各箱抽出的小包装样品分别合并作为样本中各单元的原始样品。

小包装食品样品在进行检验前，尽可能不要开封，以防污染。

（三）流水生产线上的采样

流水作业线上的货批通常指一个工作班生产的产品。要检验该货批的质量是否达标，在制定好抽样量后，取样位点一般都设在作业线上的一定位置（如罐头生产线的封盖前点，又如码头散装货输送线上抓斗前），每隔一定时间，从该位置取出流经此位置的一件或一定量的样品作为检样，然后将一定时间范围（例如一个工作时等）内的检样合并，就形成样本中一个检样的原始样品。

（四）微生物检验采样方法

1．采样用具、容器灭菌方法

（1）玻璃吸管、长柄勺、长柄匙、采样容器（贴好标签）和盖子，要单个分别用纸包好，105kPa高压蒸汽灭菌30min，之后干燥密闭保存待用。

（2）采样用的棉拭子、规板、适宜容量的瓶装生理盐水、适宜规格的滤纸等，要分别用纸包好，105kPa高压蒸汽灭菌30min，之后干燥密闭保存待用。

（3）镊子、剪子、小刀等金属用具，用前在酒精灯上直接用火焰灭菌。

2．采样时的无菌操作

（1）按本小节（一）至（三）要求，抽选欲采的具体样品。

（2）采样前，操作人员先用75%酒精棉球消毒手。当必须用灭菌手套时，必须用一种避免污染的方式戴上，手套的大小必须适合工作的需要。

（3）对于包装食品，采取原始样品时，至少小包装暂时不要打开。必须打开包装进一步完成采样时，包装的采样开口处及周围用75%酒精棉球消毒。

（4）对于散装样品，采样口处（如塞子、坛口）及周围也需用75%酒精棉球消毒。

（5）固体、半固体、粉末状样品可用灭菌勺或刀采样，液体样品用灭菌玻璃吸管采样，将其转入灭菌样品容器后，容器口经火焰灭菌加盖密封或酒精消毒后用其他方法密封。

（6）食品加工用具、餐具、工人手指等样品的采集，在抽选好具体被采对象后，可用灭菌生理盐水浸湿的滤纸片、棉拭子贴在样品表面。1min 后，将其转移到采样容器中封存，筷子则可直接浸入含灭菌生理盐水的样品瓶中，用洗脱法采样。

3. 样品的处置

（1）采到的样品必须在 4h 以内进行检验，否则，必须低温运输、冷藏或冻藏保存。

（2）为使样品在贮运过程中保持低温，一个标准和洁净的制冷皿或保温箱和一些种类的制冷剂是必需的。通常将样品放在灭菌的塑料袋中并将袋口封紧，干冰可放在袋外，一并装在制冷皿或保温箱中。

（五）采样注意事项

（1）一切采样工具、容器、塑料袋、包装纸等都应清洁、干燥、无异味、无污染。若要分析微量元素，样品的容器更应讲究，例如，分析 Cr、Zn 含量时不应用镀 Cr、镀 Zn 工具采样，有些采样工具有计量刻度，应注意其校准。各类专用采样工具的使用方法一定要遵照使用说明书正确使用。

（2）采样后，对每件样品都要做好记录，采样时，所采样品应及时贴上标签，标签上应注明：货主、品名、检验批编号或货批编号、样品编号、采样日期、地点、堆位、生产日期、班次、采样负责人等。

（3）如果发现货品有污染的迹象或属于感官异常样品，应将污染或异常的货品单独抽样，装入另外的容器内，贴上特别的标签，详细记录污染货品的堆位及大约数量，以便分别化验。

（4）生鲜、易腐的样品在采集后 4h 内迅速送到实验室进行分析或处理，应尽量避免样品在分析前成分发生变化。

（5）盛装样品的容器应当是隔绝空气、防潮的玻璃容器或其他适宜和结实的容器。

（六）采样记录

1. 现场采样记录

采样前，采样负责人必须了解受检食品的原料来源、加工方法、运输保藏条件、生产和销售中各环节的卫生状况。如为外地进入的食品，应审查该批食品的有关证件，包括商标、送货单、质量检验证书、卫生检疫证书、监督机构的检验报告等。随后对受检食品的品名、数量、包装类型及规格、样品状态、现场环境等进行了解，并对该批食品总体进行初步感官检查。然后按实际样品的适宜采样方法和采样规则，正式开始采样。整个过程要及时做好现场记录，内容包括：

（1）物主（被采样单位或法人）；

（2）品名、数量、商标、包装类型及规格、样品状态；

（3）物品产地、生产厂家、生产日期、生产号；

（4）送货单、质检合格单、卫检合格单等证件编号；

（5）采样地点、现场环境条件；

（6）初步的总体感官检查结果（如包装有无破损、变形和受污染，散装品外观有无霉变、生虫、受污染等异常现象）；

（7）采样目的、采样方式和方法；

（8）各检验批或货批的编号、原始样品编号、特殊或异常样品编号及其观察到的现象；

（9）采样单位（盖章）、采样负责人（签字）、采样日期；

（10）物主负责人（签字）。

2. 样品封签和编号

每件样品采好后，立即由采样人封签，并在包装外贴好标签，明确标明样品编号、品名、来源、数量、采样地点、采样人和采样日期，采样全部完毕并整理好现场后，将同一检验批或货批的每件样品统一装在牢固的包装内，由采样人再次封签，并贴好标签，注明品名、来源、采样地点，检验批编号、采样人和采样日期。异常和特殊样品应独立封签和独立贴标（标签特征最好与其他的不同）。

3. 采样单

采样单一式两份，一份交被采样单位或法人，一份由采样单位保存。采样单内容包括：

（1）物主名称；

（2）品名、数量、编号；

（3）物品产地、生产厂家、生产日期、生产批号；

（4）检验批数量和每一检验批采得样品数量；

（5）采样单位（盖章）、采样人（签字）、采样日期；

（6）物主负责人（签字）。

五、样品运输和保存

(一) 样品运输

不论是将样品送回实验室，还是要将样品送到别处去分析，都要注意防止样品变质。某些生鲜样品要先冻结后再用冰壶加干冰运送，易挥发样品要密封运送，水分较多的样品要装在几层塑料食品袋内封好，干燥而挥发性很小的样品（如粮食）可用牛皮纸袋盛装，但牛皮纸袋不防潮，还需有防潮的外包装，蟹、虾等样品要装在防扎的容器内，所有样品的外包装要结实而不易变形和损坏。此外，运送过程中要注意车辆等运输工具的清洁，注意车站、码头有无污染源，避免样品污染。

样品采集后，最好由专人立即送检。如不能由专人送样时，也可快递托运。托运前必须将样品包装好，应能防破损，防冷冻样品升温或融化。在包装上应注明"防碎""易腐""冷藏"等字样，做好样品运送记录，写明运送条件、日期、到达地点及其他需要说明的情况，并由运送人签字。

(二) 样品保存

采回的样品应尽快进行分析，但有时不能这样做时（特别是复检样品和保留样品），就要保质保存。根据不同的样品，保存的方法也不同。干燥的农产品可放在干燥的室内，可保存1~2周；易腐的样品应在冷藏或冷冻的条件下存放，冷冻样品应存放在-20℃冰箱或冷藏库内，冷藏的样品应存放在0~4℃冰箱或冷却库内；其他食品可放在常温冷暗处。冷藏或冷冻时要把样品密封在加厚塑料袋中以防水分渗进或逸出；见光变质的样品可装入棕色瓶或用黑纸外包装；对含水多的样品，也可先分析其水分后将剩余样品干燥保存；如果向样品中加入某些有助于样品保藏的防腐剂、稳定剂等纯度较高的试剂并不会干扰待分析项目结果时，可采用这种方法延长样品保存期。

保存样品时同样要严格注意卫生、防止污染。

用于微生物检验的样品盛样容器应消毒处理，但不得用消毒剂处理容器。不能在样品中加入任何防腐剂。

长期保存样品的标签最好为双标签，一个贴在最外层包装外，另一个贴在内层包装外。如果样品在冷冻中外包装的标签脱落，应及时重新贴标。

第二节 样品的制备和前处理技术

一、样品制备和前处理的定义和目的

样品的制备和前处理，两者间没有本质上的区别，有时统称为样品的处理，是指样品经一些准备性处理转化为最终分析试样的技术过程。其目的是去掉试验样品中不值得分析的部分和一部分杂质，保证分析试样十分均匀，通过浓缩试样以提高试样中的待检物的信号强度。样品的制备和前处理常常是整个分析或检验工作中最麻烦和误差较大的一部分，由于前处理方法不同和操作水平的差异导致分析结果出现较大差异的现象已屡见不鲜。分析工作中，完整的分析方法多包括对样品前处理的介绍，即使这样，由于食品样品的多样性，前处理方法还需操作者灵活掌握。因此，充分理解和掌握主要的处理技术具有重要意义。从处理技术的复杂性来看，样品制备是一些简单的处理，包括样品整理、清洗、匀化和缩分等，有些分析试样只需经过样品制备就已准备停当。那些还未就此准备停当的分析试样则需经过进一步处理才能最终作为分析试样，这些进一步的处理就是前处理，例如灰化、消解、提取、浓缩、富集、净化、层析纯化等。

二、样品制备

（1）面粉、淀粉、砂糖、乳粉、咖啡等粉末状和较细的颗粒状食品的样品制备只需充分搅拌均匀就可作为一般检验项目分析样品。茶叶、烟叶、饼干等样品只需简单粉碎并充分混匀就可作为一般检验项目分析样品。

（2）谷物、豆子、坚果、花椒等天然颗粒状食品的样品制备包括去杂和去壳，有些检验项目还要求去麸、皮、籽、小梗等。大的固体杂物一般凭手工或分选器捡出，尘土、小梗等细粒和粉末状杂质可经筛分法去除，硬壳一般凭手工破碎后剥去，麸皮的去除则需磨粉和筛分。这些过程中，去掉的物质要计量，加入的水分也要计量，以备分析结果计算时可能应用。

（3）饮料、油脂、炼乳、蜂蜜、酱油、糖浆等液态食品的样品制备主要是充分混匀，如果这些样品中有结晶、结块或很稠时，可在不高于50℃的水浴中边加温边搅拌使其充分匀化。

（4）个体过大的固体食品的样品制备如香肠、水果、面包、动物、瓜、薯类等，要设法减小个体体积才能进一步匀化，这就是此类样品制备时的缩分。此时缩分技术的基本要点是不断中分和间隔切分，每次留下具有代表性的一部分。例如，对于水果，应不断沿着果顶和果梗的轴线对角切分，每次留下对角的两部分，直到达到必要的缩分程度后混合；对于火腿肠，可沿着长轴均匀切分为若干小节，然后每隔几节从中取一节混合；对于去除内脏的动物，可沿身体的对称轴对分，取其一半最后混合。

（5）整鱼、贝、畜、禽、蛋及生鲜水果、瓜、蔬菜、薯类等食品的样品制备要去除不可食部分，冻鱼表面的冰和干咸鱼表面的盐也要去除，盐水鱼罐头的盐水一般也弃去。有些还要把不同器官或不同部分分割后再匀化，去除部分不论是弃去还是单独分析，都要计量，以备分析结果计算时可能应用。

（6）罐头食品的样品制备将罐头打开，固体和汤汁分别称重，小心去除固体中的不可食部分（如骨头）后再称重，按可食固体和液体的质量比各取一定量，混合后于捣碎机内捣碎匀化。

（7）水果、蔬菜、薯类等生鲜农产品的样品制备分析前一般必经清洗和去皮，但分析农药残留时，原则上不宜清洗和去皮，须小心仔细地将泥土简单清除。

三、样品的前处理

（一）提取

提取是待测物质与样品分离的过程，目的是去除分析干扰物和富集待测物质。

使用无机或有机溶剂从样品中提取被测物，是常用的样品处理方法。如果样品为固体，该法被称为浸提，如果样品为液体，该法被称为萃取。

提取法的原理是溶质在互不相溶的介质中的扩散分配。将溶剂加入样品中，经过充分混合和一定时间的等待，溶质就会从样品中不断扩散进入溶剂，直到扩散分配平衡。平衡时，溶质在原介质和溶剂中的浓度比称为分配系数（K），它是一次提取所能达到的分离效果的主要影响因素之一。经过一次提取达到平衡并将溶剂分出后，又可另加新溶剂进行第二次提取。如此反复提取直到溶质都转移到溶剂中。

溶剂的选择：应该选择对被测物和干扰物有尽可能大的溶解度差异的溶剂，还应避免选择两介质难以分离、黏度高和易产生泡沫的溶剂。这就是要求：被测物在所选溶剂对原介质中分配系数高，所选溶剂和原介质密度差大，溶剂加入后体系的界面张力适中，溶剂黏度低，溶剂对体系来说化学惰性高。一般选择溶剂时，难溶于水的或相对非极性被测物用石油醚、乙醚、氯仿、二氯甲烷、苯、四氯化碳等作提取溶剂，易溶于水或相对极性的被测物质用水、酸性水溶液、碱性水溶液、乙醇、甲醇、丙酮、乙酸乙酯等作提取剂。例如，食品中的小分子碳水化合物、食盐、多数色素和水溶性着色剂、生物碱、山梨酸钾、苯甲酸钠、糖精钠、酚类、类黄酮、重金属等可在第一类溶剂中选出某种来提取，食品中的脂肪、脂溶性维生素、固醇类、类胡萝卜素、有机氯和有机磷农药残留、黄曲霉素、香气物质等可在第二类溶剂中选出某种来提取。

少量多次提取最常见的设备是索氏提取器。常用它提取固体样品中的油脂、脂溶性色素、脂溶性维生素等，常用低沸程石油醚、乙醚等作提取剂，样品受热温度低，提取效率高，操作方便，但是花费时间长。

少量多次萃取技术中最常见的设备是连续液-液萃取装置。此设备所用溶剂应当比液体样品原来的介质密度大，且二者不互溶。溶剂不断回流通过样品溶液，将待萃出物带入萃取溶剂收集器，萃取剂在这里受热气化，到冷却管再次回流。这种方法若改造一下管路，也适用于比液体样品原来的介质密度小的溶剂。

超临界 CO_2 萃取技术和液态 CO_2 提取技术在食品界得到了越来越多的应用。它们的应用范围主要在提取香精油、保健成分和其他天然有机成分。这两种提取方法使用的溶剂（CO_2）对原介质和待提取物的化学惰性高，提取后 CO_2 很易完全挥发，所以在最终样品中无残留。这两种方法提取效率高、样品不必过于破碎，因此是很高级的提取方法，也可用于分析工作。

液态 CO_2 提取技术除了要求有低温条件以保证 CO_2 不大量挥发损失外，其他方面与一般的溶剂提取无任何差别。超临界 CO_2 萃取技术则要求用专门的仪器，这种仪器既包括提取室和分离室，并有一套控温、加压系统。CO_2 在提取室内以超临界状态与样品接触，达到饱和提取后，转入分离室，在脱离超临界状态的同时 CO_2 与提取的物质分离，此后，CO_2 重新被转入超临界状态重复使用，如此反复提取与分离，直到提取与分离彻底完成。

由于 CO_2 属非极性溶剂，对极性化合物的萃取具有一定的局限性，如果在 CO_2 中加入少量 NH_3、甲醇、NO_2 等极性化合物可以改善这一局限性。与传统的萃取法比较，超临界 CO_2 萃取技术具有快速、简便、选择性好、有机溶剂使用量少等优点。

固相微萃取技术兴起于大约十年前，它使用表面涂有选择性吸附高分子材料的熔硅纤维作提取器，可以将其直接插入样液，也可将其插入样品瓶的顶空，通过一段时间的扩散达到分配平衡（或表观平衡），然后将熔硅纤维直接插入气相色谱或液相色谱的进样器，在那里解析下萃取到的待测物进行分析。这种方法使用的装置构造相对复杂，吸附高分子材料的选择要根据萃取物的特性进行选择。

（二）有机物破坏法

分析测定食品中重金属和其他矿物质时，尤其是进行微量元素分析时，由于这些成分可能与食品中的蛋白质或有机酸牢固结合，严重干扰分析结果的精密度和准确性。破除这种干扰的常用方法就是在不损失矿物质的前提下破坏有机物质，将这些元素成分从有机物中游离出来。有机物破坏法被分为以下两类：

1. 干法（又称灰化法）

将洗净的坩埚用掺有 $FeSO_4$ 的墨水编号后，于高温电炉中烘至恒重，冷却后将称量后的样品置于坩埚中，于普通电炉上小心炭化（除去水分和黑烟）。转入高温炉于500℃～600℃灰化，如不能灰化彻底，取出放冷后，加入少许硝酸或双氧水润湿残渣，小心蒸干后再转入高温炉灰化，直至灰化完全。取出冷却后用稀盐酸溶解，过滤后滤液供测定用。

干法的优点在于破坏彻底、操作简便、使用试剂少，适用于除砷、汞、锑、铅等以外的金属元素的测定。

2. 湿法（又称消化法）

在酸性溶液中，利用强氧化剂使有机质分解的方法叫湿法。湿法的优点是使用的分解温度低于干法，因此减少了金属元素挥散损失的机会，应用范围较为广泛。

3. 微波消解法

微波消解法需要微波消解仪、硝酸、过氧化氢、氢氟酸、硼氢化钾（测砷时）、硫脲及抗坏血酸等。取样品0.4g左右，置于聚四氟乙烯消解罐中，含酒精的样品先放水浴驱赶酒精，加浓硝酸1.0mL，放置15min，加30%过氧化氢溶液0.1～0.5mL浸泡15min，加水至6～10mL，轻轻摇动。装妥消解装置，连接好温度、压力探头，并将其放入微解，反应结束后消解罐自然冷却。容器内指示压力<45psi（1psi=6.895kPa），消解罐温度低于55℃时，从防爆膜处缓缓打开，释放剩余压力，取出温度、压力探头，依次打开各消解罐，将消解的样品溶液定容至10.00～25.00mL，待测。

（三）沉析

在食品质量与安全检验中，沉析分离技术是要经常用到的。通常用沉析法去除溶液中的蛋白质、多糖等杂质。促进蛋白质沉析的方法常有以下三种：

1. 盐析

在存有蛋白质的液体分散系中加入一定量氯化钠或硫酸铵，就会使蛋白质沉析下来。

盐析中的加盐可以是粉状盐，也可以是饱和盐溶液。调节适当的 pH 和温度，可达到更好的盐析效果。

2. 有机溶剂沉析法

这种方法可用于蛋白质和多糖的沉析。在含有蛋白质和（或）多糖的液体分散系中加入一定量乙醇或丙酮等有机溶剂，减低介质的极性和介电常数，从而降低蛋白质和（或）多糖的溶解度，就会使蛋白质和（或）多糖沉析下来。由于向多水分散系中加入有机溶剂是放热反应，这种沉析要在低温下进行。

3. 等电点沉析

蛋白质的荷电状况与介质的 pH 密切相关，当 pH 达到蛋白质的等电点时，蛋白质就可能因失去电荷而沉析。

用沉析法直接分离被测样品有时很方便，例如，分析食品中的草酸，可先将其转为草酸钙沉析出来，这样可使它与其他还原性物质分开。

（四）层析

层析作为前处理手段用途广泛，目的包括样品的净化、同类物质的分级、被测组分的富集。样品组分随流动相进入层析床，在床内与固定相接触，经吸附、离子交换、分子筛或在两相分配平衡等作用，分别在床内不同位置展成条带，再经随后的洗脱作用先后脱离床体，经分别收集，待测组分就得到净化，不同类甚至同类不同种的物质就得到分离。如果待测物和杂质组分洗脱条件不同，可先反复给床体进样，并把杂质组分一次次洗脱，直到被测物在床体中达到一定含量，再一起洗脱下来，这样就达到了富集。

1. 柱层析

柱层析所用的柱子是有下口阀门和一个多孔瓷板的玻璃管，常用的固定相是硅胶或氧化铝细粉，离子交换树脂、多糖凝胶和改性纤维素也被较广泛的应用。将固定相放在水溶液中分散后，一次性加入柱子，在打开柱子阀门的条件下让水慢慢流过瓷板外流，瓷板阻挡住向下运动的固定相逐渐就形成柱床，注意调整下水速度和及时关闭阀门，保证柱床中始终充满水，以防止柱床与空气直接接触使以后床体中有空气，因为床内有空气时进行层析，流动相会发生短路，组分所在的条带会畸形，严重影响层析分离效果。

床体形成后，样品被溶解在一定的溶液中后，小心加到柱床上方，打开阀门让样品液进入床体，然后分别以一定的展开液、洗脱液及其适当的流速先层析后洗脱，利用分步收集器收集不同洗脱时间的流出液，将被测组分所在的流出液合并，就可用于测定。

柱层析的效果受很多因素影响，主要因素包括：选定的固定相、选定的展开液和洗脱液的极性或其 pH 和离子强度、相对于样品量的柱径和柱长、装柱和进样的操作水平及洗脱的速率。

2. 薄层层析

薄层层析是将固定相铺在玻璃板或塑胶板上形成薄层，让展开剂（流动相）带动着样品由板的一端向另一端扩散。在扩散中，由于样品中的物质在两相间的分配情况不同，经过多次差别分配达到分离的目的。

薄层层析操作简单、设备便宜、速度快、使用样品少，但重复性不是很好，有时清晰显迹有较大难度、定量分析误差较大。

薄层层析的固定相常用硅胶和氧化铝。硅胶略带酸性，适用于酸性和中性物质分离，氧化铝略带碱性，适用于碱性和中性物质分离。它们的吸附活性又都可用活化处理和掺入不同比例的硅藻土来调节，以适应不同样品中物质最佳分离所需的吸附活性。

薄层层析的分析用板一般用 10cm×10cm 板，制备用板一般用 20cm×20cm 板，铺板厚度一般都在 1mm 左右。可用刻度毛细管或微量注射器点样。样点的直径一般不大于 2mm，点与点之间的距离一般为 1.5~2cm，样点与板一端的距离一般为 1~1.5cm。展开剂的用量一般以浸没板的这一端 0.3~0.5cm 较适宜。

薄层层析展开剂极性大时，样品中极性大的组分跑得快，极性小的组分跑得慢；展开剂极性小时，样品中极性小的组分跑得快，极性大的组分跑得慢。为了使样品中各组分更好分开，常采用复合展开剂。

薄层层析的显迹方法主要有物理法、化学法和薄层色谱扫描仪法。物理法中最常用紫外灯照射法，有荧光的样品组分在此条件下显迹。化学法中又有两类方法。一类是蒸气显迹，例如用碘蒸气熏层析板后，样品中的多数有机组分便显黄棕色。另一类是喷雾显迹，例如用三氯化铝溶液喷在层析板后，样品中的多数黄酮便显黄色。双光束薄层扫描仪显迹法既可用于显迹，又可直接用于定量。该仪器同时用两个波长和强度相等的光束扫描薄层，其中一个光束扫描样迹，另一个光束扫描临近的空白薄层。这样同时获得样迹的吸光度和空白的吸光度，二者之差就是样迹中样品组分的净吸光度。以标准物质作对照，根据保留因子和净吸光度进行定性和定量分析。

显迹后，可将待分析的迹点挖下，用于进一步定性和定量分析。

（五）透析

透析膜是一种半透膜，如玻璃纸、肠衣和人造的商品透析袋，它们只允许一定分子质量的小分子物质透过。选择适当膜孔的透析袋装入样品，扎紧袋口悬于盛有适当溶液的烧杯中，不定期地摇动烧杯以促进透析，待小分子物质达到扩散平衡后，将透析袋转入另一份同样的溶液中继续透析，如此反复透析多遍，直到小分子物质全部转移到透析液中，合并透析液后浓缩至适当体积，就可用来分析。

（六）蒸馏法

利用物质间不同的挥发性，通过蒸馏将它们分离是一种应用相当广泛的方法。在挥发酸的测定中就应用此方法。如果所处理的物质耐高温，可采用简单蒸馏或分馏的方法；如果所处理的物质不耐高温，可采用减压馏或水蒸气馏的方法。

（七）浓缩干燥

由于提取、层析等前处理过程引入了许多溶剂，可能会降低待测组分的浓度或不适宜直接进样，后续分析有可能需要将这些溶剂部分或全部去除，此过程为浓缩或干燥。为了防止脱溶时使用高温引起样品变质，可以采用旋转蒸发器减压蒸干或浓缩，可以采用冷冻干燥，样品较少时还可采用氮气吹干法。旋转蒸发集受热均匀、薄膜蒸发和减压蒸发于一体，效率高、温度较低、操作简单，不利之处是干燥后不易直接去除干样。因此特别适用于浓缩和干后又转溶时采用。冷冻干燥集低温、升华干燥和减压于一体，且干燥物易于直接取出，特别适用于易变质的样品和大分子样品。

（八）固相萃取法

固相萃取技术就是利用固体吸附剂将液体样品中的目标化合物吸附，使其与样品的基体和干扰化合物分离，然后再用洗脱液洗脱或加热解吸附，达到分离和富集目标化合物的目的。该技术基于液-固色谱理论，采用选择性吸附、选择性洗脱的方式对样品进行富集、分离、纯化，是一种包括液相和固相的物理萃取过程，也可以将其近似地看作一种简单的色谱过程。与液液萃取等传统的分离富集方法相比，该技术具有高的回收率和富集倍数，使用的有机溶剂量很少，易于收集分析物组分，操作简便、快速，易于实现自动化等优点。利用该方法时应注意选择合适的柱体和固定相材料，并避免含有胶体或固体小颗粒的样品会不同程度地堵塞固定相的微孔结构。

（九）顶空技术

样品中痕量高挥发性物质的分析测定可直接使用顶空技术。顶空技术可分为静态顶空和动态顶空，它们具有操作简便、灵敏度高和可自动化的特点。静态顶空操作时只需将样品填充到顶空瓶中，再密封保存直至平衡，就可吸取顶空气体进行色谱分析或气相色谱/质谱联用分析；动态顶空一般是将氮气鼓入样品，使带出可挥发的待分析成分进入顶空气体捕集器，在此富集待分析成分后，再瞬间释放待分析成分到色谱进样器进行分析。

（十）衍生化技术

衍生化技术就是通过化学反应将样品中难于分析检测的目标化合物定量转化成另一易于分析检测的化合物，通过后者的分析检测对可疑目标化合物进行定性或定量分析。衍生化的目的有以下几点：①将一些不适合某种分析技术的化合物转化成可以用该技术的衍生物；②提高检测灵敏度；③改变化合物的性能，改善灵敏度；④有助于化合物结构的鉴定。

第三节　试验方法及试验数据的处理

一、试验方法选择

（一）试验方法概述

食品质量和安全检验的项目众多，根据食品检验质量指标的属性，可分为感官检验、理化检验、卫生检验。根据食品检验安全指标的属性，可分为致病菌及其毒素检验、人畜共患病检疫、食品中非食用添加品和禁用添加剂的检验、食品添加剂检验、农药和兽药残留检验、天然毒素检验、环境污染检验、食品加工中可能产生的有害物检验、物理伤害因素检验、放射性污染检验、转基因食品检验、包装材料中有害物检验、食品掺假检验。而且任何一项检验可能都不只有一种试验法，新颖的方法正在不断增加，国家规定的检测标准也在不断更新中，所以具体的食品检验或分析的方法越来越多。

食品质量和安全分析检测主要类别包括：感官分析方法、化学分析方法、仪器分析方法和生物试验方法。感官分析为最初的和最适宜现场检验的方法，加上现代统计和计算机应用，感官分析的可靠性和适用范围已大大提高和扩大。化学分析法虽然传统，但原理清晰、结果准确、所需设备少、具体方法积累多。仪器分析灵敏度高、速度快、对于微量多组分分析更为适用。生物分析对食品的生物性危害分析必不可少，传统的生物分析速度慢，但结果明确、所需设备简单。现代生物分析则灵敏度高、速度较快、结果可靠。现代生物分析的形式和具体做法接近仪器分析或化学分析，其试剂和其他一些关键用品来自现代生物技术和工程制造。本节的重点是让读者了解如何根据实验内容和目的要求，选择试验方法的一般原理。各方法的基本原理简述将在各实验方法中介绍。

（二）试验方法选择途径

试验方法的选择是根据试验目的和已有方法的特点进行评价性选择的过程。只有正确地选出试验方法，才能从方法上保证试验结果具有合乎要求的精密度和准确性，保证试验按要求的速度完成，保证降低试验成本和减轻劳动强度。

食品质量与安全检验希望采用快速、准确和经济的试验方法，然而，许多试验方法不一定同时具有这三个特点。因此，方法的选择要能满足实际需要的情况。相比来讲，化学分析法准确度高、灵敏度低、相对误差为 0.1%，用于常量组分的测定；仪器分析法准确度低、灵敏度高、相对误差约为 5%，用于微量组分的测定，在进行同项目多样品测定时或多平行测定时，由于不必每个测定都重新调试仪器的工作条件，因此平均测定速度快；现代生物技术开辟的检验方法属速度较快、灵敏度高、检测限低的试验方法；国际组织规定和推荐的标准方法和国家标准方法是较为可靠、较为准确、具有较好重复性和较权威的方法；感官鉴评法、试纸片和试剂盒检测法是最常用的现场快速检验方法。

按照以上经验或按照参考文献初选到一种方法后，往往还不能确定其是否就是合适的方法，还需要做一些预试验，通过对预试验结果的分析来进一步评价该方法的可靠性、检出限和回收率，最后决定其取舍。

二、试验数据的整理和处理

（一）原始数据的整理

原始数据信息庞大，在结果计算和误差分析中并不全用，另外直接用原始记录进行结果计算和误差分析也很不方便，所以需要对原始数据进行整理。

对于分析工作来说，数据整理要求用清晰的格式把平行试验、空白试验和对照试验中相同步骤记录下的原始数据分类列出，其类别至少包含结果计算和误差分析等数据处理工作所需要的一切原始数据，例如试样称量数据、稀释倍数、标准溶液浓度和滴定消耗量、吸光度值等。

数据整理完成后，按分析方法指定的结果计算式计算出各试验的结果，并把它们也列入数据整理表中，以便在误差分析和其他数据处理时使用。

（二）可疑数据的取舍—过失误差的判断

方法：Q 检验法；格鲁布斯检验法。

作用：确定某个数据是否可用。

经常会遇到这样的情况，一组平行测定数据中，有一个数据与其他数据偏离较大，若随意处置该数据，将产生三种结果：

第一，不应舍去，而将其舍去，由于该数据存在的较大偏离是较大偶然误差所引起，舍去后，精密度量提高，但准确度降低：c 线代表真值所在位置，b 线代表所有数据的平均值，a 线代表舍去最右端数据后的平均值，可见 a 线偏离真值更大。

第二，应舍去，而未将其舍去，该数据存在的较大偏离由未发现的操作过失所引起，如果将其保留，结果的精密度和准确度均降低。所有数据的平均值（b 线）偏离真值（c 线）较大。如果将其舍去，则结果的精密度和准确度均提高（a 线）。

第三，随意处理的结果与正确处理的结果发生巧合，两者一致虽然结果对了，但这样做盲目性大，随意处理数据使结果无可信而言。

正确的处理是按一定的统计学方法检验可疑值后，再按检验结果决定其取舍。

1. Q 检验法步骤

（1）将平行测定数据按由小到大次序排列：X_1，X_2，$\cdots$，X_n；

（2）根据该次平行测定个数 n 和可疑值究竟是 X_1 还是 X_n，在统计量 Q 值计算公式表中找到相应的计算公式，并将相应数据代入，求出 $Q_{计算}$ 值；

（3）根据该次平行测定的个数 n 和所要求的置信概率，通过 Dixon 检验的临界值（又称为 $Q_{极限值}$）分布表查得 $Q_{极限值}$ 值；

（4）如果 $Q_{计算} \geq Q_{极限值}$ 计算极限值，则可疑值应被舍去，反之可疑值应被保留。

2. 格鲁布斯（Grubbs）检验法简介基本步骤

（1）将平行测定数据按由小到大次序排列：X_1，X_2，$\cdots$，X_n；

（2）求 $\bar{X}$ 和标准偏差 S；

（3）计算 G 值，$G_{计算} = \dfrac{X_n - \bar{X}}{S}$ 或 $G = \dfrac{\bar{X} - X_1}{S}$；

（4）由测定次数和要求的置信度，查 Grubbs 检验的临界值表得 $G_表$；

（5）比较。

若 $G_{计算} > G_表$，弃去可疑值，反之保留。

由于格鲁布斯检验法引入了标准偏差，所以准确性比。检验法高。

(三) 分析方法准确性的检验——系统误差的判断

在工作中经常会遇到这样的问题：①建立了一种新的分析方法，该方法是否可靠？②两个实验室或两个操作人员，采用相同方法，分析同样的试样，谁的结果准确？对于第一个问题，新方法是否可靠，需要与标准方法进行对比实验，获得两组数据，然后加以科学对比。对于第二个问题，由于偶然误差的存在，两个结果之间有差异是必然的，但由偶然误差引起的差异应当是小的、不显著的，只要排除了系统误差，结果的准确度就可通过标准误来判别。无论以上哪种情况，关键是要确定是否存在有系统误差，即检验两组数据之间是否有显著性差异，这是判定新方法是否可靠、谁的结果准确的关键所在。显著性检验方法有 t 检验法和 F 检验法。

(四) 有效数字

1. 数字在分析化学中的含义

实验过程中遇到的两类数字：

(1) 数目。

如测定次数、倍数、系数、分数。

(2) 测量。

值或计算值数据的位数与测定准确度有关。

记录的数字不仅表示数量的大小，而且要正确地反映测量的精确程度。如称取物质的质量为 0.1g，表示是在小台秤上称取的。称取物质的质量为 0.1000g，表示是用万分之一的分析天平称取的。要准确配制 50.00mL 溶液，需要用 50.00mL 容量瓶配制，而不能用烧杯和量杯。取 25.00mL 溶液，需用移液管，而不能用量杯。取 25mL 溶液，表示是用量杯量取的。滴定管的初始读数为零时，应记录为 0.00mL，而不能记录为 0mL。

分析化学中测定或计算所获得的数据的位数反映出测量结果的精确程度，这类数字称为"有效数字"。在有效数字中，末位数字是不准确的，是估计值，称为可疑数字，具有 ±1 的偏差，其他数字是准确的。

2. 数字修约规则

(1) 加减运算。

结果的有效数字位数取决于绝对误差最大的数据的位数，即小数点后位数最少的数据的位数。

例：0.0121+25.64+1.057＝25.7091，应保留几位有效数字？

0.0121 绝对误差：0.0001

25.64 绝对误差：0.01

1.057 绝对误差：0.001

计算结果的有效数字位数应与 25.64 保持一致，为：25.71。

（2）乘除运算。

有效数字的位数取决于相对误差最大的数据的位数。

例：（0.0325×5.103×60.06）/139.8=0.071179184

计算各数据的相对误差：

0.0325±0.0001/0.0325×100%＝±0.3%

5.103±0.001/5.103×100%＝±0.02%

60.06±0.01/60.06×100%＝±0.02%

139.8±0.1/139.8×100%＝±0.07%

相对误差最大的数据 0.0325 有 3 位有效数字位数，故计算结果应为：0.0712。

滴定分析中所采用的容量器皿（滴定管、容量瓶、移液管）均保留四位有效数字，故实验结果的数据有效位数为四位。

（3）数字修约规则。

在计算和读取数据时，数据的位数可能比规定的有效数字位数多。例如，用计算器可得七位的数据；在用分析天平称量时，可读出小数点后五位；因此需要将多余的数字舍去，舍去多余的数字的过程称为数字修约过程，所遵循的规则称为数字修约规则。

过去常采用：四舍五入的数字修约规则。

现国家标准规定采用：四舍六入五留双的数字修约规则。

四舍六入五留双的规则避免了进舍时的单向性，降低了进舍时产生的误差。

第二章 食品的感官及物理检测

第一节 食品的感官检测

一、基础知识

食品的感官检验就是凭借人体自身的感觉器官，对食品的色、香、味、形和口感等质量特征进行综合性的鉴别和评价。食品质量的优劣直接地表现在它的感官性状上，通过感官指标来鉴别食品的品质和真伪，不仅简便易行，而且灵敏度高，直观而实用。食品感官检验不仅能直接发现食用感官性状在宏观上出现的异常现象，而且当食品感官性状发生微观变化时也能敏锐地察觉到。尤其重要的是，当食品的感官性状只发生微小变化，甚至这种变化轻微到有些仪器都难以准确发现时，通过人的感觉器官（如嗅觉、味觉等）都能进行应有的鉴别。可见，食品的感官质量检验有着理化和微生物检验方法所不能替代的优越性。在食品的质量标准和卫生标准中，感官检验往往是食品检验各项检验内容中的第一项。国家标准对各类食品都制定有相应的感官指标，感官检验不合格的产品，不必进行理化检验，直接判为不合格产品。

原始的感官检验往往采用少数服从多数的简单方法来确定最后的评价，缺乏科学性，可信度不高。随着统计学、生理学、心理学这三门学科的引入，感官分析成为一种科学的测定方法，被广泛应用于市场调研、新产品开发、食品质量控制和产品检验中。

（一）感官检验的基本要求

食品的感官检验是以人的感觉为基础，通过感官评价食品的各种属性后，再经过统计分析而获得客观结果的实验方法。因此，评价过程不但受客观条件的影响，也受主观条件的影响。客观条件包括外部环境条件和样品的制备，主观条件涉及参与感官检验人员的基本条件和素质。因此，外部环境条件、参与检验的评价员和样品制备是感官评价得以顺利进行并获得理想结果的 3 个必备要素。

1. 感官分析实验室的要求

食品感官分析的实验室由两个基本核心组成：试验区和样品制备区。试验区是感官评价员进行感官试验的场所，样品制备区是准备感官鉴评试验样品的场所。在条件允许的情况下，理想的感官检验室还应该包括休息室、办公室等部分，其中各个区、室都应该具备相应的各种设施和控制装置。样品制备区应靠近试验区，但又要避免评价员进入试验区时经过制备区看到所制备的各种样品或嗅到气味后产生的影响。

2. 感官评价员的选择

评价人员可分为初级评价员、优选评价员和专家。初级评价员是指具有一定分辨差别能力的感官鉴评人员。优选评价员通常具备描述产品感官品质特性及特性差别的能力，可专门从事对产品品质特性的评价。专家是食品感官评价人员中最难获得的一类，一般有长期从事专业工作的经验和感官评价的能力，并在某些特性感觉上有超人之处，表现出特殊的天赋。例如品酒师、品茶师、香精调剂师等属于此类。由于此类人员数量极少，普通的感官试验中一般很少出现。

感官评价员应有良好的健康状况，感觉器官健全，有良好的分辨能力；无烟酒嗜好，无食品偏爱习惯，对感觉内容与程度有确切的表达能力；个人卫生条件较好，无明显个人气味。检验开始前 30min 内，避免浓香食物、饮料糖果或口香糖，禁止使用强气味的化妆品，如洗面乳、发乳、唇膏等；检验前，评价员不能过饱或过饥，检验前 1h 内不抽烟、不吃东西；检验过程中应集中精力避免任何因素的干扰，不能用表情和语言来传播结果。

3. 样品的准备

在食品感官检验中，样品的图示、编号、呈送次序甚至盛具形状、颜色都会对评价员产生心理和生理上的影响，因此，任何一个规范的感官检验试验，对被检品处理的各项条件都必须保持一致，样品制备的温度、时间等细节都必须符合同一标准。

（1）样品数量。

考虑到感官和精神上的疲劳，每次提供给评价员的样品数也有规定，一般控制在 4~8 个，每个样品的量控制在液体 30mL、固体 28g 左右为宜。

（2）样品温度。

样品温度以最容易感受样品鉴评特性为基础，通常由该食品的饮食习惯而定。样品的温度过冷或过热均可造成感官不适或感觉迟钝，温度升高后，挥发性气味物质的挥发速度加快，会影响其他的感觉。

（3）样品容器。

食品感官检验中，应选择易清洁，无色或白色无味、无臭的容器，所有重复使用的用具和容器必须彻底冲洗干净，检验中应采用同一类数量、形状的容器来盛装，目的在于避免一些由盛具带来的非评定特性引起的刺激偏差。

（4）样品编号和提供顺序。

样品编号可利用随机的三位数字编码，以保证对评价员提供的样品是未知的，在具体实施中，应注意不要使用人们喜爱、忌讳或容易记忆的数字，如 888、250 等，在一次感官检验中，递送给每位评价员的样品编码也应互不相同。同一样品应有多个编号，在检验次数较多的情况下，必须避免使用重复编号。

为避免人为的对样品出现次序、位置产生心理倾向性，提供给评价员的样品应在某个位置出现次数相同，例如，我们给 3 个样品 A、B、C 打分，下面就是这 3 种样品所有可能的排列顺序：ABC、ACB、BCA、BAC、CBA、CAB，所以这个检验需要感官检验人员的数量就应该是 6 的倍数，这样才能使这 6 种组合被呈送给品评人员的机会相同。每次重复试验配置顺序应随机化，递送的样品尽量避免直线摆放，可采用圆形摆放等。

（5）样品预处理。

有些样品由于风味浓郁（香精、调味品、糖浆）或物理状态（果酱、奶粉）的原因，不能直接进行感官分析，需对样品进行预处理。根据检验目的可对样品进行适当稀释，或与化学组分确定的某一物质（如水、乳糖、糊精等）进行混合，或将样品添加到中性的食品载体中，常用的载体有牛奶、油、面条、大米饭、馒头、菜泥、面包、乳化剂和奶油等。

感官检验可在上午、下午评价员感官敏感性较高的时间进行。在周末、饮食前 1h、饮食后 1h 以及评价员刚上班和快下班时都不宜进行检验。

（二）感官检验的类型

1. 分析型感官检验

分析型感官检验是把人的感觉器官作为一种检验测量的工具，来评价样品的质量特性或鉴别多个样品之间的差异等，又称为分析性或 A 型。如质量检查、产品评优等都属于这种类型。分析型感官检验是评价员对物品的客观评价，其分析结果不受人的主观意志影响。为了降低个人感觉之间差异的影响，提高试验的重现性，获得高精度的测定结果，必须注意评价基准的标准化、试验条件的规范化和评价员的素质选定。

2. 偏爱型感官检验

偏爱型感官检验与分析型感官检验正好相反，是以样品为工具，来了解人的感官反应及倾向。如在新产品开发过程中，对试制品的评价；在市场调查中顾客不同的偏爱倾向。此类型的感官检验不需要统一的评价标准及条件，而依赖于人们的生理及心理上的综合感觉，即个体人或群体人的感觉特征和主观判断起着决定性作用，检验的结果受到生活环境、生活习惯、审美观点等多方面的因素影响，因此其结果往往是因人、因时、因地而异。这种检验的主要问题是如何能客观地评价不同检验人员的感觉状态及嗜好的分布倾向。

二、食品感官检验的种类

按检验时所利用的感觉器官，感官检验可分为视觉检验、听觉检验、嗅觉检验、味觉检验和触觉检验。

（一）视觉检验

通过被检验物作用于视觉器官所引起的反应，对食品进行评价的方法称为视觉检验。

这是判断食品质量的一个重要的感官手段。食品的外观形态和色泽对于评价食品的新鲜程度，食品是否有不良改变以及蔬菜、水果的成熟度等有着重要意义。视觉检验应在白昼的散射光线下进行，以免灯光隐色发生错觉。检验时应注意整体外观、大小、形态、块形的完整程度、清洁程度、表面有无光泽、颜色的深浅色调等。在检验液态食品时，要将它注入无色的玻璃器皿中，透过光线来观察，也可将瓶子颠倒过来，观察其中有无夹杂物下沉或絮状物悬浮。检验有包装的食品时应从外往里检验，先检验整体外形，如罐装食品有无鼓罐或凹罐现象；软包装食品是否有胀袋现象等，再检验内容物，然后再给予评价。

（二）听觉检验

通过被检验物作用于听觉器官所引起的反应，对食品进行评价的方法称为听觉检验。

人耳对一个声音的强度或频率的微小变化是很敏感的。利用听觉进行感官检验的应用范围十分广泛。食品的质感特别是咀嚼食品时发出的声音，在决定食品质量和食品接受性方面起重要作用，如焙烤制品的酥脆薄饼、爆玉米花和某些膨化制品，在咀嚼时应该发出特有的声音，否则可认为质量已发生变化。对于同一物品，在外来机械敲击下，应该发出相同的声音。但当其中的一些成分、结构发生变化后，会导致原有的声音发生一些变化。据此，可以检查许多产品的质量。如敲打罐头，用听觉检查其质量，生产中称为打检，从敲打发出的声音来判断是否出现异常，另外容器有无裂缝等，也可通过听觉来判断。

（三）嗅觉检验

通过被检物作用于嗅觉器官而引起的反应，评价食品的方法称为嗅觉检验。

人的嗅觉器官相当敏感，甚至用仪器分析的方法也不一定能检查出极轻微的变化，用嗅觉检验却能够发现。当食品发生轻微的腐败变质时，就会有不同的异味产生。如核桃的核仁变质所产生的酸败而有哈喇味，西瓜变质会带有馊味等。食品的气味是一些具有挥发性的物质形成的，所以在进行嗅觉检验时常需稍稍加热，但最好是在15℃～25℃的常温下进行，因为食品中的气味挥发性物质常随温度的高低而增减。在检验食品时，液态食品可滴在清洁的手掌上摩擦，以增加气味的挥发，识别畜肉等大块食品时，可将一把尖刀稍微加热刺入深部，拔出后立即嗅闻气味。

食品气味检验的顺序应当是先识别气味淡的，后鉴别气味浓的，以免影响嗅觉的灵敏度。在鉴别前禁止吸烟。

（四）味觉检验

通过被检物作用于味觉器官所引起的反应，评价食品的方法称为味觉检验。

味觉是由舌面和口腔内味觉细胞（味蕾）产生的，基本味觉有酸、甜、苦、咸四种，其余味觉都是由基本味觉组成的混合味觉。味觉还与嗅觉、触觉等其他感觉有联系。影响味觉灵敏度主要有以下因素。

1. 食品温度的影响

食品温度对味蕾灵敏度影响较大。一般来说，味觉检验的最佳温度为20℃～40℃。温度过高会使味蕾麻木，温度过低亦会降低味蕾的灵敏度。

2. 舌头部位的影响

舌头的不同部位味觉的灵敏度是不同的，表2-1列出舌头各部位的味觉阈限。

表2-1 舌头各部位的味觉阈限   单位:%

味道	呈味物质	舌尖	舌边	舌根
咸	食盐	0.25	0.24~0.25	0.28
酸	盐酸	0.01	0.06~0.07	0.016
甜	蔗糖	0.49	0.72~0.76	0.79
苦	硫酸奎宁	0.00029	0.0002	0.00005

3. 味觉产生时间的影响

从刺激味觉感受器到出现味觉，一般需 0.15~0.4s。其中咸味的感觉最快，苦味的感觉最慢。所以，一般苦味总是在最后才感觉到。

4. 呈味物质的水溶性的影响

味觉的强度与呈味物质的水溶性有关。完全不溶于水的物质实际上是无味的，只有溶解于水中的物质才能刺激味觉神经，产生味觉。水溶性好的物质，味觉产生快，消失也快；水溶性较差的物质，味觉产生慢，但维持时间较长。蔗糖和糖精就分别属于这两类。

味觉检验前不要吸烟或吃刺激性较强的食物，以免降低感觉器官的灵敏度。检验时取少量被检食品放入口中，细心品尝，然后吐出（不要咽下），用温水漱口。若连续检验几种样品，应先检验味淡的，后检验味浓的食品，且每品尝一种样品后，都要用温水漱口，以减少相互影响。对已有腐败迹象的食品，不要进行味觉检验。

（五）触觉检验

通过被检物作用于触觉感受器官所引起的反应，评价食品的方法称为触觉检验。

触觉检验主要借助手、皮肤等器官的触觉神经来检验某些食品的弹性、韧性、紧密程度、稠度等，以鉴别其质量。由于感受器在皮肤内分布不均匀，所以不同部位有不同的敏感度。

四肢皮肤比躯干部敏感，手指尖的敏感度最强。如对谷物可以抓起一把，凭手感评价其水分；对肉类，根据它的弹性可判断其品质和新鲜程度；对饴糖和蜂蜜，根据用掌心或指头揉搓时的润滑感可鉴定其稠度。此外，在品尝食品时，除了味觉外，还有脆性、黏性、弹性、硬度、冷热、油腻性和接触压力等触感。

进行感官检验时，通常先进行视觉检验，再进行嗅觉检验，然后进行味觉检验及触觉检验。

三、感官检测的常用方法

食品感官检验的方法很多，在选择适宜的检验方法之前，首先要明确检验的目的、要求等。根据检验的目的和要求及统计方法的不同，常用的感官检验方法一般分为三类：差别检验法、类别检验法及分析或描述检验法。

（一）差别检验法

差别检验法是常用的感官检验方法，它具有简单、方便的特点，其目的是要求评价员对两个或两个以上的样品，做出是否存在感官差别的结论，一般规定不允许评价员回答"无差异"（评价员未能察觉出样品之间的差异）。因此，在差别检验法中要注意避免因样品外表、形态、温度和数量等明显差异所引起的误差。差别检验法的结果处理是以做出不同结论的评价员的数量及检验次数为基础，例如，有多少人回答 A，多少人回答 B，多少人回答正确，解释其结果主要运用统计学的二项分布参数检查，判断是否存在着感官差别。

该类检验方法领先于其他感官方法，在许多方面有广泛的用途，例如在储藏时间对食品的味觉、口感、鲜度等质量指标的影响，又如在外包装试验中，可以判断哪种包装形式更受欢迎，而成本高的包装形式有时并不一定受消费者欢迎，都可以用差别试验法检验。常用的差别检验方法有成对比较检验法、二一三点检验法、三点检验法、"A"和"非 A"检验法、五中取二检验法、选择检验法、配偶检验法等。

1. 成对比较检验法

以随机顺序同时出示两个样品给评价员，要求评价员对这两个样品进行比较，判断两个样品间是否存在某种差异及其差异方向（如某些特征强度的顺序）的一种评价方法称为成对比较检验法或者两点检验法。成对比较有两种形式，一种叫作差别成对比较（双边检验），另一种叫作定向成对比较（单边检验）。决定采取哪种形式的检验，取决于研究的目的，如果感官评价员不知道样品间何种感官属性不同，则采用差别成对比较；如果感官评价员已经知道两种产品在某一特定感官属性上存在差别，则采用定向成对比较。

（1）方法适用特点。

成对比较检验法是最简单也是应用最广泛的感官检验方法，可用于确定两种样品之间是否存在某种差别，判别的方向如何或确定是否偏爱两种样品中的某一种或用于评价员的选择与培训。本方法简单、不易产生感官疲劳，但当比较的样品增多时，要求比较的数目立刻就会变得极大，以致无法一一比较。

（2）检验技术要点。

把 A、B 两个样品同时呈送给评价员，要求评价员根据要求进行评价。在实验中，应使样品 A、B 和 B、A 在配对样品中出现次数均等，并同时随机地呈送给评价员。样品编码可以随机选取 3 位数组成，且每个评价员之间的样品编码尽量不重复。

进行成对比较试验时，从一开始就应分清是差别成对比较还是定向成对比较。如果检验目的只是关心两个样品是否不同，则是差别成对比较；如果想具体知道样品的特性，比如哪一个更好，更受欢迎，则是定向成对比较。成对比较检验法具有强制性，在成对比较检验法中有可能会出现"无差异"的结果，通常这是不允许的，因而要求评价员"强制选择"，当评价员认为样品间无差异，也要求他指出哪个样品更×××，或更喜欢哪个样品，以促进评价员仔细观察分析，从而得出正确结论。

（3）结果分析与判断。

根据 A、B 两个样品的特性强度的差异大小，确定检验是差别成对比较还是定向成对比较。如果检验是希望出现某一指定样品，例如样品 A 比另一样品 B 具有较大的强度，或者更被偏爱，即样品 A 的特性强度（或被偏爱）明显优于样品 B，换句话说，参加检验的评价员做出样品 A 比样品 B 的特性强度大（或被偏爱）的判断概率大于做出样品 B 比样品 A 的特性强度大（或被偏爱）的判断概率，即 A>B，则该检验是定向成对比较（单边检验）；如果这两种样品有显著差别，但没有理由认为 A 或 B 的特性强度大于对方或被偏爱，即 A≠B，则该检验是差别成对比较（双边检验）。

2. 二一三点检验法

先提供给评价员一个对照样品，接着提供两个样品，其中一个与对照样品相同或者相似，要求评价员在熟悉对照样品后，从后面提供的两个样品中挑选出与对照样品相同的样品，这种检验方法称为二一三点检验法，也称一一二点检验法。二一三点检验法有两种形式：一种叫固定参照模式；另一种叫作平衡参照模式。在固定参照模式中，总是以正常生产为参照物；而在平衡参照模式中，正常生产的样品和要进行检验的样品被随机用作参照样品。如果参评人员是受过培训的，他们对参照样品很熟悉的情况下，使用固定参照模式；当参评人员对两种样品都不熟悉，而他们又没有接受过培训时，使用平衡参照模式。

（1）方法适用特点。

此检验法的目的是区别两个同类样品间是否存在感官差异，尤其适用于评价员熟悉对照样品的情况，如成品检验和异味检查，但差异的方向不能被检验指明，即感官评价员只能知道样品可察觉到差别，而不知道样品在何种性质上存在差别。由于该检验方法精度较差（猜对率为 $1/2$），故常用于风味强度较强、刺激较烈和产生余味持久的产品检验，以降低鉴评次数，避免味觉和嗅觉疲劳。另外，外观有明显差别的样品不适宜此法。

（2）检验技术要点。

同时或连续提供给每位评价员一个参照物和两个编号的样品，其中一个样品和参照物相同。指令评价员按一定顺序检验样品，并首先检验定为对照的样品，要求评价员识别与对照样品不同的样品。

在固定参照二一三点检验中，样品有两种可能的呈送顺序，如 RAAB 和 RABA，RA 是对照产品。而在平衡参照二一三点检验中，样品有四种可能的呈送顺序，如 RAAB、RABA、RBAB、RBBA，前两组含作为对照样品的 RA，后两组含作为对照样品的 RB，组成足够数量的系列样品，提供给每位评价员一组样品。如果组成样品组的总数大于评价员数，则进行取舍。如果多余一组，随机去掉一组，如果多余两组，随机去掉含 RA 为对照的一组和含 RB 为对照的一组。如果多余三组，随机去掉含 RA 为对照的一组和含 RB 为对照的一组，然后再随机去掉一组。

样品在所有的评价员中交叉平衡，一半的评价员得到一种样品类型作为参照，而另一半的评价员得到另一种样品类型作为参照。在评价员之间随机地分配样品组，同时或连续提供给评价员，指令评价员按从左到右检验样品，首先检验对照样品，然后识别出与对照样品相同的样品。二一三点检验是强迫选择检验，要求对提出的问题必须给予回答，即每位评价员必须指出两个样品中与对照样品不同的那个样品。

（3）结果分析与判断。

二一三点检验虽然有两种形式，从评价员的角度来讲，这两种检验的形式是一致的，只是所使用的作为参照物的样品不同。

3. 三点检验法

在检验中，同时提供三个编码样品，其中有两个是相同的，另外一个样品与其他两个样品不同，要求评价员挑选出其中不同于其他两个样品的检验方法称为三点检验法，也称为三角试验法。

（1）方法适用特点。

在感官评定中，三点检验法是一种专门的方法，用于两样品间的差异分析，而且适合于样品间细微差别的鉴定，其差别可能与样品的所有特征，或者与样品的某一特征有关，如品质控制或仿制产品，也可用于挑选和培训评价员或者测试评价员的能力。当样品间没有可觉察的差别时，做出正确选择的概率是 1/3。因此，在试验中此法的猜对率为 1/3，这要比成对比较法和二一三点法的 1/2 猜对率准确度低得多。但是，如果评价员对样品产生感觉疲劳、产生适应性或者实在难以区分试验的 3 个样品时就不能选用三点检验法。

（2）检验技术要点。

每次随机呈送给评价员 3 个样品，其中两个样品是一样的，一个样品则不同，并要求在所有的评价员间交叉平衡。为了使三个样品的排列次序和出现次数的概率相等，这两种样品可能的组合是：BAA、ABA、AAB、ABB、BAB 和 BBA。在实验中，组合在六组中出现的概率也应是相等的，当评价员人数不足六的倍数时，可舍去多余样品组，或向每个评价员提供六组样品做重复检验。要求评价员从左到右依次品尝每个样品，评价过程中，允许评价员重新检验已经做过的那个样品。评价员找出与其他两个不同的一个样品或者相似的样品，然后对结果进行统计分析。

（3）结果分析与判断。

按三点检验法要求统计回答正确的回答表数和总的回答数目，查表可得出两个样品间有无差异。若正确回答个数等于或大于表中相应的数值，则说明两样品间有差异。

4. "A"和"非A"检验法

在评价员熟悉样品"A"以后，再将一系列样品提供给评价员，其中有"A"，也有"非A"，要求评价员指出哪些是"A"，哪些是"非A"的检验方法称"A"和"非A"检验法。这种是与否的检验法，也称为单项刺激检验。

（1）方法适用特点。

此检验本质上是一种顺序成对比差别检验或简单差别检验。评价员先评价第一个样品，然后再评价第二个样品，要求评价员指明这些样品感觉上是否相同或不同。此检验只能表明评价员可觉察到样品的差异，但无法知道样品品质差异的方向。适用于确定由于原料、加工、处理、包装和储藏等各环节的不同所造成的产品感官特性的差异，特别适用于检验具有不同外观或气味样品的差异检验，也适用于确定评价员对一种特殊刺激的敏感性。

（2）检验技术要点。

实际检验时，分发给每个评价员的样品数应相同，但样品"A"的数目与样品"非A"的数目不必相同，样品有4种可能的呈送顺序，如AA、BB、AB、BA，这些顺序要能够在评价员之间交叉随机化。每次试验中，每个样品要被呈送20~50次。每个评价者可以只接受一个样品，也可以接受2个样品，一个"A"，一个"非A"，还可以连续品评10个样品。供样品应有适当的时间间隔，每次评定的样品数量视检验人员的生理疲劳程度而定，受检验的样品数量不能太多，以免产生感官疲劳，应以评品人数较多来达到可靠的目的。

需要强调的是，参加检验的评价员一定要对样品"A"和"非A"非常熟悉；否则，没有标准或参照，结果将失去意义。检验中，每次样品出示的时间间隔很重要，一般是间隔2~5min。

（二）类别检验法

类别检验法中，要求评价员对两个以上的样品进行评价，判定出哪个样品好，哪个样品差，以及它们之间的差异大小和差异方向，通过实验可得出样品间差异的排序和大小，或者样品应归属的类别或等级，选择何种方法解释数据，将取决于实验的目的以及样品的数量，常用 χ^2 检验法、t 检验法等分析。常用方法有分类检验法、排序检验法、评分检验法、评估检验法、分等检验法等。本节重点介绍分类检验法、排序检验法及评分检验法。

1. 分类检验法

把样品以随机的顺序出示给评价员，要求评价员对样品进行评价后，划分出样品应属的预先定义的类别，这种检验方法称为分类检验法。

（1）方法适用特点。

此法是以过去积累的已知结果为根据，在归纳的基础上，进行产品分类。当样品打分有困难时，可用分类法评价出样品的好坏差别，得出样品的优劣、级别，也可用于估价产品的缺陷等情况。

（2）检验技术要点。

把样品以随机的顺序出示给评价员，要求评价员按顺序鉴评样品后，根据鉴评表中所规定的分类方法对样品进行分类。

（3）结果分析与判断。

统计每一个样品被划入每一类别的频数。然后用χ^2检验比较两种或多种样品落入不同类别的分布，从而得出每一种产品应属的级别。

2. 评分检验法

要求评价员把样品的品质特性以数字标度形式来评价的一种检验方法称为评分检验法。在评分检验法中，所使用的数字标度为等距示度或比率标度。等距标度是指有相等单位但无绝对零点的标度。相等的单位是指相同的数字间隔代表了相同的感官知觉差别。等距标度可以度量对象强度之间差异的大小，但不能比较对象强度之间的比率。比率标度是指既有绝对零点又有相等单位的标度。比率标度不但可以度量对象强度之间的绝对差异，也可度量对象强度之间的比率，这是一种最精确的标度。

（1）方法适用特点。

该方法不同于其他方法的是所谓的绝对性判断，即根据评价员各自的评价基准进行判断。它出现的粗糙评分现象也可由增加评价员人数来克服。由于此方法可同时评价一种或多种产品的一个或多个指标的强度及其差别，所以应用较为广泛，尤其用于评价新产品、评比评优等。

（2）检验技术要点。

检验前，首先应确定所使用的标度类型，标度可以是等距的，也可以是比率的，使评价员对每一个评分点所代表的意义有共同的认识。样品的出示顺序（评价顺序）可利用拉丁法随机排列。检验时先由评价员分别评价样品指标，然后由组织者按事先规定的规则转换成分数值，也可由评价员直接给出样品的分数值。

（3）结果分析与判断。

在进行结果分析与判断前，首先要将问答票的评价结果按选定的标度类型转换成相应的数值。以上述问答票的评价结果为例，可按-3~3（7级）等值尺度转换成相应的数值。极端好＝3；非常好＝2；好＝1；一般＝0；不好＝-1；非常不好＝-2；极端不好＝-3。当然，也可以用10分制或百分制等其他尺度。然后通过相应的统计分析和检验方法来判断样品间的差异性，当样品只有两个时，可以采用简单的 t 检验；而样品超过两个时，要进行方差分析并最终根据 F 检验结果来判别样品间的差异性。

3．排序检验法

比较数个食品样品，按某一指定质量特征由强度或嗜好程度将样品排出顺序的方法称为排序检验法，也称顺序检验法。

（1）方法适用特点。

该法只排出样品的次序，表明样品之间的相对大小、强弱、好坏等，属于程度上的差异，而不评价样品间差异的大小。其优点是可利用同一样品，对其各类特征进行检验，排出优劣，且方法较简单，结果可信，即使样品间差别很小，只要评价员认真，或者具有一定的检验能力，都能在相当精确的程度上排出顺序。参加检验的评价员人数一般不得少于8人，如果参加人数在16人以上，得到的结果将更为准确。

当试验目的是就某一项性质对多个产品进行比较时，比如甜度、新鲜程度等，使用排序检验法是进行这种比较的最简单的方法，比任何其他方法更节省时间。排序法具有广泛的用途，常用于进行消费者接受性调查及确定消费者嗜好顺序；选择或筛选产品；确定由于不同原料、加工工艺、处理、包装和储藏等各环节造成的对产品感官特性的影响，也可用于更精细的感官检验前的初步筛选。当评定少量样品的复杂特性时，选用此法是快速而高效的。此时的样品数一般小于6个。但样品数量较大（如大于20个），且不是比较样品间的差别大小时，选用此法也具有一定优势，可不设对照样，将两组结果直接进行对比。

（2）检验技术要点。

排序检验法在进行检验前，应由组织者对检验提出具体的规定，对被评价的指标和准则要有一定的理解。如对哪些特性进行排列；排列的顺序是从强到弱还是从弱到强；检验时操作要求如何；评价气味时是否需要摇晃等。

在试验中，尽量同时提供样品，评价员同时收到以均衡、随机顺序排列的样品，其任务就是将样品排序。同一组样品还可以以不同的编号被一次或数次呈送，如果每组样品被评价的次数大于2，那么试验的准确性会得到最大提高。在倾向性试验中，告诉参评人员，最喜欢的样品排在第一位，第二喜欢的样品排在第二位，依此类推，不要把顺序颠倒。相邻两个样品的顺序无法确定时，鼓励评价员去猜测，如果实在猜不出，可以取中间值，如4个样品中，对中间两个的顺序无法确定时，就将它们都排为（2+3）/2-2.5。

排序检验只能按照一种特性进行，如要求对不同的特性进行排序，则按不同的特性安排不同的顺序，对样品分别进行编号，以免发生相互影响。每个评价员以事先确定的顺序检验编码的样品，并安排出一个初步顺序，排出初步顺序后，若发现不妥之处，可以重新核查并调整顺序，确定各样品在尺度线上的相应位置。

（3）结果分析与判断。

计算出排序总数，并用 Friedman 检验和 Page 检验对结果统计评估，对被检样品之间是否有显著性差异做出判定。

（三）描述性检验法

描述性检验法是评价员对产品的所有品质特性进行定性、定量的分析及描述评价，常采用 x^2 检验、图示法、方差分析、回归分析、数学统计等方法得出样品各个特性的强度或样品全部感官特征。此检验方法可适用于一个或多个样品，以便同时定性和定量地表示一个或多个感官指标，如外观、嗅闻的气味特性、口中的风味特性（味觉、嗅觉及口腔的冷、热、收敛等知觉和余味）、组织特性和几何特性等，因此要求评价员除具备人体感知食品品质特性和次序的能力外，还要具备用适当和准确的词语描述食品品质特性及其在食品中的实质含义的能力，以及总体印象、总体特征强度和总体差异分析的能力。它的用途有：①新产品的研制和开发；②鉴别产品间的差别；③质量控制；④为仪器检验提供感官数据；⑤提供产品特征的永久记录；⑥监测产品在储存期间的变化。分析或描述性检验法通常是可根据定性或定量而分为简单描述性检验法、定量描述和感官剖面检验法。

1. 简单描述性检验法

要求评价员对构成样品质量特征的各个指标，用合理、清楚的文字，尽量完整地、准确地进行定性的描述，以评价样品品质的检验方法，称简单描述性检验法。描述检验按评价内容可分为风味描述和质地描述。可用于识别或描述某一特殊样品或许多样品的特殊指标，或将感觉到的特性指标建立一个序列。常用于质量控制，产品在储存期间的变化或描述已经确定的差异检测，也可用于培训评价员。

简单性描述的方式通常有自由式描述和界定式描述，前者由评价员自由选择自己认为合适的词汇，对样品的特性进行描述，而后者则是首先提供指标检查表，或是评价某类产品时的一组专用术语，由评价员选用其中合适的指标或术语对产品的特性进行描述。如用

食品检验检测分析技术

于外观的词汇有色泽深、浅、有杂色、有光泽、苍白、饱满、暗状、油斑、白斑、褪色、斑纹等；用于口感的词汇有黏稠、粗糙、细腻、油腻、润滑、酥、脆等；用于组织结构的词汇有致密、松散、厚重、不规则、蜂窝状、层状、疏松等。

描述实验对评价员的要求较高，他们一般都是该领域的技术专家，或是该领域的优选评价员，并且具有较高的文学造诣，对语言的含义有正确的理解和恰当使用的能力。

这种方法可以应用于一个或多个样品。在操作过程中样品出示的顺序可以不同，通常将第一个样品作为对照是比较好的。每个评价员在品评样品时要独立进行，记录中要写清每个样品的特征。在所有评价员的检验全部完成后，在组长的主持下进行必要的讨论，然后得出综合结论。该方法的结果通常不需要进行统计分析。为了避免试验结果不一致或重复性不好，可以加强对品评人员的培训，并要求每个品评人员都使用相同的评价方法和评价标准。

这种方法的不足之处是，品评小组的意见可能被小组当中地位较高的人，或具有性格的人所左右，而其他人员的意见不被重视或得不到体现。

综合结论描述的依据是按某描绘词汇出现频率的多寡作根据，一般要求言简意赅，字斟句酌，以力求符合实际。

2. 定量描述和感官剖面检验法

要求评价员尽量完整地描述食品感官特性以及这些特性强度的检验方法称为定量描述检验或称为定量描述分析（QDA）。一个"产品"是由许多参数来刻画的，这些参数可能仅是单一的（例如球的直径、一香袋的质量等），也可能是多元的（例如产品的形状、肉的质地等）。如果目标是评价所有特性，则可建立一"综合感官剖面"，如果评价只与风味、气味、质地或外貌有关，则可建立"部分感官剖面"。

定量描述检验是 20 世纪 70 年代发展起来的，其特点是其数据不是通过一致性讨论而产生的，评价小组领导者不是一个活跃的参与者，同时使用非线性结构的标度来描述评估特性的强度，通常称之为 QDA 图或蜘蛛网图，并利用该图的形态变化定量描述试样的品质变化。这种检验方法可在简单描述性检验中所确定的词汇中选择适当的词汇，可单独或组合地用于鉴评气味、风味、外观和质地，多用于产品质量控制、质量分析、判定产品差异性、新产品开发和产品品质改良等方面，还可以为仪器检验结果提供可对比的感官数据，使产品特性可以相对稳定地保存下来。

定量描述和感官剖面检验法依照检验方式的不同可分为一致方法和独立方法两大类型。一致方法的含义是，在检验中所有的评价员（包括评价小组组长）以一个集体的一部分而工作，目的是获得一个评价小组赞同的综合印象，使描述产品风味特点达到一致、获得同感的方法。在检验过程中，如果不能一次达成共识，可借助参比样来进行，有时需要多次讨论方可达到目的。独立方法是由评价员先在小组内讨论产品的风味，然后由每个评价员单独工作，记录对食品感觉的评价成绩，最后用计算平均值的方法，获得评价结果。无论是一致方法还是独立方法，在检验开始前，评价组织者和评价员应完成以下工作：第一，制定记录样品的特殊目录；第二，确定参比样；第三，规定描述特性的词汇；第四，建立描述和检验样品的方法。

通常，在正式小组成立之前，需要一个熟悉情况的阶段，以了解类似产品，建立描述的最好方法和同意评价识别的目标，同时，确定参比样品（纯化合物或具有独特性质的天然产品）和规定描述特性的词汇。具体进行时，还可根据目的的不同设计出不同的检验记录形式。此方法的检验内容通常有以下几项。

（1）食品质量特性、特征的鉴定用适当的词汇，评价感觉到的特性、特征。

（2）感觉顺序的确定记录显现及察觉到的各特性、特征所出现的先后顺序。

（3）特性、特征强度的评估对所感觉到的各种特性、特征的强度做出评估。

特性特征强度可由多种标度来评估。

①用数字评估。如，没有=0，很弱=1，弱=2，中等=3，强=4，很强=5。

②标度点评估。在每个标度的两端写上相应的叙词，其中间级数或点数根据特性特征而改变。如，弱□□□□□强。

③用直线评估。在直线段上规定中心点为"0"，两端各标叙词，或直接在直线段规定两端点叙词，如弱——强，以所标线段距一侧的长短表示强度。

（4）余味和滞留度的测定。样品被吞下（或吐出）后，出现的与原来不同的特性特征，称为余味；样品已被吞下（或吐出）后，继续感觉到的特性特征，称为滞留度。在一些情况下，可要求评价员鉴别余味并测定其强度，或者测定滞留度的强度和持续时间。

（5）综合印象评估。对产品全面、总体的评估。如，优=3，良=2，中=1，差=0。在一致方法中，鉴别小组赞同一个综合印象，在独立方法中，每个评价员分别评估综合印象，然后计算其平均值。

（6）强度变化的评估。有时可能要求以曲线（如时间—感觉强度曲线）形式表现从感觉到样品刺激，到刺激消失的感觉强度变化。如食品中的甜味、苦味的感觉强度变化；品酒、品茶时，嗅觉、味觉的感觉强度变化。

定量描述法不同于简单描述法的最大特点是利用统计法对数据进行分析。统计分析的方法，随所用对样品特性特征强度评价的方法而定。评价员在单独的品评室对样品进行评价，试验结束后，将标尺上的刻度转化为数值输入计算机，经统计分析后得出平均值。定量描述分析和感官剖面检验同时一般还附有一个图,图形常有扇形图、棒形图、圆形图和蜘蛛网形图等。

第二节　食品的物理检测

一、概述

食品的物理检测法有两种类型。第一种类型是某些食品的一些物理常数,如密度、相对密度、折射率、旋光度等,与食品的组成成分及其含量之间存在着一定的数学关系。因此,可以通过物理常数的测定来间接地检测食品的组成成分及其含量。第二种类型是某些食品的一些物理量是该食品的质量指标的重要组成部分。如罐头的真空度,固体饮料的颗粒度、比体积,面包的比体积,冰淇淋的膨胀率,液体的透明度、浊度、黏度,半固态食品的硬度、脆度、胶黏性、黏聚性、回复性、弹性、凝胶强度、咀嚼性等。这一类物理量可直接测定。

食品的相对密度、折射率、旋光度、色度和黏度以及质构是评价食品质量的几项主要物理指标,常作为食品生产加工的控制指标和防止掺假食品进入市场的监控手段。

(一) 相对密度在检验液体食品掺假中的应用

当因掺杂、变质等原因引起液体食品的组成成分发生变化时,均可出现相对密度的变化。测定相对密度可初步判断食品是否正常以及纯净的程度。比如,原料乳中掺水会严重影响成品奶的质量,因此,常用密度计来检测牛乳的相对密度和全乳固体含量以判断是否掺水。正常牛乳在15℃时,相对密度为1.028~1.034,平均1.03;脱脂乳在15℃时,相对密度为1.034~1.040。牛乳的相对密度会由于掺水而降低;反之,会因加脱脂乳或部分除脂肪而增高。当牛乳相对密度下降至1.028以下则掺水嫌疑较大。啤酒的浓度如果小于11°Bé(波美度(°Bé)是表示溶液浓度的一种方法)则有掺水的嫌疑。

(二) 折光法在产品检验中的应用

通过测定液态食品的折射率,可以鉴别食品的组成,确定食品的浓度,判断食品的纯净程度及品质。蔗糖溶液的折射率随浓度增大而升高,通过测定折射率可以确定糖液的浓度及饮料、糖水罐头等食品的糖度,还可以测定以糖为主要成分的果汁、蜂蜜等食品的可溶性固形物的含量。测定折射率还可以鉴别油脂的组成和品质。各种油脂具有其一定的脂肪酸构成，每种脂肪酸均有其特定的折射率。含碳原子数目相同时，不饱和脂肪酸的折射率比饱和脂肪酸的折射率大得多；不饱和脂肪酸相对分子质量越大，折射率也越大；酸度高的油脂折射率则低。正常情况下，某些液态食品的折射率有一定的范围，当这些液态食品因掺杂、浓度改变或品种改变等原因而引起食品的品质发生变化时，折射率也会发生变化，所以通过折射率的测定可以初步判断某些食品是否正常。如牛乳掺水，其乳清的折射率会降低。必须指出的是，折光法测得的只是可溶性固形物含量，因为固体粒子不能在折射仪上反映出它的折射率，因此含有不溶性固形物的样品，不能用折光法直接测出总固形物。但对于番茄酱、果酱等个别食品，已通过实验编制了总固形物与可溶性固形物关系表，先用折光法测定可溶性固形物含量，即可利用关系表查出总固形物的含量。

（三）旋光法在样品纯度测定中的应用

利用旋光法测定蔗糖含量来管理生产是糖厂的主要手段之一。还利用旋光法检验蜂蜜中是否掺入糖类，可对蜂蜜的品质进行检验。味精里如果掺入盐类，可使旋光法测得的味精纯度偏低；如果掺入糖类，可使测得的味精纯度偏高。

（四）生产工艺中色度的应用

在美食的色、香、味、形四大要素中，色可以说是极重要的品质特性，是对食品品质评价的第一印象，直接影响消费者对食品品质优劣、新鲜与否和成熟度的判断，因此，如何提高食品的色泽特征，是食品生产加工者首先要考虑的问题。符合人们感官要求的食品能给人以美的感觉，提高人的食欲，增强购买欲望，生产加工出符合人们饮食习惯并具有纯天然色彩的食品，对提高食品的应用价值和市场价值具有重要意义。食品颜色分析主要应用于酱油、薯片等加工产品和新鲜果蔬的着色、保色、发色、褪色等的研究及品质分析中，用来恰当地反映产品的特性。啤酒色度向浅色化发展，体现了消费者对色泽的选择趋势，也反映了酿制水平的高低。啤酒色度已成为衡量啤酒质量的重要技术指标之一。水的颜色深浅反映了水质的好坏，对饮料的生产有很大的影响。在食品加工过程中，常常需要观察焙烤、油炸食品被微生物污染的食品以及成熟度不同的食品的颜色变化，以指导生产。在国外，酱油、果汁等液体食品颜色也要求进行标准化质量管理。

（五）物性学在食品加工中的应用

质构是食品除色、香、味之外的另一种重要性质，它不仅是消费者评价食品质量最重要的特征，而且是决定食品档次的最重要的关键指标。例如，为节省成本，厂家需寻找合适且经济的原料及进货来源；为提高市场竞争力需开发出能合乎消费者口味的产品；为确保不同的厂家产品质量的一致性，需要制定企业可行的统一质量与规格标准；对于大型的集团企业，则要避免各个子公司间因执行者主观标准的差异而造成的巨大物流损失和管理缺陷等。质构也是食品加工中很难控制和描述的因素，例如，目前在食品中广泛使用食品胶、改性淀粉等作为添加剂，以取代羧甲基纤维素等，这些食品添加剂的使用，改善了食品在口感、外观、形状、贮存性等方面的某种特性。使用食品胶时，我们必须对使用目的有清楚的了解，才能根据不同食品胶的特性进行选择。在这个探索的过程中，以往是以试吃、专家评估作为比较传统的非定量判断手段，而在今天，已经利用质构仪作为定量判断的工具。特别是对消费量越来越大的沙司、调味酱、奶酪、涂抹料和冰淇淋等半固态食品，质构分析显得尤为重要。质构分析是通过对半固态食品质构的调控，如检测样品的硬度、脆度、胶黏性、黏聚性、回复性、弹性、凝胶强度、咀嚼性等并加以调节，从而获得最优的食品质量的方法。

二、食品物理检测的常用方法

（一）相对密度法

根据液态食品的相对密度而检测其浓度的方法，称为相对密度法。

1. 密度和相对密度

密度是指物质在一定温度下，单位体积的质量，以 ρ 表示，其单位为 g/cm^3。相对密度是指特定温度下某一物质的密度 ρ_1 与另一参考物质（常用纯水为参考）的密度 ρ_2 之比，以 d 表示，即 $d=\rho_1/\rho_2$。相对密度是表示物质纯度的物理常数。由于物质的相对密度受温度影响较大，故相对密度应标出测定时物质的温度和水的温度，表示为 $d_{t_2}^{t_1}$，其中 t_1 表示物质的温度；t_2 表示水的温度，如 d_4^{20}、d_{20}^{20}。对不同温度下测得的密度，其相对密度可表示为 $d_{t_{12}}^{t_1}=\rho_{t_1}/\rho_{t_2}$。

因为水在4℃时的密度为 $1.000000g/cm^3$，所以物质在某温度下的密度 ρ_t 和物质在同一温度下对4℃水的相对密度 dt 在数值上相等，两者在数值上可以通用。故工业上为方便起见，常用 d_4^{20}，即物质在20℃时的质量与同体积4℃水的质量之比来表示物质的相对密度，其数值与物质在20℃时的密度 ρ_{20} 相等。

通常测定液体是在20℃时对水在20℃时的相对密度，以 d_{20}^{20} 表示。因为水在4℃时密度比水在 20℃时的密度大，故对同一液体来说，$d_{20}^{20} > d_4^{20}$。d_{20}^{20} 和 d_4^{20} 之间可用公式：$d_4^{20} = d_{20}^{20} \times 0.99823$ 换算，式中，0.99823 为水在 20℃时的密度（g/cm³）。

各种液态食品都有一定的相对密度，当其组织成分和浓度发生改变时，其相对密度往往也随之改变。通过测定液态食品的相对密度，可检测食品的纯度、浓度和判断食品的质量。

2. 测定方法

（1）密度瓶法。

①原理。20℃时分别称量充满同一密度瓶的水和样品的质量，由水的质量计算出密度瓶的体积，即样品的体积，根据样品的质量和体积可计算其密度。

②适用范围与特点。

A. 本法适用于测定各种液体食品的相对密度，特别适合于样品量较少的场合，对挥发性的样品也适用。

B. 测定结果准确，但操作较烦琐。

C. 测定较黏稠样品时，宜用带毛细管的密度瓶。

（2）密度计法。

①原理。密度计法是根据阿基米德原理设计的。

密度计种类很多，但结构和形式基本相同，都是由玻璃外壳制成。头部呈球形或圆锥形，里面灌有铅珠、水银或其他重金属，使其能立于液体中，中部是胖肚空腔，内有空气，故能浮起，尾部是一细长管，内附有刻度标记，刻度是利用各种不同密度的液体标度的。食品检测中常用的密度计按其标度方法的不同，可分为普通密度计、乳稠计、锤度计和波美度计等

②分类。按密度计不同分为以下几种：

A. 普通密度计。是直接以 20℃时的密度值为刻度的。一套通常由几支组成，每支的刻度范围不同，刻度值小于 1（0.700~1.000）的，称为轻表，用于测定比水轻的液体；刻度值大于 1（1.000~2.000）的，称为重表，用于测定比水重的液体。

B. 乳稠计。是专用于测定牛乳相对密度的密度计，测定相对密度范围为 1.015~1.045。它是将相对密度减去 1.000 后，再乘以 1000 作为刻度，以度（数字右上角标 "°"）表示，其刻度范围为 15°~45°。使用时将测得的读数按上述关系换算为相对密度值。乳稠计按其标度方法不同分为两种，一种是按 20°/4°标定的，另一种是按 15°/15°标定的。两者的关系是后者读数是前者读数加 2，即

$$d_{15}^{15} = d_4^{20} + 0.002$$

如果测定的温度不是标准温度，应将读数校正为标准温度下的读数。对于 20°/4°乳稠计，在 10℃~25℃，温度每升高 1℃，乳稠计读数平均下降 0.2°，即相当于相对密度值平均减小 0.0002。故当乳温高于标准温度 20℃时，每升高 1℃应在所得的乳稠计读数上加 0.2°；乳温低于 20℃时，每降低 1℃应减去 0.2°。

C. 锤度计。是专用于测定糖液浓度的密度计。它是以蔗糖溶液的质量分数为刻度的，以°Bx 表示。其标度方法是以 20℃ 为标准温度，在蒸馏水中为 0°Bx，在 1 蔗糖溶液中为 1°Bx（100g 蔗糖溶液中含有 1g 蔗糖），以此类推。锤度计的刻度范围有多种，常用的有 0~6°Bx、5~11°Bx、10~16°Bx、15~21°Bx、20~26°Bx 等。

当测定时的温度不在标准温度 20℃时，应进行温度校正。当测定的温度高于 20℃时，因糖液体积膨胀而使相对密度减小，即锤度降低，应加上相应的温度校正值，反之，则应减去相应的温度校正值。

D. 波美度计。是测定溶液浓度的密度计，以波美度°Be′ 表示。其标度方法是以 20℃ 为标准，在蒸馏水中为 0°Be′，在 15g/100mL 的食盐溶液中为 15°Be′，在纯硫酸（相对密度 1.8427）中，其刻度为 66°Be′。波美度计分为轻表和重表两种，分别用于测定相对密度小于 1 和大于 1 的液体。波美度与相对密度之间存在下列关系。

轻表：$°Be' = 145/d_{20}^{20} - 145$，或 $d_{20}^{20} = 145/(145 + °Be')$

重表：$°Be' = 145 - 145/d_{20}^{20}$，或 $d_{20}^{20} = 145/(145 - °Be')$

③适用范围与特点。

A. 该法操作简便快速，但准确度差。

B. 需要样液较多。

C. 不适用于测定极易挥发的样品。

（二）折光法

1. 折射率测定的意义

通过测定物质的折射率来鉴别物质的组成，确定物质的纯度、浓度及判断物质的品质的分析方法称为折光法。确定物质的纯度、浓度及判断物质的品质，可通过测定物质的折射率来鉴别。

2. 原理

（1）折射率。

光线从一种介质射到另一种介质时，除了一部分光线反射回第一介质外，另一部分进入第二介质中并改变它的传播方向，这种现象叫光的折射。发生折射时，入射角正弦与折射角正弦之比恒等于光在两种介质中的传播速度之比，即

$$\frac{\sin\alpha_1}{\sin\alpha_2} = \frac{v_1}{v_2}$$

式中：α_1——入射角；

α_2——折射角；

v_1——光在第一种介质中的传播速度；

v_2——光在第二种介质中的传播速度。

光在真空中的速度 C 和在介质中的速度 v 之比叫作介质的绝对折射率（简称折射率、折光率、折射指数）。真空的绝对折射率为1，实际上是难以测定的，空气的绝对折射率是1.000294，几乎等于1，故在实际应用上可将光线从空气中射入某物质的折射率称为绝对折射率。

折射率以 n 表示：

$$n = \frac{C}{v}, \text{ 显然 } n_1 = \frac{C}{v_1}, \ n_2 = \frac{C}{v_2}$$

故

$$\frac{\sin\alpha_1}{\sin\alpha_2} = \frac{n_2}{n_1}$$

式中：n_1——第一介质的绝对折射率；

n_2——第二介质的绝对折射率。

折射率是物质的特征常数之一，与入射角大小无关，它的大小决定于入射光的波长、介质的温度和溶质的浓度。一般在折射率 n 的右下角注明波长，右上角注明温度，若使用钠黄光，样液温度为20℃，测得的折射率用 n 表示。

（2）溶液浓度与折射率的关系

每一种均一物质都有其固有的折射率，对于同一物质的溶液来说，其折射率的大小与其浓度成正比，因此，测定物质的折射率就可以判断物质的纯度及其浓度。

如牛乳乳清中所含乳糖与其折射率有一定的数量关系，正常牛乳乳清折射率在1.34199～1.34275，若牛乳掺水，其乳清折射率必然降低，所以测定牛乳乳清折射率即可了解乳糖的含量，判断牛乳是否掺水。

纯蔗糖溶液的折射率随浓度升高而升高，测定糖液的折射率即可了解糖液的浓度。对于非纯糖溶液，由于盐类、有机酸、蛋白质等物质对折射率均有影响，故测得的是固形

物。固形物含量越高，折射率也越高。如果溶液中的固形物是由可溶性固形物及悬浮物所组成，则不能在折光计上反映出它的折射率，测定结果误差较大。

各种油脂均由一定的脂肪酸构成，每种脂肪酸均有其特征折射率，故不同的油脂其折射率不同。当油脂酸度增高时，其折射率将降低；相对密度大的油脂其折射率也高。故折射率的测定可鉴别油脂的组成及品质。

3. 常用的折光计

折光仪的浓度标度是用纯蔗糖溶液标定的，而不纯的蔗糖溶液，由于盐类、有机酸、蛋白质等物质对折射率存在影响，因此，测定时包括蔗糖和上述物质，即可溶性固形物。折光计是用于测定折射率的仪器，一般有阿贝折光计、手提式折光计、浸入式折光计。

（1）阿贝折光计。

①原理。其光学系统由观测系统和读数系统两部分组成。

观测系统：光线由反光镜反射，经进光棱镜、折射棱镜及其间的样液薄层折射后射出，再经色散补偿器消除由折射棱镜及被测样品所产生的色散，然后由物镜将明暗分界线成像于分划板上，经目镜放大后成像于观测者眼中。

读数系统：光线由小反光镜反射，经毛玻璃射到刻度盘上，经转向棱镜及物镜将刻度成像于分划板上，通过目镜放大后成像于观测者眼中。

②阿贝折光计的使用。

A. 校正方法。将折射棱镜的抛光面加1~2滴溴代萘，再贴上标准试样的抛光面，当读数视场指示于标准试样上的值时，观察望远镜内明暗分界线是否在十字线中间，若有偏差则用螺丝刀轻微旋转调节螺钉，使分界线像位移至十字线中心。校正完毕，在以后的测定过程中不允许随意再动此部位。

B. 将折射棱镜表面擦干，用滴管滴样液1~2滴于进光棱镜的磨砂面上，将进光棱镜闭合，调整反射镜，使光线射入棱镜中。

C. 旋转棱镜旋钮，使视野形成明暗两部分。

D. 旋转补偿器旋钮，使视野中除黑白两色外，无其他颜色。

E. 转动棱镜旋钮，使明暗分界线在十字线交叉点上，由读数镜筒内读取读数。

③说明。

A. 每次测量后必须用洁净的软布揩拭棱镜表面，油类需用乙醇、乙醚或苯等轻轻揩拭干净。

B. 对颜色深的样品宜用反射光进行测定，以减少误差。可调整反光镜、光棱镜射入，同时揭开折射棱镜的旁盖，使光线由折射棱镜的侧孔射入。

C. 折射率通常规定在 20℃测定，若测定温度不是 20℃，应按实际的测定温度进行校正。

例如在 30℃时测定某糖浆固形物含量为 15，30℃的校正值为 0.78，则固形物准确含量应为 15+0.78=15.78。

若室温在 10℃以下或 30℃以上时，一般不宜进行换算，须在棱镜周围通过恒温水流，使试样达到规定温度后再测定。

（2）手提折光计。

①原理。手提折光计主要由棱镜 P、盖板 D 组成，使用时打开棱镜盖板 D，用擦镜纸仔细将折光棱镜 P 擦净，取一滴蒸馏水置于棱镜 P 上调节零点，用擦镜纸擦净。再取一滴待测糖液置于棱镜 P 上，将溶液均布于棱镜表面，合上盖板 D，将光窗对准光源，调节目镜视度圈 OR，使视场内分画线清晰可见，视场中明暗分界线相应读数即为溶液糖量的百分数。

②测定范围。手提折光计的测定范围通常为 0%~90%，分为左右两边刻度，左刻度的刻度范围为 50%~90%，右刻度的刻度范围为 0%~50%，其刻度标准温度为 20℃，若测量时在非标准温度下，则需进行温度校正。

（3）WAY-2S 数字阿贝折射仪。

WAY-2S 数字阿贝折射仪能自动校正温度对蔗糖溶液质量分数值的影响，并可显示样品的温度。

数字阿贝折射仪测定透明或半透明物质的折射率的原理是基于测定临界角，由目视望远镜部件和色散校正部件组成的观察部件来瞄准明暗两部分的分界线，也就是瞄准临界角的位置，并由角度-数字转换部件将角度置换成数字量，输入微机系统进行数据处理，而后数字显示被测样品的折射率锤度。

（三）旋光法

应用旋光仪测量旋光性物质的旋光度以确定其含量的分析方法叫旋光法。

1. 偏振光的产生

光是一种电磁波，是横波，即光波的振动方向与其前进方向互相垂直。自然光有无数个与光前进方向互相垂直的光波振动面。

若使自然光通过尼克尔棱镜，由于振动面与尼克尔棱镜的光轴平行的光波才能通过尼克尔棱镜，所以通过尼克尔棱镜的光，只有一个与光的前进方向互相垂直的光波振动面。这种仅在一个平面上振动的光叫偏振光。

产生偏振光的方法很多，通常是用尼克尔棱镜或偏振片。尼克尔棱镜是把一块方解石的菱形六面体末端的表面磨光，使镜角等于 68°（∠BCD），将之对角切成两半，把切面磨成光学平面后，再用加拿大树胶粘起来形成的。

利用偏振片也能产生偏振光。它是利用某些双折射镜体（如电气石）的二色性，即可选择性吸收寻常光线而让非常光线通过的特性，把自然光变成偏振光。

2. 光学活性扬质、旋光度与比旋光度

分子结构中凡有不对称碳原子，能把偏振光的偏振面旋转一定角度的物质称为光学活性物质。许多食品成分都具有光学活性，如单糖、低聚糖、淀粉以及大多数的氨基酸等。其中能把偏振光的振动平行向右旋转的，称为"具有右旋性"，以"（+）"表示；反之，称为"具有左旋性"，以"（−）"表示。

偏振光通过光学活性物质的溶液时，其振动平面所旋转的角度叫作该物质溶液的旋光度，以 a 表示。旋光度的大小与光源的波长、温度、旋光性物质的种类、溶液的浓度及液层的厚度有关。对于特定的光学活性物质，在光源波长和温度一定的情况下，其旋光度 a 与溶液的浓度 c 和液层的厚度 L 成正比。即

$$a = kcL$$

当旋光性物质的浓度为 1g/mL，液层厚度为 1dm 时所测得的旋光度称为比旋光度，以 $[\alpha]_\lambda^t$ 表示。由上式可知：

$$[\alpha]_\lambda^t = k \times 1 \times 1 = k$$

即 $[a]_\lambda^t = \dfrac{a}{L_c}$ 或 $c = \dfrac{a}{[a_\lambda^t] \times c}$

式中：$[a]_\lambda^a$ 为比旋光度，（°）；t 为温度，℃；λ 为光源波长，nm；a 为旋光度，（°）；L 为液层厚度或旋光管长度，dm；c 为溶液浓度，g/mL。

比旋光度与光的波长及测定温度有关。通常规定用钠光 D 线（波长 589.3nm）在 20℃ 时测定，在此条件下，比旋光度用 $[a]_D^{20}$ 表示。

因在一定条件下比旋光度 $[\alpha]_\lambda^t$ 是已知的，L 为一定，故测得了旋光度 a 就可计算出旋光物质溶液中的浓度 c。

3. 侧定旋光度的方法

测定旋光度的仪器有普通旋光计、检糖计、自动旋光计等，普通旋光计和检糖计具有结构简单、价格低廉等优点，但也存在着以肉眼判断终点、有人为误差、灵敏度低及须在暗室工作等缺点。下面介绍自动旋光计测定物质旋光度的方法。

（1）仪器结构原理。

自动旋光计采用光电检测器及晶体管自动示数装置，具有体积小、灵敏度高、没有人为误差、读数方便、测定迅速等优点，目前在食品分析中应用十分广泛。用 20W 钠光灯为光源，由小孔光阑和物镜组成一束平行光，然后经过起偏镜后产生平行偏振光，当偏振光经过有法拉第效应的磁旋线圈时，其振动面产生 50Hz 的一定角度的往复振动，该偏振光线通过检偏镜透射到光电倍增管上，产生交变的光电信号。当检偏镜的透光面与偏振光的振动面正交时，即为仪器的光学零点，此时以 $a = 0°$（出现平衡指示）。而当偏振光通过一定旋光度的测试样品时，偏振光的振动面转过一个角度口，此时光电讯号就能驱动工作频率为 50Hz 的伺服电机，并通过涡轮杆带动检偏镜转动口角，而使仪器回到光学零点，此时读数盘上的示值即为所测物质的旋光度。

（2）测定操作。

①打开电源开关，钠光灯在交流电源下点亮，预热 15min。

②打开光源（交流转直流）开关，钠光灯在直流下工作（若开关开启后钠光灯熄灭，须再将此开关重复打开 1~2 次）。

③按下测量开关，机器处于自动平衡状态，读数窗即显示一个读数。

④将装有蒸馏水或其他空白溶剂的试管放入样品室，盖上箱盖，待小数稳定后，按清零按钮清零。应当注意，如果试管中有气泡，应首先将气泡移至试管的凸颈处；试管两端的水雾和水滴，应用软布揩干；试管螺帽不宜旋得过紧，以免产生应力，影响读数；试管安放时应注意标记的位置和方向。

⑤取出试管，将待测样品注入试管，并按相同的位置和方向放入样品室内，盖好箱盖。仪器读数窗将显示出该样品的旋光度。

⑥逐次按下复测按键，取几次测量的平均值作为样品的测定结果。

⑦仪器使用完毕后，应依次关闭测量光源、电源开关。

（3）说明及注意事项。

①样品超过测量范围，仪器会在±45°处停转。取出试管，按试样室内的按钮开关仪器即自动转回零位。此时应稀释样品后再做。

②深色样品透过率过低时，仪器的示数重复性将有所降低，此系正常现象。

③具有光学活性的还原糖类（如葡萄糖、果糖、乳糖等）在溶解之后，其旋光度起初迅速变化，然后逐渐变缓，直至达到恒定值。因此，在用旋光法测定含有还原糖的样品时，样品配成溶液后，需放置过夜再测定。若需立即测定，可将中性溶液食品分析与检验加热至沸，或加入几滴氨水至碱性再稀释定容，还可加入碳酸钠干粉至石蕊试纸刚显碱性。在碱性溶液中，变旋光作用迅速，很快达到平衡。但微碱性溶液不宜放置过久，温度也不可过高，以免破坏果糖。

④钠灯直流供电出故障时，仪器钠灯也可在交流电的情况下工作，但仪器的性能略有下降。如打开电源后钠光灯不亮，应先检查保险丝。钠光灯积灰或损坏，可打开机壳进行擦净或更换。

⑤旋光仪在使用时，需通电预热几分钟，但钠光灯使用时间不宜过长。

⑥旋光仪是比较精密的光学仪器，使用时，仪器金属部分切忌沾污酸碱，防止腐蚀。光学镜片部分不能与硬物接触，以免损坏镜片。

⑦仪器应放在干燥通风处，防止潮气侵蚀，尽可能在20℃的工作环境中使用仪器，搬动仪器应小心轻放，避免震动。

（四）黏度法

黏度，即液体的黏稠程度。它是液体在外力作用下发生流动时，分子间所产生的内摩擦力。黏度的大小是判别液态食品品质的一项重要物理常数，如啤酒黏度的测定、淀粉黏度的测定等。

黏度分为绝对黏度、运动黏度、条件黏度和相对黏度。

绝对黏度，也叫动力黏度，它是液体以 1cm/s 的流速流动时，在每 $1cm^2$ 液面上所需切向力的大小，单位为 Pa·s。

运动黏度，也叫动态黏度，它是在相同温度下，液体的绝对黏度与其密度的比值，单位为 m^2/s。

条件黏度是在规定温度下，在指定的黏度计中，一定量液体流出的时间（s）或将此时间与规定温度下同体积水流出时间之比。

相对黏度是在一定温度时液体的绝对黏度与另一液体的绝对黏度之比。用于比较的液体通常是水或适当的其他液体。

黏度的大小与温度有关。温度越高，黏度越小。纯水在20℃时的绝对黏度为 $10^{-3}Pa·s$。测定液体的黏度可了解样品的稳定性，也可揭示干物质的量及其相应的浓度。

黏度的测定方法按测试手段可分为毛细管黏度计法、旋转黏度计法和滑球黏度计法等。

第三章 食品中一般成分的检验

第一节 食品中水分的测定

一、测定水分含量的意义

水分是食品分析的重要项目之一。不同种类的食品，水分含量差别很大。控制食品的水分含量，对于保持食品良好的感官性状、维持食品中其他组分的平衡关系、保证食品具有一定的保存期等均起着重要的作用。此外，各种生产原料中水分含量的高低，除了对它们的品质和保存有影响外，对成本核算、提高工厂的经济效益等均具有重大意义。因此，食品中水分含量的测定被认为是食品分析的重要项目之一。

二、食品中水分的存在形式

（一）自由水

自由水是以溶液状态存在的水分，保持着水分的物理性质，在被截留的区域内可以自由流动。自由水在低温下容易结冰，可以作为胶体的分散剂和盐的溶剂。同时，一些能使食品品质发生质变的反应以及微生物活动可在这部分水中进行。在高水分含量的食品中，自由水的含量可以达到总含水量的90%以上。

（二）亲和水

亲和水可存在于细胞壁或原生质中，是强极性基团单分子外的几个水分子层所包含的水，以及与非水组分中的弱极性基团及氢键结合的水。它向外蒸发的能力较弱，与自由水相比，蒸发时需要吸收较多的能量。

（三）结合水

结合水又称束缚水，是食品中与非水组分结合最牢固的水，如葡萄糖、麦芽糖、乳糖的结晶水以及蛋白质、淀粉、纤维素、果胶物质中的羧基、氨基、羟基和巯基等通过氢键结合的水。结合水的冰点为-40℃，它与非水组分之间配位键的结合能力比亲和水与非水组分间的结合力大得多，很难用蒸发的方法排除。结合水在食品内部不能作为溶剂，微生物也不能利用它们进行繁殖。

在食品中以自由水形态存在的水分在加热时容易蒸发；以另外两种状态存在的水分，加热也能蒸发，但不如自由水容易蒸发，若长时间对食品进行加热，非但不能去除水分，反而会使食品发生质变，影响分析结果。因此，水分测定要严格控制温度、时间等规定的操作条件，方能得到满意的结果。

三、食品中水分含量的测定方法

（一）干燥法

1. 直接干燥法

（1）原理。

利用食品中水分的物理性质，在101.3 kPa（一个大气压），温度101℃~105℃下，采用挥发方法测定样品中干燥减失的重量，包括吸湿水、部分结晶水和该条件下能挥发的物质，再通过干燥前后的称量数值计算出水分的含量。

（2）适用范围。

直接干燥法适用于在101℃~105℃蔬菜、谷物及其制品、水产品、豆制品、乳制品、肉制品、卤菜制品、粮食（水分含量低于18%）、油料（水分含量低于13%）、淀粉及茶叶类等食品中水分的测定，不适用于水分含量小于0.5g/100g的样品。

（3）样品的制备、测定及结果计算。

固体试样：取洁净铝制或玻璃制的扁形称量瓶，置于101℃~105℃干燥箱中，瓶盖斜支于瓶边，加热1.0 h，取出盖好，置干燥器内冷却0.5h，称量，并重复干燥至前后两次质量差不超过2mg，即为恒重。将混合均匀的试样迅速磨细至颗粒小于2mm，不易研磨的样品应尽可能切碎，称取2~10g试样（精确至0.000 1g），放入此称量瓶中，试样厚度不超过5mm，如为疏松试样，厚度不超过10mm，加盖，精密称量后，置于101℃~105℃干燥箱中，瓶盖斜支于瓶边，干燥2~4h后，盖好取出，放入干燥器内冷却0.5 h后称量。

然后再放入 101 ℃~105℃干燥箱中干燥 1 h 左右，取出，放入干燥器内冷却0.5h后再称量。并重复以上操作至前后两次质量差不超过 2mg，即为恒重。

半固体或液体试样：取洁净的称量瓶，内加 10g 海砂（实验过程中可根据需要适当增加海砂的质量）及一根小玻棒，置于 101 ℃~105 ℃干燥箱中，干燥 1.0 h 后取出，放入干燥器内冷却 0.5 h 后称量，并重复干燥至恒重。然后称取 5~10g 试样（精确至0.0001g），置于称量瓶中，用小玻棒搅匀放在沸水浴上蒸干，并随时搅拌，擦去瓶底的水滴，置于 101 ℃~105 ℃干燥箱中干燥 4 h 后盖好取出，放入干燥器内冷却 0.5 h 后称量。然后再放入 101 ℃~105 ℃干燥箱中干燥 1 h 左右，取出，放入干燥器内冷却 0.5 h 后再称量。并重复以上操作至前后两次质量差不超过 2mg，即为恒重。

2. 减压干燥法

（1）原理。

利用食品中水分的物理性质，在达到 40~53 kPa 压力后加热至（60±5）℃，采用减压烘干方法去除试样中的水分，再通过烘干前后的称量数值计算出水分的含量。

（2）适用范围。

减压干燥法适用于高温易分解的样品及水分较多的样品（如糖、味精等食品）中水分的测定，不适用于添加了其他原料的糖果（如奶糖、软糖等食品）中水分的测定，不适用于水分含量小于 0.5g/100g 的样品（糖和味精除外）。

（3）样品的测定方法。

取已恒重的称量瓶称取 2~10g（精确至 0.000 1g）试样（粉末和结晶试样直接称取；较大块硬糖经研钵粉碎混匀），放入真空干燥箱内，将真空干燥箱连接真空泵，抽出真空干燥箱内空气（所需压力一般为 40~53 kPa），并同时加热至所需温度 60℃±5℃。关闭真空泵上的活塞，停止抽气，使真空干燥箱内保持一定的温度和压力，经 4h 后，打开活塞，使空气经干燥装置缓缓通入至真空干燥箱内，待压力恢复正常后再打开。取出称量瓶，放入干燥器中 0.5 h 后称量，并重复以上操作至前后两次质量差不超过 2mg，即为恒重。

（4）结果计算。

结果计算与直接干燥法相同。

（二）蒸馏法

1. 原理

利用食品中水分的物理化学性质，使用水分测定器将食品中的水分与甲苯或二甲苯共同蒸出，根据接收的水的体积计算出试样中水分的含量。

2. 适用范围

蒸馏法适用于含较多其他挥发性物质的食品，如香辛料等。

3. 仪器与试剂

（1）仪器：蒸馏式水分测定仪。

（2）试剂：甲苯或二甲苯。取甲苯或二甲苯，先以水饱和后，分去水层，进行蒸馏，收集馏出液备用。

4. 操作步骤

准确称取适量试样（应使最终蒸出的水在 2~5mL，但最多取样量不得超过蒸馏瓶的 2/3），放入 250mL 蒸馏瓶中，加入新蒸馏的甲苯（或二甲苯）75mL，连接冷凝管与水分接收管，从冷凝管顶端注入甲苯，装满水分接收管。同时做甲苯（或二甲苯）的试剂空白。

加热慢慢蒸馏，使每秒钟的馏出液为 2 滴，待大部分水分蒸出后，加速蒸馏约每秒钟 4 滴，当水分全部蒸出后，接收管内的水分体积不再增加时，从冷凝管顶端加入甲苯冲洗。如冷凝管壁附有水滴，可用附有小橡皮头的铜丝擦下，再蒸馏片刻至接收管上部及冷凝管壁无水滴附着，接收管水平面保持 10min 不变为蒸馏终点，读取接收管水层的容积。

5. 结果计算见式（3-1）

$$X = \frac{V - V_0}{m} \times 100 \qquad (3-1)$$

式中：

X——试样中水分的含量，mL/100g（或按水在 20℃ 的相对密度 0.998，20g/mL 计算质量）；

V——接收管内水的体积 mL；

V_0——做试剂空白时，接收管内水的体积 mL；

m——试样的质量，g；

100——单位换算系数。

（三）卡余·费休（Karl-Fischer）法

1. 原理

根据碘能与水和二氧化硫发生化学反应，在有吡啶和甲醇共存时，1mol 碘只与 1mol

水作用，反应式如下：

$$C_5h_5N \cdot I_2 + C_5h_5N \cdot sO_2 + C_5h_5N + h_2O \rightarrow 2C_5h_5N \cdot hI + C_5h_5N \cdot sO_3$$

卡尔·费休水分测定法又分为库仑法和容量法。其中容量法测定的碘是作为滴定剂加入的，滴定剂中碘的浓度是已知的，根据消耗滴定剂的体积，计算消耗碘的量，从而计量出被测物质水的含量。

2．仪器与试剂

（1）仪器：①卡尔·费休水分测定仪；②天平：感量为 0.1mg。

（2）试剂：①无水甲醇：优级纯；②卡尔，费休试剂。

3．操作步骤

（1）卡尔·费休试剂的标定（容量法）。

在反应瓶中加一定体积（浸没铝电极）的甲醇，在搅拌下用卡尔·费休试剂滴定至终点。加入 10mg 水（精确至 0.000 1g），滴定至终点并记录卡尔·费休试剂的用量（V）。卡尔·费休试剂的滴定度按式（3-2）计算：

$$T = m/V \tag{3-2}$$

式中：

T——卡尔·费休试剂的滴定度，mg/mL；

m——水的质量，mg；

V——滴定水消耗的卡尔·费休试剂的用量，mL。

（2）试样前处理。

可粉碎的固体试样要尽量粉碎，使之均匀。不易粉碎的试样可切碎。

（3）试样中水分的测定。

于反应瓶中加一定体积的甲醇或卡尔·费休测定仪中规定的溶剂浸没铂电极，在搅拌下用卡尔·费休试剂滴定至终点。迅速将易溶于甲醇或卡尔·费休测定仪中规定的溶剂的试样直接加入滴定杯中；对于不易溶解的试样，应采用对滴定杯进行加热或加入已测定水分的其他溶剂辅助溶解后用卡尔·费休试剂滴定至终点。建议采用容量法测定试样中的含水量应大于 100 μg。对于滴定时，平衡时间较长且引起漂移的试样，需要扣除其漂移量。

（4）漂移量的测定。在滴定杯中加入与测定样品一致的溶剂，并滴定至终点，放置不少于 10min 后再

滴定至终点，两次滴定之间的单位时间内的体积变化即为漂移量（D）。

4．结果计算

固体试样中水分的含量按式（3-3），液体试样中水分的含量按式（3-4）进行计算：

$$X = \frac{(V_1 - D \times t) \times T}{x} \times 100 \qquad (3-3)$$

$$X = \frac{(V_1 - D \times t) \times T}{V_2 \rho} \times 100 \qquad (3-4)$$

式中：

X ——试样中水分的含量，g/100g；

V_1 ——滴定样品时卡尔·费休试剂体积，mL；

D ——漂移量，mL/min；

t ——滴定时所消耗的时间，min；

T ——卡尔·费休试剂的滴定度，g/mL；

m ——样品质量，g；

100——单位换算系数；

V_2 ——液体样品体积，mL；

ρ ——液体样品的密度，g/mL。

第二节　食品中脂肪的测定

一、脂类的定义与分类

脂类指存在于生物体中或食品中微溶于水，能溶于有机溶剂的一类化合物的总称。

油脂的分类按物理状态分为脂肪（常温下为固态）和油（常温下为液态）。

按化学结构分为简单脂，如酰基脂、蜡；复合脂，如鞘脂类（鞘氨酸、脂肪酸、磷酸盐、胆碱组成）、脑苷脂类（鞘氨酸、脂肪酸、糖类组成）、神经节苷脂类（鞘氨酸、脂肪酸、复合的碳水化合物）；还有衍生脂，如类胡萝卜素、类固醇、脂溶性纤维素等。

按照来源可分为乳脂类、植物脂、动物脂、海产品动物油、微生物油脂。

按不饱和程度分为干性油（碘值大于130，如桐油、亚麻籽油、红花油等）；半干性油（碘值介于100~130，如棉籽油、大豆油等）；不干性油（碘值小于100，如花生油、蓖麻油等）。

按构成的脂肪酸分为游离脂（如脂肪酸甘油酯）和结合脂（由脂肪酸、醇和其他基团组成的酯，如天然存在的磷脂、糖脂、硫脂和蛋白脂等）。

二、测定脂肪含量的意义

脂肪是食品中重要的营养成分之一，可为人体提供必需脂肪酸；脂肪是一种富含热能的营养素，是人体热能的主要来源，每克脂肪在体内可提供 37.62 kJ 的热能，比碳水化合物和蛋白质高 1 倍以上；脂肪还是脂溶性维生素的良好溶剂，有助于脂溶性维生素的吸收；脂肪与蛋白质结合生成的脂蛋白，在调节人体生理机能和完成体内生化反应方面起着十分重要的作用。但是，过量摄入脂肪对人体健康是不利的。

在食品加工生产过程中，原料、半成品、成品的脂肪含量对产品的风味、组织结构、品质、外观、口感等都有直接的影响。蔬菜本身的脂肪含量较低，在生产蔬菜罐头时，添加适量的脂肪可以改善产品的风味；对于面包之类的焙烤食品，脂肪含量特别是卵磷脂等组分，对面包心的柔软度、面包的体积及其结构都有影响。因此，在含脂肪的食品中，其脂肪含量都有一定的规定，是食品质量管理中一项重要的指标。测定食品的脂肪含量，可以评价食品的品质、衡量食品的营养价值，而且对实行工艺监督、生产过程的质量管理、研究食品的储藏方式是否恰当等方面都有重要的意义。

三、脂肪含量的测定方法

（一）直接萃取法

1. 原理

脂肪易溶于有机溶剂。试样直接用无水乙醚或石油醚等溶剂抽提后，蒸发除去溶剂，干燥，得到游离态脂肪的含量。

2. 适用范围

水果、蔬菜及其制品、粮食及粮食制品、肉及肉制品、蛋及蛋制品、水产及其制品、焙烤食品、糖果等食品中游离态脂肪含量的测定。

3. 仪器和试剂

（1）仪器：①索氏提取器；②电热鼓风干燥箱；③分析天平：感量 0.1mg；④电热恒温水浴锅；⑤干燥器：内装有效干燥剂，如硅胶；⑥滤纸筒；⑦蒸发皿。

（2）试剂：①无水乙醚；②石油醚（沸程 30℃~60℃）。

4．操作方法

（1）样品处理。

固体样品：称取充分混匀后的试样2~5g，准确至0.001g，全部移入滤纸筒内。

液体或半固体试样：称取混匀后的试样5~10g，准确至0.001g，置于蒸发皿中，加入约20g石英砂，于沸水浴上蒸干后，在电热鼓风干燥箱中于100℃±5℃干燥30min后，取出，研细，全部移入滤纸筒内。蒸发皿及沾有试样的玻璃棒，均用沾有乙醚的脱脂棉擦净，并将棉花放入滤纸筒内。

（2）抽提。

将滤纸筒放入索氏抽提器的抽提筒内，连接已干燥至恒重的接收瓶，由抽提器冷凝管上端加入无水乙醚或石油醚至瓶内容积的2/3处，于水浴上加热，使无水乙醚或石油醚不断回流抽提每小时6~8次，一般抽提6~10h。提取结束时，用磨砂玻璃棒接取1滴提取液，磨砂玻璃棒上无油斑表明提取完毕。

（3）称量。

取下接收瓶，回收无水乙醚或石油醚，待接收瓶内溶剂剩余1~2mL时在水浴上蒸干，再于100℃±5℃干燥1h，放干燥器内冷却0.5h后称量。重复以上操作直至恒重（直至两次称量的差不超过2mg）。

5．结果计算

试样中脂肪的含量按照式（3-5）进行计算：

$$X = \frac{m_1 - m_0}{m_2} \times 100 \tag{3-5}$$

式中：

X——试样中脂肪的含量，g/100g；

m_1——恒重后接收瓶和脂肪的含量，g；

m_0——接收瓶的质量，g；

m_2——试样的质量，g；

100——换算系数。

6．精密度

在重复性条件下获得的两次独立测定结果的绝对差值不得超过算术平均值的10%。

（二）经过化学处理后再萃取

1. 酸水解法

（1）原理。

食品中的结合态脂肪必须用强酸使其游离出来，游离出的脂肪易溶于有机溶剂。试样经盐酸水解后用无水乙醚或石油醚提取，除去溶剂即得游离态和结合态脂肪的总含量。

（2）适用范围。

水果、蔬菜及其制品、粮食及粮食制品、肉及肉制品、蛋及蛋制品、水产及其制品、焙烤食品、糖果等食品中游离态脂肪及结合态脂肪总量的测定。

（3）仪器与试剂。

①仪器：a. 恒温水浴锅；b. 电热板，满足200℃高温；c. 锥形瓶；d. 分析天平，感量为0.1g和0.001g；e. 电热鼓风干燥箱。

②试剂：a. 盐酸；b. 乙醇；c. 无水乙醚；d. 石油醚（沸程为30℃~60℃）；e. 碘；f. 碘化钾。

（4）操作步骤。

①试样酸水解。

a. 肉制品：称取混匀后的试样3~5g，准确至0.001g，置于锥形瓶（250mL）中，加入50mL 2mol/L盐酸溶液和数粒玻璃细珠，盖上表面皿，于电热板上加热至微沸，保持1h，每10min旋转摇动1次。取下锥形瓶，加入150mL热水，混匀，过滤。锥形瓶和表面皿用热水洗净，热水一并过滤。沉淀用热水洗至中性（用蓝色石蕊试纸检验，中性时试纸不变色）。将沉淀和滤纸置于大表面皿上，于（100±5）℃干燥箱内干燥1h，冷却。

b. 淀粉：根据总脂肪含量的估计值，称取混匀后的试样25~50g，准确至0.1g，倒入烧杯并加入100mL水。将100mL盐酸缓慢加到200mL水中，并将该溶液在电热板上煮沸后加入样品液中，加热此混合液至沸腾并维持5min，停止加热后，取几滴混合液于试管中，待冷却后加入1滴碘液，若无蓝色出现，可进行下一步操作。若出现蓝色，应继续煮沸混合液，并用上述方法不断地进行检查，直至确定混合液中不含淀粉为止，再进行下一步操作。

将盛有混合液的烧杯置于水浴锅（70℃~80℃）中30min，不停地搅拌，以确保温度均匀，使脂肪析出。用滤纸过滤冷却后的混合液，并用干滤纸片取出黏附于烧杯内壁的脂肪。为确保定量的准确性，应将冲洗烧杯的水进行过滤。在室温下用水冲洗沉淀和干滤纸片，直至滤液用蓝色石蕊试纸检验不变色。将含有沉淀的滤纸和干滤纸片折叠后，放置于大表面皿上，在（100±5）℃的电热恒温干燥箱内干燥1 h。

c. 其他食品：固体试样，称取2~5g，准确至0.001g，置于50mL试管内，加入8mL水，混匀后再加10mL盐酸。将试管放入70℃~80℃水浴中，每隔5~10min以玻璃棒搅拌1次，至试样消化完全为止，40~50min。

液体试样：称取约10g，准确至0.001g，置于50mL试管内，加10mL盐酸。其余操作和固体试样相同。

②抽提。

a. 肉制品、淀粉：将干燥后的试样装入滤纸筒内，其余抽提步骤与索氏抽提法相同。

b. 其他食品：取出试管，加入10mL乙醇，混合。冷却后将混合物移入100mL具塞量筒中，以25mL无水乙醚分数次洗试管，一并倒入量筒中。待无水乙醚全部倒入量筒后，加塞振摇Imin，小心开塞，放出气体，再塞好，静置12min，小心开塞，并用乙醚冲洗塞及量筒口附着的脂肪。静置10~20min，待上部液体清晰，吸出上清液于已恒重的锥形瓶内，再加5mL无水乙醚于具塞量筒内，振摇，静置后，仍将上层乙醚吸出，放入原锥形瓶内。

2. 罗兹—哥特里法

（1）原理。

利用氨-乙醇溶液破坏乳的胶体性状及脂肪球膜，使非脂成分溶解于氨-乙醇溶液中，而脂肪游离出来，再用乙醚-石油醚提取出脂肪，蒸馏去除溶剂后，残留物即为乳脂肪。

（2）适用范围。

本法适用于各种液状乳（生乳、加工乳、部分脱脂乳等），各种炼乳、奶粉、奶油及冰淇淋等能在碱性溶液中溶解的乳制品，也适用于豆乳或加水呈乳状的食品。本法为国际标准化组织（ISO）、联合国粮农组织/世界卫生组织（FAO/WHO）等所采用，是乳及乳制品脂类定量的国际标准法。

（3）仪器与试剂。

①仪器：抽脂瓶。

②试剂：a. 25%氨水（相对密度为0.91）；b. 95%乙醇；c. 乙醚（无过氧化物）；d. 石油醚（沸程为30℃~60℃）。

（4）操作步骤。

取一定量样品（牛奶吸取10.00mL乳粉精密称取约1g，用10mL 60℃水，分数次溶解）于抽脂瓶中，加入1.25mL氨水，充分混匀，置于60℃水浴中加热5min，再振摇2min，加入10mL乙醇，充分摇匀，于冷水中冷却后，加入25mL乙醚，振摇0.5min，加入 25mL 石油醚，再振摇 0.5min，静置 30min，待上层液澄清时，读取醚层体积，放出一定体积醚层于一已恒重的烧瓶中，蒸馏回收乙醚和石油醚，挥干残余髓后，放入 100℃ ~ 105℃烘箱中干燥 1.5 h，取出放入干燥器中冷却至室温后称重，重复操作直至恒重。

（5）结果计算见式（3-6）。

$$X = \frac{m_2 - m_1}{m \times \dfrac{V_1}{V}} \times 100\% \tag{3-6}$$

式中：

X ——样品中的脂肪含量，%；

m_2 ——烧瓶和脂肪的质量，g；

m_1 ——空烧瓶的质量，g；

m ——样品的质量，g；

V ——读取醚层总体积，mL；

V ——放出醚层体积，mL。

3. 盖勃法

（1）原理。

在乳中加入硫酸破坏乳胶质性和覆盖在脂肪球上的蛋白质外膜，离心分离脂肪后测量其体积。

（2）适用范围。

盖勃法适用于乳及乳制品、婴幼儿配方食品中脂肪的测定。

（3）仪器和试剂。

①仪器：a. 乳脂离心机；b. 盖勃氏乳脂计，最小刻度值为 0.1%；c. 10.75mL 单标乳吸管。

②试剂：a. 硫酸；b. 异戊醇。

（4）操作步骤。

于盖勃氏乳脂计中先加入 10mL 硫酸，再沿着管壁小心准确加入 10.75mL 试样，使试样与硫酸不要混合，然后加 1mL 异戊醇，塞上橡皮塞，使瓶口向下，同时用布包裹以防冲出，用力振摇使呈均匀棕色液体，静置数分钟（瓶口向下），置 65 ℃ ~70 ℃水浴中 5min，取出后置于乳脂离心机中以 1100 r/min 的转速离心 5min，再置于 65 ℃ ~70 ℃水浴水中保温 5min（注意水浴水面应高于乳脂计脂肪层）。取出，立即读数，即为脂肪的百分数。

第三节　食品中灰分的测定

一、食品中的灰分

食品的组成十分复杂，除含有大量有机物质外，还有丰富的无机成分。这些无机成分包括人体必需的无机盐（或称矿物质），其中含量较多的有钙、镁、钾、钠、硫、磷、氯等元素。此外还含有少量的微量元素，如铁、铜、锌、锰、碘、氟、硒等。当这些组分经高温灼烧后，将发生一系列物理和化学变化，最后有机成分挥发逸散，而无机成分（主要是无机盐和氧化物）则残留下来，这些残留物称为灰分。灰分是表示食品中无机成分总量的一项指标。

食品组成不同，灼烧条件不同，残留物亦各不同。食品的灰分与食品中原来存在的无机成分在数量和组成上并不完全相同，因此，严格说，应该把灼烧后的残留物称为粗灰分。这是因为食品在灰化时，一方面，某些易挥发的元素，如氯、碘、铅等，会挥发散失，磷、硫等也能以含氧酸的形式挥发散失，使部分无机成分减少；另一方面，某些金属氧化物会吸收有机物分解产生的二氧化碳而形成碳酸盐，又使无机成分增加了。

二、灰分的测定内容

（一）总灰分

总灰分主要是金属氧化物和无机盐类，以及一些杂质。对于有些食品，总灰分是一项重要指标。

（二）水溶性灰分

水溶性灰分反映的是可溶性的钾、钠、钙、镁等氧化物和盐类含量。

（三）水不溶性灰分

水不溶性灰分反映的是污染的泥沙和铁、铝等氧化物及碱土金属的碱式磷酸盐含量。

（四）酸不溶性灰分

酸不溶性灰分反映的是环境污染混入产品中的泥沙及样品组织中的微量氧化硅含量。

三、测定灰分的意义

测定灰分具有十分重要的意义，具体表现在如下两个方面。

（一）判断食品受污染的程度

不同食品，因所用原料、加工方法和测定条件不同，各种灰分的组成和含量也不相同。当这些条件确定后，某种食品的灰分常在一定范围内，如果灰分超过了正常范围，说明食品在生产过程中使用了不合乎卫生标准的原料或食品添加剂，或食品在生产、加工、贮藏过程中受到了污染。因此，测定灰分可以判断食品受污染的程度。

（二）评价食品的加工精度和食品的品质

灰分可以作为评价食品质量的指标。例如，在面粉加工中，常以总灰分含量评定面粉等级，富强粉为 0.3%~0.5%；标准粉为 0.6%~0.9%，加工精度越细，总灰分越少，这是由于小麦麸皮中的灰分比胚乳的高 20 倍左右。无机盐是食品的 6 大营养要素之一，是人类生命活动不可缺少的物质，要正确评价某食品的营养价值，其无机盐含量是一个评价指标。

四、灰分的测定方法

（一）总灰分的测定——直接灰化法

1. 原理

把一定量的样品经炭化后放入高温炉内灼烧，使有机物质被氧化分解，以二氧化碳、氮的氧化物及水的形式逸出，而无机物质以硫酸盐、磷酸盐、碳酸盐、氯化物等无机盐和金属氧化物的形式残留下来，这些残留物即为灰分，称量残留物的质量即可计算出样品中的总灰分。

2. 仪器与试剂

（1）仪器：①高温炉；②坩埚（石英坩埚或瓷坩埚）；③坩埚钳；④干燥器；⑤分析天平。

（2）试剂：①1:4 盐酸溶液；②0.5%三氯化铁溶液和等量蓝墨水的混合液；③6mol/L 硝酸；④36%过氧化氢；⑤辛醇或纯植物油。

3. 测定步骤

（1）瓷坩埚的准备。

将瓷坩埚用 1:4 的盐酸煮 1~2h，洗净晾干后，用三氯化铁与蓝墨水的等体积混合液在坩埚外壁及盖上标号，置于 500 ℃~550 ℃ 的高温炉中灼烧 0.5~1 h，移至炉口，冷却至 200 t 以下，取出坩埚，置于干燥器中冷却至室温，称重，再放入高温炉内灼烧 0.5 h，取出冷却称量，直至恒重（2 次称重之差不超过 0.2mg）。

（2）样品的处理。

①浓稠的液体样品（牛奶、果汁）：准确称取适量试样于已知质量的瓷坩埚中，置于水浴上蒸发至近干，再进行炭化。这类样品若直接炭化，样品沸腾会飞溅，使样品损失。

②水分含量多的样品（果蔬）：应先制成均匀的试样，再准确称取适量试样于已知质量的瓷坩埚中，置于烘箱内干燥，再进行炭化。也可取测定水分含量后的干燥试样直接进行炭化。

③富含脂肪的样品：先制成均匀试样，准确称取适量试样，先提取脂肪后，再将残留物移入已知质量的瓷坩埚中进行炭化。

④水分含量较少的固体样品（谷类、豆类）：先粉碎成均匀的试样，取适量试样于已知质量的坩埚中再进行炭化。

（3）炭化。

试样经预处理后，在灼烧前要先进行炭化，即先用小火加热样品，使样品炭化，之后再进行灰化，否则在灼烧时，因温度高，试样中的水分急剧蒸发，使试样飞溅；糖、蛋白质、淀粉等易发泡膨胀的物质在高温下发泡膨胀而溢出坩埚；直接灼烧，炭粒易被包住，使灰化不完全。

将坩埚置于电炉或煤气灯上，半盖坩埚盖，小心加热使试样在通气状态下逐渐炭化，直至无烟产生。易膨胀发泡的样品，在炭化前，可在试样上酌情加数滴纯植物油或辛醇后再进行炭化。

（4）灰化。

将炭化后的样品移入马弗炉中，在 500 ℃~550 ℃ 灼烧灰化，直至炭粒全部消失，待温度降至 200 ℃ 左右，取出坩埚，放入干燥器内冷却至室温，准确称量。再灼烧、冷却、称量，直至达到恒重。若后一次质量增加，则取前一次质量计算结果。

4. 结果计算见式（3-7）

$$X = \frac{m_3 - m_1}{m_2 - m_1} \tag{3-7}$$

式中：

X——样品中总灰分的含量，g/100g；

m_1——空坩埚的质量，g；

m_2——用坩埚和样品的质量，g；

m_3——用坩埚和灰分的质量，g。

（二）水溶性灰分和水不溶性灰分的测定

1. 仪器与试剂

仪器、试剂等同总灰分的测定。

2. 操作方法

将测定所得的总灰分残留物中，加入热无离子水 25mL，以无灰滤纸过滤，再用25mL热无离子水多次洗涤坩埚、滤纸及残渣。将残渣及滤纸一起移回坩埚中，再进行干燥、炭化、灼烧、冷却、称量，直至恒重。

3. 结果计算见式（3-8）

$$水不溶性灰分 = \frac{m_4 - m_1}{m_2 - m_1} \times 100 \qquad (3-8)$$

式中：

m_1——空坩埚的质量，g；

m_2——坩埚和样品的质量，g；

m_4——坩埚和水不溶性灰分的质量，g。

水溶性灰分＝总灰分（%）－水不溶性灰分（%）。

（三）酸不溶性灰分和酸溶性灰分的测定

1. 仪器、试剂

仪器、试剂等同总灰分的测定。

2. 操作方法

取水不溶性灰分或总灰分残留物，加入 25mL 0.1mol/L 的 hCl，放在小火上轻微煮沸，用无灰滤纸过滤后，再用热无离子水洗涤至不显酸性为止，将残留物连同滤纸置于坩埚中进行干燥、炭化、灰化，直至恒重。

3. 结果计算见式（3-9）

$$酸不溶性灰分 = \frac{m_5 - m_1}{m_2 - m_1} \times 100 \qquad (3-9)$$

式中：

m_1——空坩埚的质量，g；

m_2——坩埚和样品的质量，g；

m_5——坩埚和酸不溶性灰分的质量，g。

酸溶性灰分＝总灰分（％）-酸不溶性灰分（％）

第四节　食品中酸度的测定

一、测定食品酸度的意义

（一）有机酸影响食品的色、香、味及稳定性

果蔬中所含色素的色调与其酸度密切相关，在一些变色反应中，酸是起重要作用的成分。例如，叶绿素在酸性条件下变成黄褐色的脱镁叶绿素；花青素在不同酸度下，颜色亦不相同。果实及其制品的口感取决于糖、酸的种类、含量及比例，酸度降低则甜味增加，同时，水果中适量的挥发酸含量也会带给其特定的香气。另外，食品中有机酸含量高，则其 pH 酸碱度低，而 pH 酸碱度的高低对食品稳定性有一定影响，降低 pH 酸碱度，能减弱微生物的抗热性和抑制其生长，因此 pH 酸碱度是果蔬罐头杀菌的主要依据。在水果加工中，控制介质 pH 酸碱度可以抑制水果褐变，有机酸能与铁、锡等金属反应，加快设备和容器的腐蚀作用，影响制品的风味与色泽，有机酸可以提高维生素 C 的稳定性，防止其氧化。

（二）食品中有机酸的种类和含量是判断其质量好坏的一个重要指标

挥发酸的种类是判断某些制品腐败的标准，如某些发酵制品中有甲酸积累，则说明已发生细菌性腐败。挥发酸的含量也是判断某些制品质量好坏的指标，如水果发酵制品中含 0.10％以上的醋酸，则说明制品腐败；牛乳及乳制品中乳酸过高时，亦说明已由乳酸菌发酵而产生腐败。新鲜的油脂常常是中性的，不含游离脂肪酸。但油脂在存放过程中，本身

含的解脂酶会分解油脂而产生游离脂肪酸，使油脂酸败，故测定油脂酸度（以酸价表示）可判别其新鲜程度。有效酸度（pH 酸碱度）也是判别食品质量的指标，如新鲜肉的 pH 酸碱度为 5.7~6.2，若 pH 酸碱度大于 6.7，说明肉已变质。

（三）利用食品中有机酸的含量和糖含量之比，可判断某些果蔬的成熟度

有机酸在果蔬中的含量，因其成熟度及生长条件不同而异，一般随着成熟度提高，有机酸含量下降，而糖含量增加，糖酸比增大。故测定酸度可判断某些果蔬的成熟度，对于确定果蔬收获及加工工艺条件很有意义。

二、食品酸度的分类

酸度可分为总酸度、有效酸度和挥发酸度。

第一，总酸度：总酸度是指食品中所有酸性成分的总量。它包括离解的和未离解的酸的总和，常用标准碱溶液进行滴定，并以样品中主要代表酸的质量分数来表示，故总酸度又称可滴定酸度。

第二，有效酸度：有效酸度是指样品中呈游离状态的氢离子的浓度（准确地说应该是活度），常用 pH 酸碱度表示。用 pH 计（酸度计）测定有效酸度。

第三，挥发酸度：挥发酸是指易挥发的有机酸，如醋酸、甲酸及丁酸等。可通过蒸馏法分离，再用标准碱溶液进行滴定。

三、酸度的测定方法

（一）总酸度的测定——中和滴定法

1. 原理

食品中的有机弱酸用标准碱液进行滴定时，被中和生成盐类，用酚酞做指示剂，滴定至溶液显淡红色且 30s 不褪色为终点。根据所消耗的标准碱液的浓度和体积，计算出样品中总酸的含量。其反应式如下：

$$RCOOh + NaOh \rightarrow RCOONa + h_2O$$

2. 试剂

（1）0.1mol/L 氢氧化钠标准溶液。

①配制：称取 6g 氢氧化钠，用约 10mL 水迅速洗涤表面，弃去溶液，随即将剩余的氢

氧化钠（约4g）用新煮沸并经冷却的蒸馏水溶解，并稀释至1000mt，摇匀待标定。

②标定：精确称取0.4~0.6g（准确至0.0001g）在110℃~120℃干燥至恒重的基准物邻苯二甲酸氢钾，于250mL锥形瓶中，加50mL新煮沸过的冷蒸馏水，振摇溶解，加2滴酚酞指示剂，用配制的氢氧化钠标准溶液滴定至溶液显微红色且30s不褪色：同时做空白试验。

③计算公式（3-10）：

$$c = \frac{m \times 1000}{(V_1 - V_2) \times 204.2} \tag{3-10}$$

式中：

c——氢氧化钠标准溶液的浓度，mol/L；

m——基准物邻苯二甲酸氢钾的质量，g；

V_1——标定时所耗用氢氧化钠标准溶液的体积，mL；

V_2——空白试验所耗用氢氧化钠标准溶液的体积，mL；

204.2——邻苯二甲酸氢钾的摩尔质量，g/mol。

（2）10g/L酚酞指示剂。

称取酚酞1g溶解于100mL95%乙醇中。

3. 操作方法

（1）样品处理。

①固体样品。若是果蔬及其制品，需去皮、去柄、去核，切成块状，置于组织捣碎机中捣碎并混合均匀。取适量样品（视其总酸含量而定），用150mL无CO_2蒸馏水（果蔬干品须加入8~9倍无CO_2蒸馏水），将其移入250mL容量瓶中，在75℃~80℃水浴上加热0.5h（果脯类在沸水浴上加热1h），冷却定容，干燥过滤，弃去初滤液25mL，收集滤液备用。

②含CO_2的饮料、酒类。将样品置于40℃水浴上加热30min，以除去CO_2，冷却后备用。

③不含CO_2的饮料、酒类或调味品。混匀样品，直接取样，必要时加适量的水稀释（若样品浑浊，则须过滤）。

④咖啡样品。取10g经粉碎并通过40目筛的样品，置于锥形瓶中，加入75mL 80%的乙醇，加塞放置16h，并不时摇动，过滤。

⑤固体饮料。称取5~10g样品于研钵中，加入少量无CO_2蒸馏水，研磨成糊状，用无CO_2蒸馏水移入250mL容量瓶中定容，充分摇匀，过滤。

（2）滴定。

准确吸取滤液 50mL，注入 250mL 三角瓶中，加入酚酞指示剂 3~4 滴。用 0.1mol/L 氢氧化钠标准溶液滴定至微红色且 30s 不褪色。记录消耗的 0.1mol/L 氢氧化钠标准溶液的体积（mL）。

4. 结果计算

$$x = \frac{cVK}{m} \times \frac{V_0}{V_1} \times 100\% \qquad (3-11)$$

式中：

x ——总酸度, %；

c ——氢氧化钠标准溶液的浓度，mol/L；

V ——消耗氢氧化钠标准溶液的体积，mL；

m ——样品的质量或体积，g 或 mL；

V_0 ——样品稀释液总体积，mL；

V_1 ——滴定时吸取样液体积，mL；

K ——换算成适当酸的系数 [其中，苹果酸为 0.067、醋酸为 0.060、酒石酸为 0.075、乳酸为 0.090、柠檬酸（含 1 分子水）为 0.070]。

（二）挥发酸度的测定

1. 原理

样品经适当处理后，加适量磷酸使结合态挥发酸游离出，用水蒸气蒸馏分离出总挥发酸，经冷凝、收集后，以酚酞作指示剂，用标准碱液滴定至微红色且 30s 不褪色为终点，根据标准碱液消耗量计算出样品中总挥发酸含量。

2. 适用范围

水蒸气蒸馏法适用于各类饮料、果蔬及制品（如发酵制品、酒类等）中总挥发酸含量的测定。

3. 仪器与试剂

（1）仪器：①水蒸气蒸馏装置；②电磁力搅拌器。

（2）试剂：①0.1mol/L 氢氧化钠标准溶液同总酸度的测定中 0.1mol/L 氢氧化钠标准溶液的配制与标定；②10g/L 酚酞指示剂同总酸度的测定中 10g/L 酚酞指示剂的配制；③100g/L 磷酸溶液称取 10.0g 磷酸，用少许无 CO_2 蒸馏水溶解，并稀释至 100mL。

4. 样品处理方法

（1）一般果蔬及饮料可直接取样。

（2）含 CO_2 的饮料、发酵酒类，需排除 CO_2，具体做法是：取 80~100mL 样品置于三角瓶中，在用电磁力搅拌器连续搅拌的同时，于低真空下抽气 2~4min，以除去 CO_2。

（3）固体样品（如干鲜果蔬及其制品）及冷冻、黏稠等制品：先取可食部分加入一定量水（冷冻制品先解冻），用高速组织捣碎机捣成浆状，再称取处理样品 10g，加入无 CO_2 蒸馏水溶解并稀释至 25mL。

5. 操作方法

（1）样品蒸馏取 25mL 经上述处理的样品移入蒸馏瓶中，加入 25mL 无 CO_2 蒸馏水和 1mL 10%磷酸溶液。连接水蒸气蒸馏装置，加热蒸馏至馏出液约为 300mL 为止。于相同条件下做空白试验。

（2）滴定将馏出液加热至 60 ℃~65 ℃（不可超过），加入 3 滴酚酞指示剂，用 0.1mol/L氢氧化钠标准溶液滴定至溶液呈微红色且 30s 不褪色，即为终点。

6. 结果计算

挥发酸含量（以乙酸计）（g/100g 或 g/100mL）

$$\frac{V_1 - V_2 \times c}{m} \times 0.06 \times 100 \qquad (3-12)$$

式中：

m ——样品质量或体积，g 或 mL；

V_1 ——滴定样液时消耗氢氧化钠标准溶液的体积，mL；

V_2 ——滴定空白时消耗氢氧化钠标准溶液的体积，mL；

c ——氢氧化钠标准溶液的浓度，mol/L；

0.06——换算为醋酸的分数，即 1mmol 氢氧化钠相当于醋酸的质量。

（三）有效酸度的测定

1. 原理

以玻璃电极为指示电极，以饱和甘汞电极为参比电极，插入待测样液中组成原电池，该电池电动势的大小与溶液的氢离子浓度，亦即与 pH 酸碱度有线性关系。

在 25℃时，每相差 1 个 pH 酸碱度单位就产生 59.1mV 的电池电动势，可利用酸度计直接读出样品溶液的 pH 酸碱度。

2. 适用范围

本法适用于各种饮料、果蔬及其制品，以及肉、蛋类等食品中 pH 酸碱度的测定。

3. 仪器和试剂

（1）仪器：①酸度计；②玻璃电极和甘汞电极（或复合电极）；③电磁搅拌器。

（2）试剂。

pH 标准缓冲液：目前市面上有各种浓度的标准缓冲液试剂供应，每包试剂按其要求的方法溶解定容即可。也可按照以下方法配制。

①pH=1.68 标准缓冲溶液（20℃）：称取 12.71g 草酸钾（$K_2C_2O_4 \cdot H_2O$）溶于蒸馏水中，并稀释定容至 1000mL，混匀备用。

②pH=4.01 标准缓冲溶液（20℃）：称取在（115±5）℃下烘干 2~3h，并经冷却的邻苯二甲酸氢钾（$KhC_8h_4O_4$）10.12g 溶于不含 CO_2 的蒸馏水中，并稀释至 1000mL。

③pH=6.88 标准缓冲溶液（20℃）：称取在（115±5）℃下烘干 2~3h，并经冷却的纯磷酸二氢钾（$KhC_8h_4O_4$）3.39g 和纯无水磷酸氢二钠（Na_2hPO_4）3.53g 溶于不含 CO_2 的蒸馏水中，并稀释至 1000mL。

④pH=9.22 标准缓冲溶液（20℃）：称取纯硼砂（$Na_2B_4O_7-10h_2O$）3.80g，溶于不含 CO_2 的蒸馏水中，并稀释至 1000mL。

上述 4 种标准缓冲溶液通常能稳定 2 个月。

4. 操作步骤

（1）样品制备。

①一般液体样品（如牛乳，不含 CO_2 的果汁、酒等）：摇匀后可直接取样测定。

②含 CO_2 的液体样品（如碳酸饮料、啤酒等）：除 CO_2 后再测，CO_2 去除方法同总酸度的测定。

③果蔬样品：将果蔬样品榨汁后，取汁液直接进行 pH 酸碱度测定。对果蔬干制品，可取适量样品，加数倍的无 CO_2 蒸馏水，于水浴上加热 30min，捣碎，过滤，取涂液测定。

④肉类制品：称取 10g 已除去油脂并捣碎的样品于 250mL 锥形瓶中，加入 100mL 无 CO_2 蒸馏水，浸泡 15min，随时摇动，过滤后取滤液测定。

⑤鱼类等水产品：称取 10g 切碎样品，加入 100mL 无 CO_2 蒸馏水，浸泡 30min（随时摇动），过滤后取滤液测定。

⑥皮蛋等蛋制品：取皮蛋数个，洗净剥壳，按皮蛋:水为 2:1 的比例加入无 CO_2 蒸馏水，于组织捣碎机中捣成匀浆，再称取 15g 匀浆（相当于 10g 样品），加入无 CO_2 蒸馏水

至 150mL，摇匀，纱布过滤后，取滤液测定。

⑦罐头制品（液固混合样品）：先将样品沥汁，取浆汁液测定，或将液固混合物捣碎成浆状后，取浆状物测定。若有油脂，则应先分出油脂。

⑧含油及油浸样品：先分离出油脂，再把固形物放于组织捣碎机中捣成匀浆，必要时加入少量无 CO_2 蒸馏水（20mL/100g 样品）搅匀后，进行 pH 酸碱度测定。

（2）酸度计的校正（校正方法因酸度计型号不同而有所不同，下面以 PHS-3 C 型酸度计为例）。

①开启酸度计电源，预热 30min，连接玻璃电极及甘汞电极，在读数开关放开的情况下调零。

②选择适当的缓冲液（其 pH 酸碱度与被测样品 pH 酸碱度接近）。

③测量标准缓冲液温度，调节酸度计温度补偿旋钮。

④将二电极浸入缓冲液中，按下读数开关，调节定位旋钮使 pH 指针指在缓冲液的 pH 酸碱度上，按下读数开关，指针回零。如此重复操作 2 次。

（3）样品测定酸度计经预热并用标准缓冲液校正后，用无 CO_2 蒸馏水淋洗电极并用滤纸吸干，再用待测液冲洗电极后，将电极插入待测液中进行测定，测定完毕后清洗电极。

第五节　食品中蛋白质的测定

一、食品中蛋白质含量测定的意义

蛋白质是生命的物质基础，是构成生物体细胞组织的重要成分，是生物体发育及修补组织的原料，一切有生命的活体都含有不同类型的蛋白质。人体内的酸碱平衡、水平衡的维持，遗传信息的传递、物质的代谢及转运都与蛋白质有关。人及动物只能从食品中得到蛋白质及其分解产物构成自身的蛋白质，因此，蛋白质是人体重要的营养物质，也是食品中重要的营养指标。

在各种不同的食品中，蛋白质的含量各不相同。一般来说，动物性食品的蛋白质含量高于植物性食品，如牛肉中蛋白质的含量为 20% 左右，猪肉中的为 5%，大豆中的为 40%，稻米中的为 8.5%。测定食品中蛋白质的含量，对于评价食品的营养价值、合理开发利用食品资源、提高产品质量、优化食品配方、指导经济核算及生产过程控制均具有极其重要的意义。

二、蛋白质含量的测定方法

（一）凯氏定氮法

1. 原理

食品中的蛋白质在催化加热条件下被分解，产生的氨与硫酸结合生成硫酸铵。碱化蒸馏使氨游离，用硼酸吸收后以硫酸或盐酸标准滴定溶液滴定，根据酸的消耗量乘以换算系数，即为蛋白质的含量。

2. 适用范围

凯氏定氮法可应用于各类食品中蛋白质含量的测定。

3. 仪器和试剂

（1）仪器：①天平：感量为 1mg；②凯氏定氮蒸馏装置；③自动凯氏定氮仪。

（2）试剂：①浓硫酸；②硫酸铜；③硫酸钾；④硼酸；⑤甲基红指示剂；⑥溴甲酚绿指示剂；⑦亚甲基蓝指示剂；⑧氢氧化钠；⑨95%乙醇；⑩硼酸溶液（20g/L），称取20g硼酸，加水溶解后并稀释至1000mL；⑪氢氧化钠溶液（400g/L），称取40g氢氧化钠加水溶解后，放冷，并稀释至100mL；⑫硫酸标准滴定溶液（0.0500mol/L）或盐酸标准滴定溶液（0.0500mol/L）；⑬甲基红乙醇溶液（1g/L），称取0.1g甲基红，溶于95%乙醇，用95%乙醇稀释至100mL；⑭亚甲基蓝乙醇溶液（1g/L），称取0.1g亚甲基蓝，溶于95%乙醇，用95%乙醇稀释至100mL；⑮溴甲酚绿乙醇溶液（1g/L），称取0.1g溴甲酚绿，溶于95%乙醇，用95%乙醇稀释至100mL；⑯混合指示液，2份甲基红乙醇溶液与1份亚甲基蓝乙醇溶液临用时混合。

4. 操作步骤

（1）凯氏定氮法。

①试样处理：称取充分混匀的固体试样 0.2~2g、半固体试样 2~5g 或液体试样10~25g（约相当于30~40mg氮），精确至0.001g，移入干燥的100mL、250mL或500mL定氮瓶中，加入0.2g硫酸铜、6g硫酸钾及20mL硫酸，轻摇后于瓶口放一小漏斗，将瓶以45°角斜支于有小孔的石棉网上。小心加热，待内容物全部炭化，泡沫完全停止后，加强火力，并保持瓶内液体微沸，至液体呈蓝绿色并澄清透明后，再继续加热0.5~1 h。取下放冷，小心加入20mL水。放冷后，移入100mL容量瓶中，并用少量水洗定氮瓶，洗液并入容量瓶

中，再加水至刻度，混匀备用。同时做试剂空白试验。

②测定：按规定装好定氮蒸馏装置，向水蒸气发生器内装水至2/3处，加入数粒玻璃珠，加甲基红乙醇溶液数滴及数毫升硫酸，以保持水呈酸性，加热煮沸水蒸气发生器内的水并保持沸腾。

③向接收瓶内加入10.0mL硼酸溶液及1~2滴混合指示液，并使冷凝管的下端插入液面下，根据试样中氮含量，准确吸取2.0~10.0mL试样处理液由小玻杯注入反应室，以10mL水洗涤小玻杯并使之流入反应室内，随后塞紧棒状玻塞。将10.0mL氢氧化钠溶液倒入小玻杯，提起玻塞使其缓缓流入反应室，立即将玻塞盖紧，并加水于小玻杯以防漏气。夹紧螺旋夹，开始蒸馏。蒸馏10min后移动蒸馏液接收瓶，液面离开冷凝管下端，再蒸馏1min。然后用少量水冲洗冷凝管下端外部，取下蒸馏液接收瓶。以硫酸或盐酸标准滴定溶液滴定至终点，其中2份甲基红乙醇溶液与1份亚甲基蓝乙醇溶液指示剂，颜色由紫红色变成灰色，pH=5.4；1份甲基红乙醇溶液与5份溴甲酚绿乙醇溶液指示剂，颜色由酒红色变成绿色，pH=5.1。同时作试剂空白。

（2）自动凯氏定氮仪法。

称取固体试样0.2~2g、半固体试样2~5g或液体试样10~25g（相当于30~40mg氮），精确至0.001g。按照仪器说明书的要求进行检测。

5. 结果计算

试样中蛋白质的含量按式（3-13）进行计算。

$$X = \frac{V_1 - V_2 \times c \times 0.0140}{m \times V_3/100} \times F \times 100\% \qquad (3-13)$$

式中：

X——试样中蛋白质的含量，g/100g；

V_1——试液消耗硫酸或盐酸标准滴定液的体积，mL；

V_2——试剂空白消耗硫酸或盐酸标准滴定液的体积，mL；

F——吸取消化液的体积，mL；

c——硫酸或盐酸标准滴定溶液浓度，mol/L；

0.0140——1.0mL硫酸 [c（1/2H$_2$SO$_4$）= 1.000mol/L] 或盐酸 [c（hCl）= 1.000mol/L] 标准滴定溶液相当的氮的质量，g；

m——试样的质量，g；

F——氮换算为蛋白质的系数。一般食物为6.25；纯乳与纯乳制品为6.38；面粉为5.70；玉米、高粱为6.24；花生为5.46；大米为5.95；大豆及其粗加工制品为5.71；大豆蛋白制品为6.25；肉与肉制品为6.25；大麦、小米、燕麦、裸麦为5.83；芝麻、向日葵为5.30；复合配方食品为6.25。

（二）分光克度法

1. 原理

食品中的蛋白质在催化加热条件下被分解，分解产生的氨与硫酸结合生成硫酸铵，在pH＝4.8的乙酸钠-乙酸缓冲溶液中与乙酰丙酮和甲醛反应生成黄色的3，5-二乙酰-2，6-二甲基-1，4-二氢化吡啶化合物。在波长400nm下测定吸亮度值，与标准系列比较定量，结果乘以换算系数，即为蛋白质含量。

2. 试剂

（1）硫酸铜（$CuSO_4-5H_2O$）；（2）硫酸钾（K_2SO_4）；（3）硫酸（H_2SO_4）：优级纯；（4）氢氧化钠（$NaOH$）；（5）对硝基苯酚（$C_6H_5NO_3$）；（6）乙酸钠（$CH_3COONa-3H_2O$）；（7）无水乙酸钠（CH_3COONa）；（8）乙酸（CH_3COOH）：优级纯；（9）37%甲醛（$HCHO$）；（10）乙酰丙酮（$C_5H_8O_2$）。

3. 仪器和设备

（1）分光光度计；（2）电热恒温水浴锅：100℃±0.5℃；（3）10mL具塞玻璃比色管；（4）天平：感量为1mg。

4. 分析步骤

（1）试样消解。

称取充分混匀的固体试样0.1~0.5g（精确至0.001g）、半固体试样0.2~1g（精确至0.001g）或液体试样1~5g（精确至0.001g），移入干燥的100mL或250mL定氮瓶中，加入0.1g硫酸铜、1g硫酸钾及5mL硫酸，摇匀后于瓶口放一小漏斗，将定氮瓶以45°角斜支于有小孔的石棉网上。缓慢加热，待内容物全部炭化，泡沫完全停止后，加强火力，并保持瓶内液体微沸，至液体呈蓝绿色澄清透明后，再继续加热0.5h。取下放冷，慢慢加入20mL水，放冷后移入50mL或100mL容量瓶中，并用少量水洗定氮瓶，洗液并入容量瓶中，再加水至刻度，混匀备用。按同一方法做试剂空白试验。

（2）试样溶液的制备。

吸取2.00~5.00mL试样或试剂空白消化液于50mL或100mL容量瓶内，加1~2滴对硝基苯酚指示剂溶液，摇匀后滴加氢氧化钠溶液中和至黄色，再滴加乙酸溶液至溶液无色，用水稀释至刻度，混匀。

（3）标准曲线的绘制。

吸取 0.00mL、0.05mL、0.10mL、0.20mL、0.40mL、0.60mL、0.80mL 和 1.00mL 氨氮标准使用溶液，分别置于 10mL 比色管中。加 4.0mL 乙酸钠-乙酸缓冲溶液及 4.0mL 显色剂，加水稀释至刻度，混匀。置于 100℃ 水浴中加建 15min。取出用水冷却至室温后，移入 1cm 比色杯内，以零管为参比，于波长 400nm 处测量吸亮度值，根据标准各点吸亮度值绘制标准曲线或计算线性回归方程。

（4）试样测定。

吸取 0.50~2.00mL（约相当于氮<100μg）试样溶液和同量的试剂空白溶液，分别于 10mL 比色管中。加 4.0mL 乙酸钠-乙酸缓冲溶液及 4.0mL 显色剂，加水稀释至刻度，混匀。置于 100 ℃ 水浴中加热 15min。取出用水冷却至室温后，移入 1cm 比色杯内，以零管为参比，于波长 400nm 处测量吸亮度值，试样吸亮度值与标准曲线比较定量或代入线性回归方程求出含量。

5. 分析结果的表述

试样中蛋白质的含量按式（3-14）计算：

$$X = \frac{(C - C0) \times V_1 \times V_3}{m \times V_2 \times V_4 \times 1000 \times 1000 \times 100} \times 100 \times F \qquad (3-14)$$

式中：

X ——试样中蛋白质的含量，g/100g；

C ——试样测定液中氮的含量，ixg；

$C0$——试剂空白测定液中氮的含量，ag；

V_1——试样消化液定容体积，mL；

V_3——试样溶液总体积，mL；

m ——试样质量，g；

V_2——制备试样溶液的消化液体积，mL；

V_4——测定用试样溶液体积，mL；

1000——换算系数；

100——换算系数；

F ——氮换算为蛋白质的系数。

三、氨基酸含量的测定方法

（一）双指示甲醛滴定法

1. 原理

氨基酸具有酸性的–COO h 和碱性的–N h$_2$–，它们相互作用而使氨基酸成为中性的内盐。当加入甲醛溶液后，–Nh$_2$–与甲醛结合，从而使碱性消失，这样就可以用强碱标准溶液来滴定–COOh，并用间接的方法测定氨基酸总量。

2. 适用范围

双指示甲醛滴定法适用于测定食品中的游离氨基酸。在发酵工业中，常用此法测定发酵液中氨基氮含量的变化，了解可被微生物利用的氮源的量及利用情况，并以此作为控制发酵生产的指标之一。

3. 试剂

（1）40%中性甲醛溶液以百里酚酞作指示剂，用氢氧化钠将40%甲醛中和至淡蓝色；

（2）1g/L 百里酚酞乙醇溶液；

（3）1g/L 中性红 50%乙醇溶液；

（4）0.1mol/L 氢氧化钠标准溶液。

4. 操作步骤

移取含氨基酸20~30mg的样品溶液2份，分别置于250mL 锥形瓶中，各加50mL 蒸馏水，其中1份加入3滴中性红指示剂，用0.1mol/L氢氧化钠标准溶液滴定至由红色变为琥珀色为终点；另1份加入3滴百里酚酞指示剂及中性甲醛20mL，摇匀，静置1min，用0.1mol/L氢氧化钠标准溶液滴定至淡蓝色为终点。分别记录2次所消耗的碱液的体积（mL）。

5. 结果计算见式（3-15）

$$w = \frac{(V_2 - V_1) \times c \times 0.014}{m} \times 100\% \qquad (3-15)$$

式中：

w ——氨基酸态氮的质量分数，%；

c ——氢氧化钠标准溶液的浓度，mol/L；

V_1——用中性红作指示剂滴定时消耗氢氧化钠标准溶液的体积，mL；

V_2——用百里酚酞作指示剂滴定时消耗氢氧化钠标准溶液的体积，mL；

m ——测定用样品溶液相当于样品的质量，g；

0.014——氮的毫摩尔质量，g/mmol。

（二）氨基酸有动分析仪法

1. 原理

食品中的蛋白质经盐酸水解成为游离氨基酸，经离子交换柱分离后，与茚三酮溶液产生颜色反应，再通过可见光分光亮度检测器测定氨基酸含量。

2. 仪器

氨基酸自动分析仪。

3. 分析步骤

（1）试样制备。

固体或半固体试样使用组织粉碎机或研磨机粉碎，液体试样用匀浆机打成匀浆密封冷冻保存，分析用时将其解冻后使用。

（2）试样称量。

均匀性好的样品，如奶粉等，准确称取一定量试样（精确至 0.0001g），使试样中蛋白质含量在 10~20mg 范围内。对于蛋白质含量未知的样品，可先测定样品中蛋白质含量。将称量好的样品置于水解管中。

很难获得高均匀性的试样，如鲜肉等，为减少误差可适当增大称样量，测定前再做稀释。

对于蛋白质含量低的样品，如蔬菜、水果、饮料和淀粉类食品等，固体或半固体试样称样量不大于 2g，液体试样称样量不大于 5g。

（3）试样水解。

根据试样的蛋白质含量，在水解管内加 10~15mL 6mol/L 盐酸溶液。对于含水量高、蛋白质含量低的试样，如饮料、水果、蔬菜等，可先加入约相同体积的盐酸混匀后，再用 6mol/L 盐酸溶液补充至大约 10mL。继续向水解管内加入苯酚 3~4 滴。

将水解管放入冷冻剂中，冷冻 3~5min，接到真空泵的抽气管上，抽真空（接近 0Pa），然后充入氮气，重复抽真空—充入氮气 3 次后，在充氮气状态下封口或拧紧螺丝盖。

将已封口的水解管放在（110±1）℃的电热鼓风恒温箱或水解炉内，水解 22h 后，取出，冷却至室温。

打开水解管，将水解液过滤至 50mL 容量瓶内，用少量水多次冲洗水解管，水洗液移入同一 50mL 容量瓶内，最后用水定容至刻度，振荡混匀。

准确吸取 1.0mL 滤液移入到 15 1111 或 2511^试管内，用试管浓缩仪或平行蒸发仪在 40℃~50℃加热环境下减压干燥，干燥后残留物用 1~2mL 水溶解，再减压干燥，最后蒸干。

用 1.0~2.0mL pH=2.2 柠檬酸钠缓冲溶液加入到干燥后试管内溶解，振荡混匀后，吸取溶液通过 0.22 μm 滤膜后，转移至仪器进样瓶，为样品测定液，供仪器测定用。

（4）试样的测定。

混合氨基酸标准工作液和样品测定液分别以相同体积注入氨基酸分析仪，以外标法通过峰面积计算样品测定液中氨基酸的浓度。

4．结果计算

（1）混合氨基酸标准储备液中各氨基酸浓度的计算。

混合氨基酸标准储备液中各氨基酸的含量按式（3-16）计算：

$$c_j = \frac{m_j}{M_j \times 250} \times 1000 \tag{3-16}$$

式中：

c_j——混合氨基酸标准储备液中氨基酸 j 的浓度，μxmol/mL；

m_j——称取氨基酸标准品 j 的质量，mg；

M_j——氨基酸标准品 j 的分子量；

250——定容体积，mL；

1000——换算系数。

（2）样品中氨基酸含量的计算。

样品测定液氨基酸的含量按式（3-17）计算：

$$c_i = \frac{c_s}{A_s} \times A_i \tag{3-17}$$

式中：

c_i——样品测定液氨基酸 i 的含量，nmol/mL；

A_i——试样测定液氨基酸 i 的峰面积；

A_s——氨基酸标准工作液氨基酸 S 的峰面积；

c_s——氨基酸标准工作液氨基酸 S 的含量，单位为纳摩尔每毫升（nmol/mL）。试样中各氨基酸的含量按式（3-18）计算：

$$X_i = \frac{C^i \times F \times V \times M}{m \times 10^9} \times 100 \qquad (3-18)$$

式中：

X_i——试样中氨基酸 i 的含量，g/100g；

C^i——试样测定液中氨基酸 i 的含量，nmol/mL；

F——稀释倍数；

V——试样水解液转移定容的体积，mL；

M——氨基酸 i 的摩尔质量，g/mol；

m——称样量，g；

10^9——将试样含量由纳克（ng）折算成克（g）的系数；

100——换算系数。

第六节　食品中维生素的测定

一、测定维生素含量的意义

维生素是维持人体正常生理功能所需的一类天然有机化合物，它们的种类很多，目前被认为对维持人体健康和促进发育至关重要的有 20 余种。维生素对人体的主要功能是作为辅酶的成分调节代谢，需要量极少，但绝对不可缺少。维生素在体内一般不能合成或合成数量较少，不能充分满足机体需要，必须由食物提供。

食品中维生素的含量主要取决于食品的品种及该食品的加工工艺与贮存条件。许多维生素对光、热、氧、pH 酸碱度敏感。在正常摄食条件下，没有任何一种食物含有可满足人体所需要的全部维生素，人们必须在日常生活中合理调配饮食结构，获得适量的各种维生素。测定食品中维生素的含量，在评价食品营养价值，开发利用富含维生素的食品资源，指导人们合理调整膳食结构，防止维生素缺乏症，研究维生素在食品加工、贮存等过程中的稳定性，指导人们制定合理的工艺及贮存条件，监督维生素强化食品的强化剂量，防止因摄入过多而引起维生素中毒等方面，具有十分重要的意义和作用。

二、脂溶性维生素含量的测定

（一）维生素 A 的测定反相高效液相色谱法

1. 原理

试样中的维生素 A 及维生素 E 经皂化、提取、净化、浓缩后，C_{30} 或 PFP 反相液相色谱柱分离，紫外检测器或荧光检测器检测，外标法定量。

2. 试剂和材料

（1）试剂：①无水乙醇（C_2h_5Oh）：经检查不含醛类物质；②抗坏血酸（$C_6h_8O_6$）；③氢氧化钾（KOh）；④乙 K［（$Ch_3Ch_2)_2O$］：经检查不含过氧化物；⑤石油（$C_5h_{12}O_2$）：沸程为 30℃~60℃；⑥无水硫酸钠（Na_2sO_4）；⑦pH 试纸（pH 范围 1~14）；⑧甲醇（Ch_3Oh）：色谱纯；⑨淀粉酶：活力单位>100 U/mg；⑩2,6-二叔丁基对甲酚（$CI5h24O$）：简称 BhT。

（2）试剂配制。

①氢氧化钾溶液（50g/100g）：称取 50g 氢氧化钾，加入 50mL 水溶解，冷却后，储存于聚乙烯瓶中。

②石油醚-乙醚溶液（1+1）：量取 200mL 石油醚，加入 200mL 乙醚，混匀。

③有机系过滤头（孔径为 0.22 μm）。

（3）标准品。

①维生素 A 标准品：维生素 A（$C_{20}h_{30}O$，CAs 号：68-26-8），纯度≥95%，或经国家认证并授予标准物质证书的标准物质。

②维生素 E 标准品：a. α-生育酚（$C_{29}h_{50}O_2$，CAs 号：10191-41-0），纯度≥95%，或经国家认证并授予标准物质证书的标准物质；b. β-生育酚（$C_{28}h_{48}O_2$，CAs 号：148-03-8），纯度≥95%，或经国家认证并授予标准物质证书的标准物质；c. γ-生育酚（$C_{28}h_{48}O_2$，CAs 号：54-28-4），纯度≥95%，或经国家认证并授予标准物质证书的标准物质；d. δ-生育酚（$C_{27}h_{48}O_2$，CAs 号：119-13-1），纯度≥95%，或经国家认证并授予标准物质证书的标准物质。

（4）标准溶液配制。

①维生素 A 标准储备溶液（0.500mg/mL）：准确称取 25.0mg 维生素 A 标准品，用无水乙醇溶解后，转移入 50mL 容量瓶中，定容至刻度，此溶液浓度约为 0.500mg/mL。将溶

液转移至棕色试剂瓶中，密封后，在-20℃下避光保存，有效期1个月。临用前将溶液回温至20℃，并进行浓度校正。

②维生素E标准储备溶液（1.00mg/mL）：分别准确称取α-生育酚、β-生育酚、γ-生育酚和δ-生育酚各50.0mg，用无水乙醇溶解后，转移入50mL容量瓶中，定容至刻度，此溶液浓度约为1.00mg/mL。将溶液转移至棕色试剂瓶中，密封后，在-20℃避光保存，有效期6个月。临用前将溶液回温至20℃，并进行浓度校正。

③维生素A和维生素E混合标准溶液中间液：准确吸取维生素A标准储备溶液1.00mL和维生素E标准储备溶液各5.00mL于同一50mL容量瓶中，用甲醇定容至刻度，此溶液中维生素A浓度为10.0μg/mL，维生素E各生育酚浓度为100μg/mL。在-20℃下避光保存，有效期半个月。

④维生素A和维生素E标准系列工作溶液：分别准确吸取维生素A和维生素E混合标准溶液中间液0.20mL、0.50mL、1.00mL、2.00mL、4.00mL、6.00mL于10mL棕色容量瓶中，用甲醇定容至刻度，该标准系列中维生素A浓度为0.20ag/mL、0.50μg/mL、1.00μg/mL、2.00μg/mL、4.00μg/mL、6.00μg/mL，维生素E浓度为2.00μg/mL、5.00μg/mL、10.0μg/mL、20.0μg/mL、40.0μg/mL、60.0μg/mL。临用前配制。

3. 仪器和设备

（1）分析天平：感量为0.01mg；（2）恒温水浴振荡器；（3）旋转蒸发仪；（4）氮吹仪；（5）紫外分光光度计；（6）分液漏斗萃取净化振荡器；（7）高效液相色谱仪：带紫外检测器或二极管阵列检测器或荧光检测器。

4. 分析步骤

（1）试样制备。

将一定数量的样品按要求经过缩分、粉碎均质后，储存于样品瓶中，避光冷藏，尽快测定。

（2）试样处理。

①皂化：a. 不含淀粉样品：称取2~5g（精确至0.01g）经均质处理的固体试样或50g（精确至0.01g）液体试样于150mL平底烧瓶中，固体试样需加入约20mL温水，混匀，再加入1.0g抗坏血酸和0.1gBhT，混匀，加入30mL无水乙醇，加入10~20mL氢氧化钾溶液，边加边振摇，混匀后于80℃恒温水浴振荡皂化30min，皂化后立即用冷水冷却至室温。

b. 含淀粉样品：称取2~5g（精确至0.01g）经均质处理的固体试样或50g（精确至

0.01g）液体样品于 150mL 平底烧瓶中，固体试样需用约 20mL 温水混匀，加入0.5g~1g淀粉酶，放入 60℃ 水浴避光恒温振荡 30min 后，取出，向酶解液中加入 1.0g 抗坏血酸和0.1gB hT，混匀，加入 30mL 无水乙醇，10~20mL 氢氧化钾溶液，边加边振摇，混匀后于80℃恒温水浴振荡皂化 30min，皂化后立即用冷水冷却至室温。

②提取：将皂化液用 30mL 水转入 250mL 的分液漏斗中，加入 50mL 石油醚-乙醚混合液，振荡萃取 5min，将下层溶液转移至另一 250mL 的分液漏斗中，加入 50mL 的混合醚液再次萃取，合并醚层。

③洗涤：用约 100mL 水洗涤醚层，约需重复 3 次，直至将醚层洗至中性（可用 pH 试纸检测下层溶液 pH 酸碱度），去除下层水相。

④浓缩：将洗涤后的醚层经无水硫酸钠（约3g）滤入 250mL 旋转蒸发瓶或氮气浓缩管中，用约 15mL 石油醚冲洗分液漏斗及无水硫酸钠 2 次，并入蒸发瓶内，并将其接在旋转蒸发仪或气体浓缩仪上，于 40℃ 水浴中减压蒸馏或气流浓缩，待瓶中醚液剩下约 2mL时，取下蒸发瓶，立即用氮气吹至近干。用甲醇分次将蒸发瓶中残留物溶解并转移至10mL 容量瓶中，定容至刻度。溶液过 0.22 μm 有机系滤膜后供高效液相色谱测定。

（3）色谱参考条件。

①色谱柱：C30 柱（柱长 250mm，内径 4.6mm，粒径 3μm），或相当者；②柱温：20℃；③流动相：水、甲醇；④流速：0.8mL/min；⑤紫外检测波长：维生素 A 为 325nm，维生素 E 为 294nm；⑥进样量：10μL。

（4）标准曲线的制作。

本法采用外标法定量。将维生素 A 和维生素 E 标准系列工作溶液分别注入高效液相色谱仪中，测定相应的峰面积，以峰面积为纵坐标，以标准测定液浓度为横坐标绘制标准曲线，计算直线回归方程。

（5）样品测定。

试样液经高效液相色谱仪分析，测得峰面积，采用外标法通过上述标准曲线计算其浓度。在测定过程中，建议每测定 10 个样品用同一份标准溶液或标准物质检查仪器的稳定性。

5. 分析结果的表述

试样中维生素 A 或维生素 E 的含量按式（3-19）计算：

$$X = \frac{\rho \times V \times f \times 100}{m} \qquad (3-19)$$

式中：

X——试样中维生素 A 或维生素 E 的含量，维生素 A，$\mu g/100g$；维生素 E，$mg/100g$；

ρ——根据标准曲线计算得到的试样中维生素 A 或维生素 E 的浓度，Xg/mL；

V——定容体积，mL；

f——换算因子（维生素 A：$f=1$；维生素 E：$f=0.001$）；

100——试样中量以每 100 克计算的换算系数；

m——试样的称样量，g。

（二）维生素 D 的测定——液相色谱—串联质谱法

1. 原理

试样中加入维生素 D_2 和维生素 D_3 的同位素内标后，经氢氧化钾乙醇溶液皂化（含淀粉试样先用淀粉酶酶解）、提取、硅胶固相萃取柱净化、浓缩后，反相高效液相色谱 C18 柱分离，串联质谱法检测，内标法定量。

2. 试剂和材料

（1）试剂。

试剂：①无水乙醇（C_2h_5Oh）：色谱纯，经检验不含醛类物质；②抗坏血酸（$C_6h_8O_6$）；③2，6－二叔丁基对甲酚（$C_{15}h_{24}O$）：简称 BhT；④淀粉酶：活力单位 N 100 U/mg；⑤氢氧化钾（KOh）；⑥乙酸乙酯（$C_4h_8O_2$）：色谱纯；⑦正己烷（n－C_6h_{14}）：色谱纯；⑧无水硫酸钠（Na_2SO_4）；⑨pH 试纸（pH 范围 1~14）；⑩固相萃取柱（硅胶）：6mL，500mg；⑪甲醇（$Ch_{30}h$）：色谱纯；⑫甲酸（$hCOOh$）：色谱纯；⑬甲酸铵（$hCOONh_4$）色谱纯。

（2）试剂配制。

①氢氧化钾溶液（50g/100g）：50g 氢氧化钾，加入 50mL 水溶解，冷却后储存于聚乙烯瓶中。

②乙酸乙酯-正己烷溶液（5+95）：量取 5mL 乙酸乙酯加入到 95mL 正己烷中，混匀。

③乙酸乙酯-正己烷溶液（15+85）：量取 15mL 乙酸乙酯加入到 85mL 正己烷中，混匀。

④0.05%甲酸-5mmol/L 甲酸铵溶液：称取 0.315g 甲酸铵，加入 0.5mL 甲酸、1000mL 水溶解，超声混匀。

（3）标准品。

①维生素 D_2 标准品：钙化醇（$C_{28}h_{44}O$，CAs 号：50-14-6），纯度>98%，或经国家认证并授予标准物质证书的标准物质。

②维生素 D_3 标准品：胆钙化醇（$C_{27}h_{44}O$，CAs 号：511-28-4），纯度>98%，或经国家认证并授予标准物质证书的标准物质。

③维生素 D_2-d_3 内标溶液（$C_{28}h_{44}O$-d_3）：100 μg/mL。

④维生素 D_3-d_3 内标溶液（$C_{27}h_{44}O$-d_3）：100μg/mL。

（4）标准溶液配制。

①维生素 D_2 标准储备溶液：准确称取维生素 D_2 标准品 10.0mg，用色谱纯无水乙醇溶解并定容至 100mL，使其浓度约为 100μg/mL，转移至棕色试剂瓶中，于-20 ℃冰箱中密封保存，有效期 3 个月。临用前用紫外分光亮度法校正其浓度。

②维生素 D_3 标准储备溶液：准确称取维生素 D_2 标准品 10.0mg，用色谱纯无水乙醇溶解并定容至 10mL，使其浓度约为 100μg/mL，转移至 100mL 的棕色试剂瓶中，于-20℃冰箱中密封保存，有效期 3 个月。临用前用紫外分光亮度法校正其浓度。

③维生素 D_3 标准中间使用液：准确吸取维生素 D_2 标准储备溶液 10.00mL，用流动相稀释并定容至 100mL，浓度约为 10.0μg/mL，有效期 1 个月。准确浓度按校正后的浓度折算。

④维生素 D_3 标准中间使用液：准确吸取维生素 D_3 标准储备溶液 10.00mL，用流动相稀释并定容至 100mL 棕色容量瓶中，浓度约为 10.0ag/mL，有效期 1 个月。准确浓度按校正后的浓度折算。

⑤维生素 D_2 和维生素 D_3 混合标准使用液：准确吸取维生素 D_2 和维生素 D_3 标准中间使用液各 10.00mL，用流动相稀释并定容至 100mL，浓度为 1.00μg/mL。有效期 1 个月。

⑥维生素 D_2-d_3 和维生素 D_3-d_3 内标混合溶液：分别量取 100μL 浓度为 100μg/mL 的维生素 D_2-d_3 和维生素 D_3-d_3 标准储备液加入 10mL 容量瓶中，用甲醇定容，配制成 1μg/mL 混合内标。有效期 1 个月。

（5）标准系列溶液的配制

分别准确吸取维生素 D_2 和 D_3 混合标准使用液 0.10mL、0.20mL、0.50mL、1.00mL、1.50mL、2.00mL 于 10mL 棕色容量瓶中，各加入维生素 D_2-d_3 和维生素内标混合溶液 1.00mL，用甲醇定容至刻度，混匀。

3. 仪器和设备

①分析天平：感量为 0.1mg；②磁力搅拌器或恒温振荡水浴：带加热和控温功能；

③旋转蒸发仪；④氮吹仪；⑤紫外分光光度计；⑥萃取净化振荡器；⑦多功能涡旋振荡器；⑧高速冷冻离心机：转速≥6 000 r/min；⑨高效液相色谱-串联质谱仪：带电喷雾离子源。

4. 分析步骤

（1）试样制备。

将一定数量的样品按要求经过缩分、粉碎、均质后，储存于样品瓶中，避光冷藏，尽快测定。

（2）试样处理。

①皂化。

a. 不含淀粉样品：称取 2g（准确至 0.01g）经均质处理的试样于 50mL 具塞离心管中，加入 100μL 维生素 D_2-d_3 和维生素 D_3-d_3 混合内标溶液及 0.4g 抗坏血酸，加入 6mL 约 40℃温水，涡旋1min，加入 12mL 乙醇，涡旋 30s，再加入 6mL 氢氧化钾溶液，涡旋 30s 后放入恒温振荡器中，80℃避光恒温水浴振荡 30min（如样品组织较为紧密，可每隔 5~10min 取出涡旋 0.5min），取出放入冷水浴降温。

注：一般皂化时间为 30min，如皂化液冷却后，液面有浮油，需要加入适量氢氧化钾溶液，并适当延长皂化时间。

b. 含淀粉样品：称取 2g（准确至 0.01g）经均质处理的试样于 50mL 具塞离心管中，加入 100μL 维生素 D_2-d_3 和维生素 D_3-d_3，混合内标溶液及 0.4g 淀粉酶，加入 10mL 约 40℃温水，放入恒温振荡器中，60℃避光恒温振荡 30min 后，取出放入冷水浴降温，向冷却后的酶解液中加入 0.4g 抗坏血酸、12mL 乙醇，涡旋 30s，再加入 6mL 氢氧化钾溶液，涡旋 30s 后放入恒温振荡器中，同 a 皂化 30min。

②提取。

向冷却后的皂化液中加入 20mL 正己烷，涡旋提取 3min，6000 r/min 条件下离心3min。转移上层清液到 50mL 离心管，加入 25mL 水，轻微晃动 30 次，在 6000 r/min 条件下离心 3min，取上层有机相备用。

③净化。

将硅胶固相萃取柱依次用 8mL 乙酸乙酯活化，8mL 正己烷平衡，取备用液全部过柱，再用 6mL 乙酸乙酯—正己烷溶液（5+95）淋洗，用 6mL 乙酸乙酯-正己烷溶液（15+85）洗脱。洗脱液在 40℃下氮气吹干，加入 1.00mL 甲醇，涡旋 30s，过 0.22m 有机系滤膜供仪器测定。

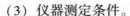

（3）仪器测定条件。

①色谱参考条件：色谱参考条件列出如下。a. C18 柱（柱长 100mm，柱内径 2.1mm，填料粒径 1.8 μm），或相当者。b. 柱温：40℃。c. 流动相 A：0.05％甲酸–5mmol/L 甲酸铵溶液；流动相 B：0.05％甲酸–5mmol/L 甲酸铵甲醇溶液；D 流速：0.4mL/min；E 进样量：10μL。

②质谱参考条件：质谱参考条件列出如下。a. 电离方式：Esl+；b. 鞘气温度：375 ℃。c. 鞘气流速：12L/min。d. 喷嘴电压：500V。e. 雾化器压力：172kPa。f. 毛细管电压：4500V。g. 干燥气温度：325℃。h. 干燥气流速：10L/min。I. 多反应监测（MRM）模式。

（4）标准曲线的制作。

分别将维生素 D_2 和维生素 D_3 标准系列工作液由低浓度到高浓度依次进样，以维生素 D_2、维生素 D_3 与相应同位素内标的峰面积比值为纵坐标，以维生素 D_2、维生素 D_3 标准系列工作液浓度为横坐标分别绘制维生素 D_2、维生素 D_3 标准曲线。

（5）样品测定。

将待测样液依次进样，得到待测物与内标物的峰面积比值，根据标准曲线得到测定液中维生素 D_2、维生素 D_3 的浓度。待测样液中的响应值应在标准曲线线性范围内，超过线性范围则应减少取样量重新按（2）进行处理后再进样分析。

5. 分析结果的表述

试样中维生素 D_2、维生素 D_3 的含量按式（3-20）计算：

$$X = \frac{\rho \times V \times f \times 100}{m} \tag{3-20}$$

式中：

X ——试样中维生素（D_2 或维生素 D_3）的含量，p. g/100g；

ρ ——根据标准曲线计算得到的试样中维生素 D_2 或维生素 D_3 的浓度，Jig/mL；

V ——容体积，mL；

f ——稀释倍数；

100——试样中量以每 100 克计算的换算系数；

m ——试样的称样量，单位为克（g）。

如试样中同时含有维生素 D_2 和维生素 D_3，维生素 D 的测定结果以维生素 D_2 和维生素 D_3 含量之和计算。

第七节　食品中碳水化合物的测定

一、食品中糖类物质含量测定的意义

碳水化合物统称为糖类，是由碳、氢、氧三种元素组成的一大类化合物，是人和动物所需热能的重要来源。一些糖与蛋白质、脂肪等结合生成糖蛋白和糖脂，这些物质都具有重要的生理功能。碳水化合物是食品工业的主要原料和补助材料，是大多数食品的主要成分之一，包括糖、低聚糖和多糖。在食品加工工艺中，糖类对食品的形态、组织结构、理化性质及其色、香、味等感官指标起着十分重要的作用，同时，糖类的含量还是食品营养价值高低的标志，也是某些食品重要的质量指标。因此，碳水化合物的测定是食品的主要分析项目之一，在食品工业中具有十分重要的意义。

二、糖类物质含量的测定方法

（一）还原糖的测定

1.直接滴定法

直接滴定法是国家标准分析方法，是目前最常用的测定还原糖的方法，具有试剂用量少，操作简单、快速，滴定终点明显等特点。

（1）原理。

一定量的碱性酒石酸铜甲、乙液等体积混合后，生成天蓝色的氢氧化铜沉淀，沉淀与酒石酸钾钠反应，生成深蓝色的酒石酸钾钠铜的络合物。在加热的条件下，以亚甲基芦作为指示剂，用样液直接滴定经标定的碱性酒石酸铜溶液，还原糖将二价铜还原为氧化亚铜。待二价铜全部被还原后，稍过量的还原糖将亚甲基蓝还原，溶液由蓝色变为无色，即为终点。根据最终所消耗的样液的体积，即可计算出还原糖的含量。

实际上，还原糖在碱性溶液中与硫酸铜的反应并不完全符合以上关系，还原糖在此反应条件下将产生降解，形成多种活性降解产物，其反应过程极为复杂，并非反应方程式中所反映的那么简单。在碱性及加热条件下还原糖将形成某些差向异构体的平衡体系。由上述反应看，1mol 葡萄糖可以将 6mol Cu^{2+} 还原为 Cu^{2+}。而实际上，从实验结果表明，1mol 葡萄糖只能还原 5mol 多的 Cu^{2+}，且随反应条件的变化而变化。因此，不能根据上述反应直接计算出还原糖的含量，而是要用已知浓度的葡萄糖标准溶液标定的方法，或利用通过实验编制出来的还原糖检索表计算。

（2）适用范围。

适用于各类食品中还原糖含量的测定，但对深色样品（如酱油、深色果汁等），因色素干扰而使终点不易判断，从而影响其准确性而不适用。

（3）仪器和试剂。

①仪器：a. 酸式滴定管；b. 可调电炉。

②试剂：a. 碱性酒石酸铜甲液：称取 15g 硫酸铜（$CuSO_4 \cdot 5h_2O$）及 0.05g 亚甲基蓝，溶于水中并稀释至 1000mL；b. 碱性酒石酸铜乙液：称取 50g 酒石酸钾钠及 75g 氢氧化钠，溶于水中，再加入 4g 亚铁氰化钾，完全溶解后，用水稀释至 1000mL，储存于橡皮塞玻璃瓶内；c. 乙酸锌溶液：称取 21.9g 乙酸锌 [Zn（Ch_3COO）$22h_2O$]，加入 3mL 冰醋酸，加水溶解并稀释至 1000mL；d. 106g/mol 亚铁氰化钾溶液：称取 10.6g 亚铁氰化钾 [$K_4Fe（CN）_6 \cdot 3h_2O$] 溶于水中，稀释至 100mL；e. 盐酸；f. 1g/L 葡萄糖溶液：准确称取 1.000g 于98℃～100℃烘干至恒重的无水葡萄糖，加水浴解后，加入 5mL 盐酸（防止微生物生长），转移入 1000mL 容量瓶中，并用水定容。

（4）操作步骤。

①样品处理。

a. 乳类、乳制品及含蛋白质的饮料（雪糕、冰淇淋、豆乳等）：称取 2.5～5g 固体样品或吸取 25～50mL 液体样品，置于 250mL 容量瓶中，加水 50mL，摇匀后慢慢加入 5mL 醋酸锌及 5mL 亚铁氰化钾溶液，并加水至刻度，混匀，静置 30min；干燥滤纸过滤，弃去初滤液，收集滤液供分析用。

b. 淀粉含量较高的样品：称取 10～20g 样品，置于 250mL 容量瓶中，加水 200mL，在 45℃水浴中加热 1 h，并不断振摇。取出冷却后加水至刻度，混匀，静置；吸取 20mL 上清液于另一 250mL 容量瓶中，以下按 a 项操作。

c. 酒精性饮料：吸取 100.0mL 试样，置于蒸发皿中，用氢氧化钠（40g/L）溶液中和至中性，在水浴上蒸发至原体积的 1/4 后，移入 250mL 容量瓶中，加水至刻度。

d. 汽水等含有二氧化碳的饮料：吸取 100.0mL 试样置于蒸发皿中，在水浴上除去二氧化碳后，移入 250mL 容量瓶中，并用水洗涤蒸发皿，洗液并入容量瓶中，再加水至刻度，混匀后备用。

②碱性酒石酸铜溶液的标定。

准确吸取碱性酒石酸铜甲液和乙液各 5.0mL 于 150mL 锥形瓶中。加水 10mL，加入玻璃珠 3 粒。从滴定管中滴加约 9mL 葡萄糖标准溶液，加热使其在 2min 内沸腾，并保持沸腾 1min，趁沸以每 2 秒 1 滴的速度继续用葡萄糖标准溶液滴定，直至蓝色刚好褪去为终点，记录消耗葡萄糖标准溶液的体积。平行操作三次，取其平均值。

按式（3-21）计算每 10mL 碱性酒石酸铜溶液（甲液、乙液各 5mL）相当于葡萄糖的质量：

$$F = V \times \rho_1 \tag{3-21}$$

式中：

ρ_1——葡萄糖标准溶液的浓度，mg/mL；

V——标定时消耗葡萄糖标准溶液的总体积，mL；

F——10mL 碱性酒石酸铜溶液相当于葡萄糖的质量，mg。

③样液的预测定。准确吸取碱性酒石酸铜甲液和乙液各 5.0mL 于 150mL 锥形瓶中。加水 10mL，加入玻璃珠 3 粒，加热使其在 2min 内沸腾，并保持沸腾 1min，趁沸以先快后慢的速度从滴定管中滴加样液，滴定时须始终保持溶液呈微沸状态。待溶液颜色变浅时，以每 2 秒 1 滴的速度继续滴定，直至蓝色刚好褪去为终点，记录消耗样液的总体积。

④样液的测定。准确吸取碱性酒石酸铜甲液和乙液各 5.0mL 于 150mL 锥形瓶中。

加水 10mL，加入玻璃珠 3 粒，从滴定管中加入比预测定时少 1mL 的样液，加热使其在 2min 内沸腾，并保持沸腾 1min，趁沸以每 2 秒 1 滴的速度继续滴定，直至蓝色刚好褪去为终点，记录消耗样液的总体积。同法平行操作三次，取其平均值。

（5）结果计算见式（3-22）。

$$\omega = \frac{F}{m \times \dfrac{V}{250} \times 1000} \times 100\% \tag{3-22}$$

式中：

ω——样品中还原糖（以葡萄糖计）的质量分数，%；

M——样品质量，g；

V——测定时平均消耗样液的体积，mL；

F——10mL 碱性酒石酸铜溶液相当于葡萄糖的质量，mg；

250——样液的总体积，mL。

2. 高锰酸钾滴定法

（1）原理。

将还原糖与一定量过量的碱性酒石酸铜溶液反应，还原糖将 Cu^{2+} 还原为 Cu_2O，经过滤，得到 Cu_2O 沉淀，加入过量的酸性硫酸铁溶液将其氧化溶解，而 Fe^{3+} 被定量地还原为 Fe^{2+}，用高锰酸钾标准溶液滴定所生成的 Fe^{2+}，根据高锰酸钾标准溶液的消耗量可计算出 Cu_2O 的量，再从检索表中查出与 Cu_2O 量相当的还原糖的量，即可计算出样品中还原糖的含量。

（2）适用范围。

适用于各类食品中还原糖含量的测定，对于深色样液也同样适用。

（3）仪器和试剂。

①仪器：25mL 古式坩埚或 G4 垂熔坩埚；真空泵或水力真空管。

②试剂：a. 碱性酒石酸铜甲液：称取 34.639g 硫酸铜（$CuSO_4 \cdot 5h_2O$），加适量水溶解，加 0.5mL 浓硫酸，再加水稀释至 500mL，用精制石棉过滤。

b. 碱性酒石酸铜乙液：称取 173g 酒石酸钾钠和 50g 氢氧化钠，加适量水溶解，并稀释至 500mL，用精制石棉过滤，储存于具橡皮塞的玻璃瓶内。

c. 精制石棉：取石棉，先用 3mol/L 盐酸浸泡 2~3h，用水洗净，再用 10g/L 氢氧化钠溶液浸泡 2~3h，倾去溶液，用碱性酒石酸铜乙液浸泡数小时，用水洗净，再以 3mol/L 盐酸浸泡数小时，以水洗至不显酸性。然后加水振摇，使之成为微细的浆状纤维，用水浸泡并储存于玻璃瓶中，即可作填充古式坩埚用。

d. 0.02mol/L 高锰酸钾标准溶液配制：称取 3.3g 高锰酸钾溶于 1050mL 水中，缓缓煮沸 20~30min，冷却后于暗处密封保存数日，用垂熔漏斗过滤，保存于棕色瓶内。

标定：准确称取于 105℃~200℃ 干燥 1~1.5h 的基准草酸钠约 0.2g，溶于 50mL 水中，加 18mL 硫酸，用配制的高锰酸钾标准溶液滴定，接近终点时加热至 70℃，继续滴至溶液显粉红色且 30s 不褪色为止。同时做空白试验。

按式（3-23）计算：

$$c = \frac{m \times \frac{2}{5}}{(V - V_0) \times 134} \times 1000 \tag{3-23}$$

式中：

c——高锰酸钾标准溶液的浓度，mol/L；

m——草酸钠的质量，g；

V——标定时消耗高锰酸钾标准溶液的体积，mL；

V_0——空白时消耗高锰酸钾标准溶液的体积，mL；

134——草酸纳的摩尔质量，g/mol。

e. 1mol/L 氢氧化钠溶液：称取 4g 氢氧化钠，加水溶解并稀释至 100mL。

f. 硫酸铁溶液：称取 50g 硫酸铁，加入 200mL 水溶解后，慢慢加入 100mL 硫酸，冷却加水稀释至 1000mL。

g. 3mol/L 盐酸溶液：30mL 盐酸加水稀释至 120mL 即可。

（4）操作步骤

①样品处理

a. 乳类、乳制品及含蛋白质的冷食类：称取 2.5~5g 固体样品（液体样品吸取25mL~50mL）置于250mL 容量瓶中，加50mL 溶液至刻度，摇匀后加入 10mL 碱性酒石酸铜甲液及 4mL 1mol/L 氢氧化钠溶液至刻度，混匀，静置 30min，干滤，弃去初滤液，滤液供分析用。

b. 酒精类饮料：吸取 100mL 样品，置于蒸发皿中，用 1mol/L 氢氧化钠溶液中和至中性，蒸发至原体积的 1/4 后，移入 250mL 容量瓶中。加 50mL 水，混匀。以下自"加 10mL 碱性酒石酸铜甲液"起，按 a 项操作。

c. 淀粉含量较高的食品：精密称取 10~20g 样品，置于 250mL 容量瓶中，加入 200mL 水，于 45℃ 水浴中加热 1h，并不断振摇，取出冷却后，加水至刻度，混匀静置。吸取 20mL 上清液于另一个 250mL 容量瓶中，以下自"加 10mL 碱性酒石酸铜甲液"起，按 a 项操作。

d. 汽水等含二氧化碳的饮料：吸取样品 100mL 于蒸发皿中，在水浴上蒸发除去二氧化碳后，转移入 250mL 容量瓶中，加水至刻度，混匀备用。

②测定。

准确吸取经处理后的样液 50mL 于 400mL 烧杯中，加入碱性酒石酸铜甲液、乙液各 25mL，盖上蒸发皿，置于电炉上加热，使之在 4min 内沸腾，再准确煮沸 2min，趁热用 G4 垂熔坩埚或用铺好石棉的古式坩埚抽滤，并用 60℃ 的热水洗涤烧杯及沉淀，至洗液不显碱性为止。将垂熔坩埚或古式坩埚放回 400mL 烧杯中，加硫酸铁溶液 25mL 和水25mL，用玻璃棒搅拌，使氧化亚铜全部溶解，用 0.02mol/L 高锰酸钾标准溶液滴定至微红色为终点。记录高锰酸钾标准溶液的消耗量。

另取水 50mL 代替样液，按上述方法做空白试验。记录空白试验消耗高锰酸钾标准溶液的量。

（5）结果计算。

①根据滴定时所消耗的高锰酸钾标准溶液的量，按式（3-24）计算相当于样品中还原糖的氧化亚铜的量：

$$w_1 = (V - V_0) \times c \times \frac{2}{5} \times 143.08 \qquad (3-24)$$

式中：

w_1——氧化亚铜的质量分数，%；

V——测定样液所消耗高锰酸钾标准溶液的体积，mL；

V_0——试剂空白所消耗高锰酸钾标准溶液的体积，mL；

c——高锰酸钾标准溶液的浓度，mol/L；

143.08——氧化亚铜的摩尔质量，g/mol。

②根据上式计算所得氧化亚铜量查表得出相当于还原糖的量，再按式（3-25）计算样品中还原糖的含量：

$$w_2 = \frac{m_1}{m \times \dfrac{V_2}{V_1} \times 1000} \times 100\% \qquad (3-25)$$

式中：

w_2——还原糖的质量分数，%；

m_1——由氧化亚铜的量查表得出的还原糖的质量，mg；

m——样品的质量，g；

V_1——样品处理液总体积，mL；

V_2——测定用样品处理液的体积，mL。

3. 葡萄糖氧化酶—比色法

（1）原理。

葡萄糖氧化酶（GOD）在有氧条件下，催化-D-葡萄糖（葡萄糖水溶液状态）氧化，生成 D-葡萄糖酸-内酯和过氧化氢。受过氧化物酶（POD）催化，过氧化氢与 4-氨基安替吡啶和苯酚生成红色醌亚胺。在波长 505nm 处测定醌亚胺的吸亮度，可计算出食品中葡萄糖的含量。

（2）仪器。

①恒温水浴锅。②可见分光亮度计。

（3）试剂。

①组合试剂盒：1 号瓶，内含 0.2mol/L 磷酸盐缓冲溶液（pH＝7）100mL，其中 4-氨基安替吡啶为 0.00154mol/L；2 号瓶，内含 0.022mol/L 苯酚溶液 100mL；3 号瓶，内含葡萄糖氧化酶 400U（活力单位）、过氧化酶 1000U（活力单位）。1~3 号瓶须在 4 ℃左右

保存。

②酶试剂溶液：将 1 号瓶和 2 号瓶的物质充分混合均匀，再将 3 号瓶的物质溶解其中，轻轻摇动（勿剧烈摇动），使葡糖糖氧化酶和过氧化物酶完全溶解。此溶液须在 4℃左右保存，有效期为 1 个月。

③0.085mol/L 亚铁氧化钾溶液：称取 3.7g 亚铁氰化钾［K4Fe（CN）$_6$·3h$_2$O］，溶于 100mL 重蒸馏水中，摇匀。

④0.25mol/L 硫酸锌溶液：称取 7.7g 硫酸锌（ZnsO$_4$·7h$_2$O），溶入 100mL 重蒸馏水中，摇匀。

⑤0.1mol/L 氢氧化钠溶液：称取 4g 氢氧化钠，溶于 1000mL 重蒸馏水中，摇匀。

⑥葡萄糖标准溶液：称取经（100±2)℃烘烤 2 h 的葡萄糖 1.0000g，溶于重蒸馏水中，定容至 100mL，摇匀。将此溶液用重蒸馏水稀释，即为 20g/mL 葡萄糖标准溶液。

（4）操作步骤。

①试液的制备。

a. 不含蛋白质的试样：用 100mL 烧杯称取试样 1~10g（精确至 0.001g），加少量重蒸馏水，转移到 250mL 容量瓶中，稀释至刻度。摇匀后用快速滤纸过滤。弃去最初滤液 30mL 即为试液（试液中葡萄糖含量大于 300g/mL 时，应适当增加定容体积）。

b. 含蛋白质的试样：用 100mL 烧杯称取试样 1~10g（精确至 0.001g），加少量重蒸馏水，转移到 250mL 容量瓶中，加入 0.085mol/L 亚铁氰化钾溶液 5mL，0.25mol/L 硫酸锌溶液 5mL 和 0.1mol/L 氢氧化钠溶液 10mL，用重蒸馏水定容至刻度。摇匀后用快速滤纸过滤。弃去最初滤液 30mL，即为试液（试液中葡萄糖含量大于 300g/mL 时，应适当增加定容体积）。

c. 标准曲线的绘制：用微量移液管取 0.00mL、0.20mL、0.40mL、0.60mL、0.80mL、1.00mg 葡萄糖标准溶液，分别置于 10mL 比色管中，各加入 3mL 酶试剂溶液，摇匀，在（36±1)℃的水浴锅中恒温保存 40min。冷却至室温，用重蒸馏水定容至 10mL 摇匀。用 1cm 比色皿，以葡萄糖标准溶液含量为 0.00 的试剂溶液调整分光亮度计的零点，在波长 505nm 处，测定各比色管中溶液的吸亮度。

以葡糖糖含量为纵坐标、吸亮度为横坐标绘制标准曲线。

②试液吸亮度的测定。用微量移液管吸取 0.50~5.00mL 试液（依试管中葡萄糖的含量而定），置于 10mL 比色管中。加入 3mL 酶试剂溶液，摇匀，在（36±1)℃的水浴锅中恒温 40min。冷却至室温，用重蒸馏水定容至 10mL，摇匀。用 1cm 比色皿，以等量试液调整分光亮度计的零点，在波长 505nm 处，测定比色管中溶液的吸亮度。

测出试液吸亮度后，在标准曲线上查出对应的葡萄糖含量。

（5）结果计算见式（3-26）。

$$葡萄糖含量 = \frac{c}{m \times \dfrac{V_2}{V_1}} \times \frac{1}{1000 \times 10000} \times 100\% \qquad (3-26)$$

式中：

c——标准曲线上查出的试液中葡萄糖的含量，mg；

m——试样的质量，g；

V_2——试液的定容体积，mL；

V_1——测定时吸取试液的体积，mL。

（二）蔗糖的测定

在食品生产加工中，为判断原料的成熟度，鉴别白糖、蜂蜜等食品原料的品质，以及控制糖果、果脯、加糖乳制品等产品的质量指标，常常需要测定蔗糖的含量。蔗糖是非还原性双糖，不能用测定还原糖的方法直接进行测定，但蔗糖经酸水解后可生成具有还原性的葡萄糖和果糖，再按测定还原糖的方法进行测定。对于纯度较高的蔗糖溶液，可用相对密度、折射率、比旋亮度等物理检验法进行测定。下面以盐酸水解法为例进行说明。

1. 原理

样品脱脂后，用水或乙醇提取，提取液经澄清处理以除去蛋白质等杂质后，再用盐酸水解，使蔗糖转化为还原糖。然后按还原糖测定方法，分别测定水解前后样液中还原糖的含量，两者差值即为由蔗糖水解产生的还原糖量，乘以一个换算系数 0.95 即为蔗糖的含量。

2. 仪器和试剂

（1）仪器：同还原糖的测定。

（2）试剂：①1g/L 甲基红指示剂：称取 0.1g 甲基红，用体积分数为 60% 的乙醇溶解并定容 100mL；②6mol/L 盐酸溶液；③200g/L 氢氧化钠溶液。其他试剂同还原糖的测定。

3. 测定方法

取一定量的样品，按还原糖测定法中的方法进行处理。吸取经处理后的样品 2 份各50mL，分别放入 100mL 容量瓶中，一份加入 5mL，6mol/L 盐酸溶液，置于 68℃～70℃ 水浴中加热 15min，取出迅速冷却至室温，加 2 滴甲基红指示剂，用 200g/L 氢氧化钠溶液中和至中性，加水至刻度，混匀；另一份直接用水稀释到 100mL。然后按直接滴定法或高锰酸钾滴定法测定还原糖的含量。

4. 结果计算

（1）直接滴定法见式（3-27）。

$$w = \frac{\dfrac{100}{V_2} - \dfrac{100}{V_1} \times F}{m \times \dfrac{50}{250} \times 1000} \times 100\% \times 0.95 \qquad (3-27)$$

式中：

w ——蔗糖的质量分数，%；

m ——样品的质量，g；

V_1 ——测定时消耗未经水解的样品稀释液的体积，mL；

V_2 ——测定时消耗经过水解的样品稀释液的体积，mL；

F ——10mL 碱性酒石酸铜溶液相当于转化糖的质量，mg；

250——样液的总体积，mL；

0.95——转化糖换算为蔗糖的系数。

（2）高锰酸钾滴定法见式（3-28）。

$$w = \frac{m_2 - m_1 \times 0.95}{m \times \dfrac{50}{V_1} \times \dfrac{V_2}{100} \times 1000} \times 100\% \qquad (3-28)$$

式中：

w ——蔗糖的质量分数，%；

m_1 ——未经水解的样液中还原糖的质量，mg；

m_2 ——经水解后样液中还原糖的质量，mg；

V_1 ——样品处理液的总体积，mL；

V_2 ——测定还原糖用样品处理液的体积，mL；

m ——样品的质量，g；

0.95——还原糖还原成蔗糖的系数。

（三）淀粉的测定——酸水解法

1. 原理

样品经乙醚处理除去脂肪，经乙醇处理除去可溶性糖类后，用酸将淀粉水解为葡萄糖，按还原糖测定方法测定还原糖含量，再折算为淀粉含量。

2. 适用范围

酸水解法适用于淀粉含量较高，而其他能被水解为还原糖的多糖含量较少的样品。淀粉含量较低而半纤维素、多缩戊糖和果胶含量较高的样品不适宜用该法。

3. 仪器和试剂

（1）仪器：沸水浴回流装置。

（2）试剂：①乙醚；②85%乙醇溶液；③6mol/L 盐酸溶液；④400g/L 氢氧化钠溶液；⑤100g/L 氢氧化钠溶液；⑥0.2%甲基红乙醇指示剂；⑦200g/L 中性乙酸铅溶液；⑧100g/L 硫酸钠溶液。其他试剂同还原糖的测定。

4. 测定方法

（1）样品处理。

①粮食、豆类、糕点、饼干、代乳品等较干燥易磨细的样品：称取 2～5g（含淀粉 0.5g 左右）磨细、过 40 目筛的试样，置于铺有慢速滤纸的漏斗中，用 30mL 乙醚分 3 次洗去样品中的脂肪，再用 150mL85%乙醇分次洗涤残渣，以除去可溶性糖类。以 100mL 水把漏斗中的残渣全部转移入 250mL 锥形瓶中。

②蔬菜、水果及各种粮豆含水熟食制品：按 1:1 加水在组织捣碎机中捣成匀浆（蔬菜、水果需先洗净、晾干，取可食部分）。称取 5g～10g 匀浆于 250mL 锥形瓶中，加 30mL 乙醚振摇提取脂肪，用滤纸过滤除去乙醚，再用 30mL 乙醚淋洗 2 次，弃去乙醚；之后用 150mL 85%乙醇分次洗涤残渣。以 100mL 水把漏斗中的残渣全部转移入 250mL 锥形瓶中。

（2）水解。

将上述 250mL 锥形瓶中加入 30mL，6mol/L 盐酸溶液，装上冷凝管，于沸水浴中回流 2h。回流完毕，立即置于流动水中冷却，冷却后加入 2 滴甲基红，先用 400g/L 氢氧化钠调至黄色，再用 6mol/L 盐酸溶液调到刚好变为红色。再用 100g/L 氢氧化钠调到红色刚好褪去。若水解液颜色较深，可用精密 pH 试纸测试，使样品水解液的 pH 酸碱度约为 7。之后加入 20mL20%的乙酸铅，摇匀后放置 10min，再加 20mL 10%硫酸钠溶液。摇匀后用水转移至 500mL 容量瓶中，加水定容。过滤、弃去初滤液，收集滤液备用。

（3）测定按还原糖测定法进行测定，并同时做试剂空白试验。

5. 结果计算

$$w = \frac{(m_1 - m_0) \times 0.9}{m \times \frac{V}{500} \times 1000} \times 100\% \tag{3-29}$$

式中：

w ——淀粉的质量分数，%；

m ——试样的质量，g；

m_1 ——样品水解液中还原糖的质量，mg；

m_0 ——试剂空白中还原糖的质量，mg；

V ——测定用样品水解液的体积，mL；

0.9——还原糖折算为淀粉的系数。

第四章 食品中添加剂的安全检测技术

第一节 食品中防腐剂的检测

一、苯甲酸和山梨酸的检测

(一) 气相色谱法

1. 原理

样品用盐酸 (1:1) 酸化, 使山梨酸和苯甲酸游离出来, 再用乙醚提取, 气相色谱-氢火焰离子化检测器检测。

2. 仪器与试剂

气相色谱仪 (具有氢火焰离子化检测器)。

(1) 乙醚 (不含过氧化物)、石油醚 (沸程30℃~60℃)、无水硫酸钠。

(2) 盐酸 (1:1): 取100mL盐酸, 加水稀释至200mL。

(3) 氯化钠酸性溶液 (40g/L): 在40g/L氯化钠溶液中加少量盐酸 (1:1) 酸化。

(4) 山梨酸标准储备液 (2mg/mL): 准确称取山梨酸0.2000g, 置于100mL容量瓶中, 用石油醚-乙醚 (3:1) 混合溶剂溶解, 并稀释至刻度。

(5) 苯甲酸标准储备液 (2mg/mL): 准确称取苯甲酸0.2000g, 置于100mL容量瓶中, 用石油醚-乙醚 (3:1) 混合溶剂溶解, 并稀释至刻度。

(6) 山梨酸、苯甲酸标准使用液: 吸取适量的山梨酸、苯甲酸标准溶液, 以石油醚-乙醚 (3:1) 混合溶剂稀释, 浓度分别为50.00mg/mL、100.00mg/mL、150.00mg/mL、200.00mg/mL、250.00mg/mL的山梨酸或苯甲酸。

3. 操作方法

(1) 样品处理。称取2.50g混合均匀的样品, 置于25mL具塞量筒中, 加0.5mL盐酸

（1:1）酸化，用 10mL 乙醚提取 2 次，每次振摇 1min，将上层乙醚提取液转入另一个 25mL 带塞量筒中。合并乙醚提取液。用 3mL 氯化钠酸性溶液洗涤 2 次，静止 15min，用滴管将乙醚层通过无水硫酸钠滤入 25mL 容量瓶中。加乙醚至刻度，混匀。准确吸取 5mL 乙醚提取液于 5mL 具塞刻度试管中，置 40℃ 水浴上挥干，加入 2mL 石油醚-乙醚（3:1）混合溶剂溶解残渣，备用。

（2）色谱参考条件。

色谱柱：HP-INNOWAX，30m×0.32mm×0.25 μm。

进样口温度：250℃，检测器温度：250℃。

升温程序：80℃ 保持 1min，以 30℃/min 升温到 180℃ 保持 1min，再以 20℃ 升温至 220℃，保持 10min。

进样量：2μL，分流比 4:1。

（3）样品测定。分别进 2μL 标准系列中各浓度标准使用液于气相色谱仪中，以浓度为横坐标，相应的峰面积（或峰高）为纵坐标，绘制山梨酸、苯甲酸的标准曲线。同时进样 2 样品溶液。测得峰面积（或峰高）与标准曲线比较定量。

4. 结果计算

$$\omega = \frac{c \times V \times 1000}{m \times \frac{5}{25} \times 1000}$$ (3-30)

式中：ω 为样品中山梨酸或苯甲酸的含量，mg/kg；c 为测定用样品液中山梨酸或苯甲酸的浓度，wg/mL；V 为加入石油醚-乙醚（3:1）混合溶剂的体积，mL；m 为样品的质量，g；5 为测定时吸取乙醚提取液的体积，mL；25 为样品乙醚提取液的总体积，mL。

5. 说明及注意事项

（1）样品提取液应用无水硫酸钠充分脱除水分，如果挥干后仍有残留水分，必须将水分挥干，否则会使结果偏低。

（2）乙醚提取液挥干后如有氯化钠析出，应将氯化钠搅松后再加入石油醚-乙醚混合液，否则氯化钠覆盖部分苯甲酸，会使结果偏低。

（3）本方法采用酸性石油醚振荡提取，用氯化钠溶液洗涤去除杂质。注意振荡不宜太剧烈，以免产生乳化现象。

（4）苯甲酸具有一定的挥发性，浓缩时，水浴温度不宜超过 40℃，否则结果偏低。

（5）本方法适用于酱油、果汁、果酱等样品的分析。

（二）高效液相色谱法

1. 原理

样品提取后，将提取液过滤后进入反相高效液相色谱中分离、测定，根据保留时间定性，峰面积进行定量。

2. 仪器与试剂

高效液相色谱仪（配紫外检测器）。

方法中所用试剂，除另有规定外，均为分析纯试剂，水为蒸馏水或同等纯度水。

（1）甲醇（色谱纯）、正己烷（分析纯）。

（2）氨水（1:1）：氨水与水等体积混合。

（3）亚铁氰化钾溶液：称取106g三水合亚铁氰化钾，加水溶解后定容至1000mL。

（4）乙酸锌：称取220g二水合乙酸锌溶于少量水中，加入30mL冰乙酸，加水稀释至1000mL。

（5）乙酸铵溶液（0.02mol/L）：称取1.54g乙酸铵，加水至1000mL，溶解，经滤膜（0.45μm）过滤。

（6）pH 4.4乙酸盐缓冲溶液：

a. 乙酸钠溶液：称取6.80g三水合乙酸钠，用水溶解后定容至1000mL。

b. 乙酸溶液：量取4.3mL冰乙酸，用水稀释至1000mL。

将a和b按体积比37:63混合，即为pH 4.4乙酸盐缓冲液。

（7）pH 7.2磷酸盐缓冲液：

a. 磷酸氢二钠溶液：称取23.88g十二水合磷酸氢二钠，用水溶解后定容至1000mL。

b. 磷酸二氢钾溶液：称取9.07g磷酸二氢钾，用水溶解后定容至1000mL。

将a和b按体积比7:3混合，即为pH 7.2磷酸盐缓冲液。

（8）苯甲酸标准储备溶液（1mg/mL）：准确称取0.2360g苯甲酸钠，加水溶解并定容至200mL。

（9）山梨酸标准储备溶液（1mg/mL）：准确称取0.1702g山梨酸钾，加水溶解并定容至200mL。

（10）苯甲酸、山梨酸标准混合使用溶液：准确量取不同体积的苯甲酸、山梨酸标准储备溶液，将其稀释为苯甲酸和山梨酸的含量分别为0.00mg/mL、20.0mg/mL、40.0μg/mL、80.0μg/mL、100.0μg/mL、200.0μg/mL混合标准使用液。

3. 操作方法

（1）样品处理。

①液体样品。

碳酸饮料、果汁、果酒、葡萄酒等液体样品。称取 10g（精确至 0.001g）样品，放入小烧杯中，含乙醇或二氧化碳的样品需在水浴中加热除去二氧化碳或乙醇，用氨水调 pH 近中性，转移至 25mL 容量瓶中，定容，混匀，过 0.45 μm 滤膜，待上机分析。

乳饮料、植物蛋白饮料等含蛋白质较多的样品。称取 10g（精确至 0.001g）样品于 25mL 容量瓶中，加入 2mL 亚铁氰化钾溶液，摇匀，再加入 2mL 乙酸锌溶液，摇匀，沉淀蛋白质，加水定容至刻度，4000 r/min 离心 10min，取上清液，过 0.45 μm 滤膜，待上机分析。

②半固态样品。

含有胶基的果冻样品。称取 0.5~1g 样品（精确至 0.001g），加少量水，转移到 25mL 容量瓶中，在加水至约 20mL，在 60℃~70℃ 水浴中加热片刻，加塞，剧烈振荡使其分散均匀，用氨水调 pH 近中性，置于 60℃~70℃ 水浴中加热 30min，取出后趁热超声 5min，冷却后用水定容至刻度，过 0.45 μm 滤膜，待上机分析。

油脂、奶油类样品。称取 2~3g（精确至 0.001g）于 50mL 离心管中，加入 10mL 正己烷，涡旋混合，使样品充分溶解，4 000 r/min 离心 3min，吸取正己烷转移至 250mL 分液漏斗中，在向离心管中加入 10mL 重复提取一次，合并正己烷提取液于 250mL 分液漏斗中。在分液漏斗中加入 20mL pH 4.4 乙酸盐缓冲溶液，加塞后剧烈振荡分液漏斗约30s，静置，分层后，将水层转移至 50mL 容量瓶中，20mL pH 4.4 乙酸盐缓冲溶液重复提取一次，合并水层于容量瓶中用乙酸盐缓冲液定容至刻度，过 0.45 μm 滤膜，待上机分析。

③固体样品。

饼干、糕点、肉制品等。称取 2~3g（精确至 0.001g）于小烧杯中，用约 20mL 水分数次冲洗样品，将样品转移至 25mL 容量瓶中，超声提取 5min，取出后加入 2mL 亚铁氰化钾溶液，摇匀，再加入 2mL 乙酸锌溶液，摇匀，用水定容至刻度。提取液转入离心管中，4 000 r/min 离心 10min，取上清液过 0.45 μm 滤膜，待上机分析。

油脂含量高的火锅底料、调料等样品。称取 2~3g（精确至 0.001g）于 50mL 离心管中，加入 10mL 磷酸盐缓冲液，用涡旋混合器充分混合，然后于 4000 r/min 离心5min，吸取水层转移至 25mL 容量瓶中，再加入 10mL 磷酸盐缓冲液于离心管中，重复提取，合并两次水层提取液，用磷酸缓冲液定容至刻度，混匀，过 0.45μm 滤膜，待上机分析。

（2）色谱参考条件。

色谱柱：C_{18}柱，4.6mm×250mm，5μm，或性能相当色谱柱。

流动相：甲醇+0.02mol/L乙酸铵溶液（5:95）。

流速：1mL/min。

进样量：10μL。

检测器：紫外检测器，波长230nm。

4. 结果计算

$$\omega = \frac{c \times V \times 1000}{m \times 1000 \times 1000} \tag{3-31}$$

式中：ω为样品中苯甲酸或山梨酸的含量，g/kg；c为从标准曲线得出的样品中待测物的浓度，μg/mL；V为样品定容体积，mL；花为样品质量，g。

5. 说明及注意事项

①对于固态食品，苯甲酸的最低检出限为 1.8mg/kg，山梨酸的最低检出限为 1~2mg/kg。

②本方法可以同时检测糖精钠。

③山梨酸的最佳检测波长为254nm，苯甲酸和糖精钠的最佳检测波长为230nm，为了保证同时检测的灵敏度，方法选择检测波长为230nm。

④样品中如含有二氧化碳、乙醇等应先加热除去。

⑤含脂肪和蛋白质的样品应先除去脂肪和蛋白质，以防污染色谱柱，堵塞流路系统。

⑥可根据具体情况适当调整流动相中甲醇的比例，一般在4%~6%。

二、脱氢乙酸的检测

（一）气相色谱法

1. 原理

试样酸化后，脱氢乙酸用乙醚提取、浓缩，用附氢火焰离子化检测器的气相色谱仪进行分离测定，外标法定量。

2. 仪器与试剂

气相色谱仪（带氢火焰离子化检测器）。

（1）乙醚、丙酮、无水硫酸钠、饱和氯化钠溶液、1%碳酸氢钠溶液、10%硫酸（体积分数）。

（2）脱氢乙酸标准储备液（10mg/mL）：准确称取脱氢乙酸标准品100mg，置10mL容量瓶中，用丙酮溶解、定容。

（3）脱氢乙酸标准工作液：取脱氢乙酸标准储备液，用丙酮分别稀释至浓度为100.00mg/mL、200.00mg/mL、300.00mg/mL、400.00mg/mL、500.00mg/mL、800.00mg/mL的脱氢乙酸标准工作液。

3．操作方法

（1）样品处理。

①果汁。称取20g混合均匀的样品于250mL分液漏斗中，加入1mL 10%硫酸酸化，然后加入10mL饱和氯化钠溶液，摇匀，分别用50mL、30mL、30mL乙醚提取3次，每次2min，放置，将上层乙醚层吸入另一分液漏斗中，合并乙醚提取液，以10mL饱和氯化钠溶液洗涤一次，弃去水层。用滤纸除去漏斗颈部的水分，塞上脱脂棉，加无水硫酸钠10g，将提取液通过无水硫酸钠过滤至浓缩瓶中，在50℃水浴浓缩器上浓缩近干，吹氮气除去残留溶剂。用丙酮定容后供气相色谱测定。

②腐乳、酱菜。称取5g混合均匀的样品于100mL具塞试管中，加入1mL。10%硫酸酸化，10mL饱和氯化钠溶液，摇匀，用50mL、30mL、30mL乙醚提取3次，用吸管转移乙醚至250mL分液漏斗中，用10mL饱和氯化钠溶液洗涤一次，弃去水层，用50mL碳酸氢钠溶液提取2次，每次2min，水层转移至另一分液漏斗中，用硫酸调节为酸性，加氯化钠至饱和，用50mL、30mL、30mL乙醚提取3次，合并乙醚层于250mL分液漏斗中。用滤纸除去漏斗颈部的水分，塞上脱脂棉，加无水硫酸钠10g，将滤液过滤至浓缩器瓶中，在浓缩器上浓缩近干，吹氮气除去残留溶剂。用丙酮定容后供气相色谱测定。

（2）色谱参考条件。

色谱柱：毛细管柱为HP-5（30m×250 μm×0.25 μm）。

柱温：170r，进样口温度：230℃，检测器温度：250℃。

升温程序：初始温度为120℃，以10℃/min至170℃。

氢气流速：50mL/min，空气流速：500mL/min，氮气流速：1.5mL/min。

（3）样品测定。分别进2μL标准系列中各浓度标准使用液于气相色谱仪中，以浓度为横坐标，相应的峰面积（或峰高）为纵坐标，绘制标准曲线。同时进样2μL样品溶液。测得峰面积（或峰高）与标准曲线比较定量。

4．结果计算

$$\omega = \frac{c \times V \times 1000}{m \times 1000 \times 1000}\qquad(3-32)$$

式中：ω 为样品中脱氢乙酸的含量，g/kg；c 为由标准曲线查得样品中脱氢乙酸的含量，mg/mL；V 为样品液中丙酮体积，mL；m 为样品质量，g。

5．说明及注意事项

（1）本方法适合于果汁、腐乳、酱菜中脱氢乙酸的测定。

（2）本方法的检出限，果汁为 2.0mg/kg；腐乳、酱菜为 8.0mg/kg。

（3）本方法的实验条件也适用于脱氢乙酸、山梨酸、苯甲酸的同时测定。

（4）用乙醚提取时不要剧烈振荡以防止乳化。

（二）液相色谱法

1．原理

用氢氧化钠溶液提取试样中的脱氢乙酸，脱脂、除蛋白质后，用高效液相色谱紫外检测器测定，外标法定量。

2．仪器与试剂

高效液相色谱仪。

（1）甲醇、乙酸铵（优级纯）。

（2）正己烷、氯化钠（分析纯）。

（3）10%甲酸：量取 10mL 甲酸，加水 90mL，混匀。

（4）0.02mol/L 乙酸铵溶液：称取 1.54g 乙酸铵，用水溶解并定容至 1 L。

（5）20g/L 氢氧化钠：称取 20g 氢氧化钠，用水溶解，并定容至 1 L。

（6）120g/L 硫酸锌：称取 120g 七水硫酸锌，用水溶解并定容至 1 L；70%甲醇：量取 70mL 甲醇，加水 30mL，混匀。

（7）脱氢乙酸标准储备液（1mg/mL）：准确称取脱氢乙酸标准品 100mg，用 10mL 20g/L 的氢氧化钠溶液溶解，用水定容至 100mL。

（8）脱氢乙酸标准工作液：分别吸取 0.1mL、1.0mL、5.0mL、10mL、20mL 的脱氢乙酸储备液，用水稀释至 100mL，配成浓度分别为 1.0mg/mL、10.0mg/mL、50.0mg/mL、100.0mg/mL、200.0mg/mL 的脱氢乙酸标准工作液。

3．操作方法

（1）样品处理。

①果汁等液体样品。准确称取 2~5g 混匀样品，置于 25mL。容量瓶中，加入约 10mL 水，用 20g/L 氢氧化钠溶调 pH 至 7~8，加水稀释至刻度，摇匀，置于离心管中 4000 r/min

离心 10min。取 20mL 上清液用 10%甲酸调 pH 至 4~6，定容至 25mL，待净化。固相萃取柱使用前用 5mL 甲醇，10mL 水活化，取 5mL 样品提取液加入已活化的固相萃取柱，用 5mL 水淋洗，用 2mL 70%甲醇洗脱，收集洗脱液，过 0.45μm 滤膜，供高效液相色谱分析。

②酱菜、发酵豆制品。准确称取 2~5g 混合均匀的样品，置于 25mL 容量瓶中，加入约 10mL 水、5mL 硫酸锌，用氢氧化钠溶调 pH 至 7~8，加水稀释至刻度，超声提取 10min，取 10mL 于离心管中，4000 r/min 离心 10min。取上清液过 0.45 μm 滤膜。

③黄油、面包、糕点、焙烤食品馅料、复合调味料。准确称取混合均匀的样品 2~5g，置于 50mL 容量瓶中，加入约 10mL 水、5mL 硫酸锌，用氢氧化钠溶液调 pH 至 7~8，加水定容至刻度，超声提取 10min，转移到分液漏斗中，加入 10mL 正己烷，振摇 1min，静置分层，弃去正己烷层，再加入 10mL 正己烷重复提取一次，取下层水相置于离心管中，4000 r/min 离心 10min。取上清液过 0.45μm 滤膜，供高效液相色谱分析。

（2）色谱参考条件。

色谱柱：C18 柱，5μm，250mm×4.6mm。

流动相：甲醇+0.02mol/L 乙酸铵（10:90，体积比）。

流速：1.0mL/min。

柱温：30℃。

进样量：10μL。

检测波长：293nm。

4. 结果计算

$$\omega = \frac{(c - c_0) \times V \times f \times 1000}{m \times 1000 \times 1000}$$ (3-33)

式中：ω 为样品中脱氢乙酸的含量，g/kg；c 为由标准曲线查得样品中脱氢乙酸的含量，μg/mL；c_0 为由标准曲线查得空白样品中脱氢乙酸的含量，μg/mL；V 为样品溶液总体积，mL；f 为过萃取柱换算系数；m 为样品质量，g。

5. 说明及注意事项

（1）该方法适用于黄油、酱菜、发酵豆制品、面包、糕点、焙烤食品馅料、复合调味汁、果蔬汁中脱氧乙酸的测定。

（2）1mg/mL 的标准储备液，4℃保存，可使用 3 个月；标准曲线工作液，4℃保存，可使用 1 个月。

（3）如液相色谱分离效果不理想，取 10~20mL 上清液，用 10%乙酸调整 pH 至 4~6 后，定容到 25mL，取 5mL 过固相萃取柱净化，收集洗脱液，过 0.45 μtm 滤膜，再进行分析。

（4）本法在为 5~1000mg/kg 范围回收率在 80%~110%，相当标准偏差小于 10%。

三、羟基苯甲酸酯的检测

（一）气相色谱法

1. 原理

样品酸化后，对羟基苯甲酸酯类用乙醚提取、浓缩后，用氢火焰离子化检测器的气相色谱仪进行测定，外标法定量。

2. 仪器与试剂

气相色谱仪（带氢火焰离子化检测器）。

（1）乙醚、无水乙醇、无水硫酸钠、饱和氯化钠溶液、1%碳酸氢钠溶液。

（2）盐酸（1:1）：量取 50mL 盐酸，用水稀释至 100mL。

（3）对羟基苯甲酸乙酯、丙酯标准溶液（1mg/mL）：准确称取对羟基苯甲酸乙酯、丙酯各 0.050g，溶于 50mL 容量瓶中，用无水乙醇稀释至刻度。

（4）对羟基苯甲酸乙酯、丙酯使用溶液：取适量的对羟基苯甲酸乙酯、丙酯标准溶液用无水乙醇分别稀释为浓度分别为 50μg/mL、100μg/mL、200μg/mL、400μg/mL、600μg/mL、800μg/mL 的对羟基苯甲酸乙酯、丙酯。

3. 操作方法

（1）样品处理。

①酱油、醋、果汁。吸取 5g 混合均匀的样品于 125mL 分液漏斗中，加入 1mL 盐酸（1:1）酸化，10mL 饱和氯化钠溶液，摇匀，用 75mL 乙醚提取，静置分层，用吸管将上层乙醚转移至 250mL 分液漏斗中。水层再用 50mL 乙醚提取 2 次，合并乙醚层于分液漏斗中，用 10mL 饱和氯化钠溶液洗涤一次，再分别用 1%碳酸氢钠溶液洗涤 3 次，每次 10mL，弃去水层。用滤纸吸去漏斗颈部水分，塞上脱脂棉，加 10g 无水硫酸钠，将乙醚层通过无水硫酸钠转移至 KD 浓缩器上浓缩近干，用氮气除去残留溶剂。用无水乙醇定容至 2mL，供气相色谱用。

②果酱。称取 5g 混合均匀的样品于 100mL 具塞试管中，加入 1mL 盐酸（1:1）酸化，10mL 饱和氯化钠溶液，摇匀，分别用 7mL 乙醚提取 3 次，用吸管转移乙醚至 250mL 分液漏斗中，以下按上法操作。

（2）色谱参考条件。

色谱柱：玻璃柱，内径 3mm，长 2.6m 内涂 3%SE-30 固定液的 60~80 目 Chromosorb WAW DMCS。

柱温：170℃，进样口温度：220℃，检测器温度：220℃。

氢气流速：50mL/min，氮气流速：40mL/min，空气流速：500mL/min。进样量：1 μ。

（3）样品测定。分别进 1μL 标准系列中各浓度标准使用液于气相色谱仪中，以浓度为横坐标，相应的峰面积（或峰高）为纵坐标，绘制标准曲线。同时进样 1μL 样品溶液。测得峰面积（或峰高）与标准曲线比较定量。

4. 结果计算

$$\omega = \frac{c \times V \times 1000}{m \times 1000 \times 1000} \quad (3\text{-}24)$$

式中：ω 为样品中对羟基苯甲酸酯类含量，g/kg；c 为测定样品中对羟基苯甲酸酯类浓度，μg/mL；V 为样品定容体积，mL；m 为样品质量，g。

（二）高效液相色谱法

1. 原理

试样用甲醇超声波提取，利用高效液相色谱分离，二极管阵列检测器检测。

2. 仪器与试剂

高效液相色谱仪（附二极管阵列检测器）。

（1）甲醇（色谱纯）、乙酸铵。

（2）200 μg/mL 标准储备液：准确称取对羟基苯甲酸甲酯、乙酯、丙酯、丁酯各 0.020g，溶于 100mL 容量瓶中，用甲醇定容。

（3）标准工作溶液：将混合标准溶液用甲醇依次稀释成 1.0μg/mL、10.0μg/mL、25.0μg/mL、50.0μg/mL、100.0μg/mL 的系列标准溶液。

3. 操作方法

（1）样品处理。准确称取 5g（精确至 0.01g）试样于 25mL 比色管中，加入 15mL 甲醇，混匀，涡旋混合 2min，超声波提取 10min，冷却至室温后用甲醇定容至 25mL，摇匀。静置分层，取上清液过 0.45μm 微孔滤膜，备用。

（2）色谱参考条件。

色谱柱：C_{18} 柱，4.6mm×250mm，5μm，或性能相当色谱柱。

流动相：甲醇+0.02mol/L 乙酸铵溶液（60:40）。

流速：1mL/min。

进样量：10μL。

柱温：35℃。

检测器：紫外检测器，波长 256nm。

（3）样品测定。将标准工作溶液按照浓度由低到高的顺序进样测定，以各组分峰面积对其浓度绘制标准曲线。试样溶液进样后，以各组分在 256nm 波长下色谱图中的保留时间定性，标准曲线定量。

4. 结果计算

$$\omega = \frac{c \times V \times 1000}{m \times 1000 \times 1000} \tag{3-35}$$

式中：ω 为样品中各组分的含量，g/kg；c 为从标准曲线得出的样品中待测样中某组分的浓度 μg/mL；V 为样品定容体积，mL；m 为样品质量，g。

第二节　食品中抗氧化剂的检测

一、丁基羟基茴香醚和二丁基羟基甲苯检测

（一）气相色谱法

1. 原理

试样中的丁基羟基茴香醚（BHA）和二丁基羟基甲苯（BHT）用有机溶剂提取，凝胶渗透色谱净化，用气相色谱氢火焰离子化检测器检测，采用保留时间定性，外标法定量。

2. 仪器与试剂

气相色谱仪：配氢火焰离子化检测器；凝胶渗透色谱净化系统。

①环己烷、乙酸乙酯、丙酮、乙腈（色谱纯）。

②石油醚：沸程 30~60℃（重蒸）。

③BHA 和 BHT 混合标准储备液（1mg/mL）：准确称取 BHA、BHT 标准品各 100mg 用乙酸乙酯-环己烷（1:1）溶解，并定容至 100mL，4℃冰箱中保存。

④BHA 和 BHT 标准工作液：分别吸取标准储备液 0.1mL、0.5mL、1.0mL、2.0mL、3.0mL、4.0mL、5.0mL 于 10mL 容量瓶中，用乙酸乙酯-环己烷（1:1）定容，配成浓度分别为 0.01mg/ML、0.05mg/ML、0.10mg/ML、0.20mg/ML、0.30mg/ML、0.40mg/ML、0.50mg/mL 标准序列。

3. 操作方法

（1）样品提取。油脂含量在 15% 以上的样品（如桃酥）：称取 50~100g 混合均匀的样品，置于 250mL 具塞三角瓶中，加入适量石油醚，使样品完全浸泡，放置过夜，用滤纸过滤，回收溶剂，得到的油脂过 0.45 fim 滤膜。

油脂含量在 15% 以下的样品（蛋糕、江米条等）：称取 1~2g 粉碎均匀的样品，加入 10mL 乙腈，涡旋混合 2min，过滤，重复提取 2 次，收集提取液旋转蒸发近干，用乙腈定容至 2mL，待气相色谱分析。

（2）样品净化。准确称取提取的油脂样品 0.5g（精确至 0.1mg），用乙酸乙酯-正己烷（1:1）定容至 10mL，涡旋 2min，经凝胶渗透色谱装置净化，收集流出液，旋转蒸发近干，用乙酸乙酯-环己烷（1:1）定容至 2mL，待气相色谱分析。

（3）凝胶色谱净化参考条件。

凝胶渗透色谱柱：300mm×25mm 玻璃柱，Bio Beads（S-X3），200~400 目，25g。柱分离度：玉米油与抗氧化剂的分离度大于 85%。

流动相：乙酸乙酯-环己烷（1:1）。

流速：4.7mL/min。

流出液收集时间：7~13min。

紫外检测波长：254nm。

（4）气相色谱参考条件。

色谱柱：14%丙苯基-二甲基硅氧烷毛细管柱 30m×0.25mm，0.25 μm。进样口温度：230℃，检测器温度：250℃。

进样量：1μL。

进样方式：不分流。

升温程序：开始 80℃，保持 1min，以 10℃/min 升温至 250℃，保持 5min。

（5）样品测定。分别吸取 BHA 和 BHT 标准工作液 1μL，注入气相色谱中，以标准溶液的浓度为横坐标，峰面积为纵坐标，绘制标准曲线。吸取 1μL 将样品提取液进行样品分析。

4. 结果计算

$$\omega = \frac{c \times V \times 1000}{m \times 1000} \quad (3\text{-}36)$$

式中：ω 为样品中 BHA 或 BHT 的含量，mg/kg 或 mg/L；c 为从标准曲线中查得的样品溶液中抗氧化剂的浓度，μg/mL；V 为样品定容体积，mL；m 为样品质量，g 或 mL。

5. 说明及注意事项

（1）本方法适用于食品中 BHA 和 BHT 的检测，同时还可以检测 TBHQ 的含量。

（2）本方法的最小检出限：BHA 2mg/kg、BHT 2mg/kg 和 TBHQ 5mg/kg。

（二）高效液相色谱法

1. 原理

样品中的 BHA 和 BHT 经甲醇提取，利用反相 08 柱进行分离，紫外检测器检测，外标法定量。

2. 仪器与试剂

高效液相色谱仪（配紫外检测器或二极管阵列检测器）。

（1）甲醇、乙酸（色谱纯）。

（2）混合标准储备液配置（1mg/mL）：准确称取 BHA 和 BHT 标准品各 100mg 用甲醇溶解并定容至 100mL，4℃冰箱中保存；

（3）标准工作液：准确吸取混合标准储备液 0.1mL、0.5mL、1.0mL、1.5mL、2.0mL、2.5mL 于 10mL 容量瓶中，用甲醇定容，配成浓度分别为 10.0μg/mL、50.0μg/mL、100.0μg/mL、150.0μg/mL、200.0μg/mL、250.0μg/mL 标准工作溶液。

3. 操作方法

（1）样品处理。准确称取植物油样品 5g（精确至 0.001g），置于 15mL 具塞离心管中，加入 8mL 甲醇，涡旋提取 3min，放置 2min 后，3000 r/min 离心 5min，将上清液转移至 25mL 容量瓶中，残余物再用 8mL 甲醇重复提取 2 次，合并上清液于容量瓶中，用甲醇定容至刻度，混匀，过 0.45 pun 有机滤膜，待高效液相色谱分析。

（2）色谱参考条件。

色谱柱：反相 C_{18}色谱柱，150mm×3.9mm，4.6μm。

流动相：A. 甲醇；B. 1%乙酸水溶液。

流速：0.8mL/min。

洗脱程序：起始为40%A，7.5min后变为100%A，保持4min，1.5min后变为40%A，平衡5min。

检测波长：280nm。

进样量：10μL。

检测温度：室温。

4. 结果计算

$$\omega = \frac{c \times V \times 1000}{m \times 1000} \quad (3-37)$$

式中：ω 为样品中BHA或BHT的含量，mg/kg；c 为从标准曲线中查得提取液中抗氧化剂的浓度，μg/mL；V 为样品提取液定容体积，mL；m 为样品质量，g。

5. 说明及注意事项

①本方法适用于植物油中BHA和BHT的检测，还可以同时检测TBHQ的含量。

②方法的检出限：BHA为1.0mg/kg，BHT为0.5mg/kg、TBHQ为1-0mg/kg。

二、特丁基对苯二酚的检测

（一）气相色谱法

1. 原理

食用植物油中的特丁基对苯二酚（TBHQ）经80%乙醇提取、浓缩后，用氢火焰离子化检测器检测，根据保留时间定性，外标法定量。

2. 仪器与试剂

气相色谱仪（配氢火焰离子化检测器）。

（1）无水乙醇、95%乙醇、二硫化碳。

（2）80%乙醇甲醇：量取80mL 95%乙醇和15mL蒸馏水，混匀。

（3）TBHQ标准储备液（1mg/mL）：称取TBHQ 100mg于小烧杯中，用1mL无水乙醇溶解，加入5mL二硫化碳，移入100mL容量瓶中，再用1mL无水乙醇洗涤烧杯后，用二硫化碳冲洗烧杯，定容至100mL。

（4）TBHQ标准工作溶液：吸取标准储备液0.0mL、2.5mL、5.0mL、7.5mL、10.0mL、12.5mL于50mL容量瓶中，用二硫化碳定容，配成浓度分别为0.0mg/mL、50.0mg/mL、100.0mg/mL、150.0mg/mL、200.0mg/mL、250.0mg/mLTB-HQ标准工作溶液。

3. 操作方法

（1）样品处理。准确称取试样 2.00g 于 25mL 具塞试管中，加入 6mL 80%乙醇溶液，置于涡旋振荡器混匀，静止片刻，放入 90℃水浴中加热促使其分层，迅速将上层提取液转移至蒸发皿中，再用 6mL 80%乙醇重复提取 2 次，提取液合并入蒸发皿中，将蒸发皿在 60℃水浴中挥发近干，向蒸发皿中加入二硫化碳，少量多次洗涤蒸发皿中残留物，转移到刻度试管中，用二硫化碳定容至 2.0mL。

（2）色谱参考条件。

色谱柱：玻璃柱，内径 3mm，长 3m，填装涂布 2%OV-1 固定液的 80~100 目 Chromosorb WAW DMCS。

进样口温度：250℃，检测器温度：250℃，柱温：180℃。

（3）样品检测。取标准工作溶液 2μL 注入气相色谱中，以浓度为横坐标，峰面积为纵坐标绘制标准曲线。同时取样品提取液 2/L，注入气相色谱仪测定，取试样 TBHQ 峰面积与标准系列比较定量。

4. 结果计算

$$\omega = \frac{c \times V \times 1000}{m \times 1000 \times 1000} \quad (3\text{-}38)$$

式中：ω 为试样中的 TBHQ 含量，g/kg；c 为由标准曲线上查出的试样测定液中 TBHQ 的浓度，μg/mL；V 为试样提取液的体积，mL；m 为试样的质量，g。

5. 说明及注意事项

（1）本标准适合于较低熔点的食用植物油中 TBHQ 含量的测定。不适用于熔点高于 35℃以上的食用植物油中 TBHQ 含量的测定。

（2）方法的定量限为 0.001g/kg。

（3）标准储备液置于棕色瓶中 4℃下可保存 6 个月。

（4）转移提取液时避免将油滴带出，挥发干时切勿蒸干。

（二）液相色谱法

1. 原理

食用植物油中的 TBHQ 经 95%乙醇提取、浓缩、定容后，用液相色谱仪测定，与标准系列比较定量。

2. 仪器与试剂

高效液相色谱仪（配有二极管阵列或紫外检测器）。

（1）甲醇、乙腈（色谱纯）。

（2）95%乙醇、36%乙酸（分析纯）。

（3）异丙醇（重蒸馏）、异丙醇-乙腈（1:1）。

（4）TBHQ标准储备液（1mg/mL）：准确称取TBHQ 50mg于小烧杯中，用异丙醇-乙腈（1:1）溶解后，转移至50mL棕色容量瓶中，小烧杯用少量异丙醇-乙腈（1:1）冲洗2~3次，同时转入容量瓶中，用异丙醇-乙腈（1:1）定容至刻度。

（5）TBHQ标准中间液：准确吸取TBHQ标准储备液10.00mL，于100mL棕色容量瓶中，用异丙醇-乙腈（1:1）定容，此溶液浓度为100 μg/mL，置于4℃冰箱中保存。

（6）TBHQ标准使用液：吸取标准储备液0.0mL、0.5mL、1.0mL、2.0mL、5.0mL、10.0mL标准中间液于10mL容量瓶中，用异丙醇-乙腈（1:1）定容，配成浓度分别为0.0mg/mL、5.0mg/mL、10.0mg/mL、20.0mg/mL、50.0mg/mL、100.0mg/mLTBHQ标准工作溶液。

3. 操作方法

（1）样品处理。准确称取试样2.00g于25mL比色管中，加入6mL 95%乙醇溶液，置涡旋混合器上混合10s，静置片刻，放入90℃左右水浴中加热10~15s促其分层。分层后将上层澄清提取液，用吸管转移到浓缩瓶中（用吸管转移时切勿将油滴带入）。再用6mL 95%乙醇溶液重复提取2次，合并提取液于浓缩瓶内，该液可放在冰箱中储存一夜。

乙醇提取液在40℃下，用旋转蒸发器浓缩至约1mL，将浓缩液转移至10mL试管中，用异丙醇-乙腈（1:1）转移、定容，经0.45 μm滤膜过滤，待高效液相色谱分析。

（2）色谱参考条件。

色谱柱：C_{18}柱，250mm<4.6mm，4.6。

流动相：A. 甲醇-乙腈（1:1）；B. 乙酸-水（5:100）。

系统程序：8min内由30%A变为100%A，保持6min，3min后降至30%A。

检测波长：280nm。

流速：2.0mL/min。

柱温：40℃。

进样量：20μL。

（3）样品测定。取TBHQ标准工作液20mL注入液相色谱仪，以浓度为横坐标，峰面积为纵坐标绘制标准曲线。取样品提取液20mL注入液相色谱仪，根据试样中的TBHQ峰面积与标准曲线比较定量。

4. 结果计算

$$\omega = \frac{c \times V \times 1000}{m \times 1000 \times 1000} \quad (3-39)$$

式中：ω 为试样中的 TBHQ 含量，g/kg；c 为由标准曲线上查出的试样测定液中 TBHQ 的浓度，μg/mL；V 为试样提取液的体积，mL；m 为试样的质量，g。

5. 说明及注意事项

（1）本标准适合于较低熔点的食用植物油中 TBHQ 含量的测定。不适用于熔点高于 35℃以上的食用植物油中 TBHQ 含量的测定。

（2）方法的定量限为 0.006g/kg。

（3）标准储备液置于棕色瓶中 4℃下可保存 6 个月。

（4）转移提取液时避免将油滴带出，旋转蒸发时避免将溶剂蒸干。

（三）气相色谱–质谱法

1. 原理

样品经乙腈提取后，利用气相色谱–质谱进行分析，外标法定量。

2. 仪器与试剂

气相色谱–质谱联用仪（配电喷雾离子源）。

（1）正己烷（色谱纯）。

（2）乙腈、甲醇、乙醇（分析纯）。

（3）TBHQ 标准储备液（100mg/mL）：称取 TBHQ 10mg 于小烧杯中，用乙腈溶解并定容到 100mL，4℃冷藏。

3. 操作方法

（1）样品处理。称取混合均匀的样品 5g（精确至 1mg）于 50mL 聚四氟乙烯离心管中，加入 15mL 乙腈，超声提取 5min，在振荡器上提取 10min，4 000 r/min 离心 2min，将上清液转入旋转蒸发瓶中，再用 15mL 乙腈重复提取一次，合并提取液，401 水浴中旋转浓缩至干，用 1.0mL 乙腈溶解、定容，待 GC-MS 分析。

（2）色谱参考条件。

色谱柱：DP-5MS.30m×0.25mm×0.25 μm。

载气为氦气。

流速：1.0mL/min。

进样方式：不分流进样。

进样体积：1μL。

进样口温度：250℃。

升温程序：60℃保持1min，然后以20℃/min的速率升至160℃，再以5℃/min到180℃，最后以25℃/min到280℃，保持1min。

质谱条件：离子源为电喷雾离子源（EI源），电子能量为70 eV。

离子源温度：250℃，四级杆温度：150℃。

采集方式：选择离子方式（SIM）TBHQ碎片离子m/z为151.166，定量离子为151。

③标准曲线的绘制。用乙腈稀释TBHQ标准工作液为0.1g/mL、0.5g/mL、1.0g/mL、5.0g/mL、10g/mL。以浓度为横坐标，峰面积为纵坐标绘制标准曲线。

4. 结果计算

$$\omega = \frac{c \times V \times 1000}{m \times 1000 \times 1000} \quad (3-40)$$

式中：ω 为试样中的TBHQ含量，g/kg；c 为由标准曲线上查出试样测定液相当于TBHQ的浓度，mg/mL；V 为试样提取液的体积，mL；m 为试样的质量，g。

5. 说明及注意事项

（1）本方法适合速煮米、腌制腊肉、方便面、苹果派和起酥油等食品中TBHQ的测定。

（2）本方法的定量限为0.1mg/kg。

第三节　食品中甜味剂的检测

一、糖精钠的检测

（一）原理

试样加温除去二氧化碳和乙醇，调pH至近中性，过滤后进高效液相色谱仪。经反相色谱分离后，根据其标准物质峰的保留时间进行定性，以其峰面积求出样品中被测物质的含量。

（二）仪器与试剂

高效液相色谱仪（附紫外检测器）。

（1）甲醇、氨水（1+1）。

（2）乙酸铵溶液：0.02mol/L。

（3）糖精钠标准使用溶液：0.10mg/mL。

（三）操作方法

1. 样品处理

（1）汽水。称取 5.00～10.00g，放入小烧杯中，微温搅拌除去二氧化碳，用氨水（1+1）调 pH 约为 7。加水定容至适当的体积，经 0.45μm 滤膜过滤。

称取 5.00～10.00g，用氨水（1+1）调 pH 约为 7，加水定容至适当的体积，离心沉淀，上清液经 0.45μm 滤膜过滤。

称取 10.00g，放小烧杯中，水浴加热除去乙醇，用氨水（1+1）调 pH 约为 7，加水定容至 20mL，经 0.45 μm 滤膜过滤。

（2）固体、半固体食品。准确称取 25g 样品于透析膜中，加 0.08%NaOH 60mL，制成糊状，将透析袋口扎紧，放于盛有 0.08%NaOH 200mL 的烧杯中透析，过夜。在透析液烧杯中，加 HCK1+D0.8mL，使呈中性，加 0.2%CuSO4 15mL、4%NaOH 8mL，混匀，30min 后过滤。取滤液 100mL 用水定容至 250mL 分液漏斗中。加稀 HCK（1+1），用无水乙醚 30mL 提取残渣两次，合并乙醚提取液于 K-D 浓缩器中，浓缩至干：加水溶解，再用氨水（1+1）调 pH 约为 7，移入 10mL 容量瓶中，加水定容，经 0.45 μm 滤膜过滤。

2. 标准曲线的绘制

分别吸取糖精钠标准使用溶液（0.10mg/mL）0mL、0.2mL、0.4mL、0.6mL、0.8mL、1.0mL 于 10mL 容量瓶中，用氨水（1+1）调 pH 约为 7，加水定容至刻度，摇匀。分别取 10μL 注入高效液相色谱仪，以峰面积为纵坐标、浓度为横坐标，绘制标准曲线。

3. 样品测定

吸取样品处理液 10μL 注入高效液相色谱仪中进行分离，以其标准溶液峰的保留时间为依据进行定性，以其峰面积求出样液中被测物质的含量。

（四）结果计算

$$\omega = \frac{m_1}{m \times \dfrac{V_1}{V_2} \times 1000} \times 1000 \quad (3\text{-}41)$$

式中：ω 为样品中糖精钠的含量，g/kg；m_1 样品峰面积查标准曲线对应含量为样品质量，g；V_1 为进样液体积，mL；V_2 为样品处理液体积，mL。

（五）说明及注意事项

（1）样品如为碳酸饮料类，应先水浴加温搅拌除去二氧化碳；如为配制酒类，应先水浴加热除去乙醇，再用氨水（1+1）调 pH 约为 7。

（2）固体、半固体样品为蜜饯、糕点、酱菜、冷饮等。

（3）糖精易溶于乙醚，而糖精钠难溶于乙醚，为了便于乙醚提取，使糖精钠转换为糖精，样品溶液需进行酸化处理。

（4）为防止用乙醚萃取时发生乳化，可在样品溶液中加入 CuSO4 和 NaOH，沉淀蛋白质；对于富含脂肪的样品，可先在碱性条件下用乙醚萃取脂肪，然后酸化，再用乙醚提取糖精。

（5）此方法可以同时测定苯甲酸、山梨酸和糖精钠。

二、乙酰磺氨酸钾的检测

（一）原理

试样中乙酰磺氨酸钾经反相 C_{18} 柱分离后，以保留时间定性，峰高或峰面积定量。

2. 仪器与试剂

（1）甲醇、乙腈。

（2）硫酸铵溶液：0.02mol/L。

（3）硫酸溶液：10%。

（4）中性氧化铝：100~200 目。

（5）乙酰磺氨酸钾标准储备液：1mg/mL。

（6）流动相：0.02mol/L 硫酸铵（740~800 mL）+甲醇（170~150 mL）+乙腈（50~90 mL）+10%H_2SO_4（1 mL）。

（三）操作方法

1. 样品处理

（1）汽水。将试样温热，搅拌除去二氧化碳或超声脱气。吸取试样 2.5mL 于 25mL 容量瓶中，加流动相至刻度，摇匀后，溶液通过微孔滤膜过滤，过滤作 HPLC 分析用。

（2）可乐型饮料。将试样温热，搅拌除去二氧化碳或超声脱气，吸取已除去二氧化碳的试样 2.5mL，通过中性氧化铝柱，待试样液流至柱表面时，收集 25mL 洗脱液，摇匀后超声脱气，此液作 HPLC 分析用。

（3）果茶、果汁类食品。吸取 2.5mL 试样，加水约 20mL 混匀后，离心 15min（4000 r/min），上清液全部转入中性氧化铝柱，待水溶液流至柱表面时，用流动相洗脱。收集洗脱液 25mL，混匀后，超声脱气，此液作 HPLC 分析用。

2. 标准曲线的绘制

分别进样含乙酰磺氨酸钾 4μg/mL、8μg/mL、12μg/mL、16μg/mL、20μg/mL 的标准液各 10μL，进行 HPLC 分析，然后以峰面积为纵坐标，以乙酰磺氨酸钾的含量为横坐标，绘制标准曲线。

3. 样品测定

吸取处理后的试样溶液 10μL 进行 HPLC 分析，测定其峰面积，从标准曲线查得测定液中乙酰磺氨酸钾的含量。

（四）结果计算

$$\omega = \frac{c \times V \times 1000}{m \times 1000} \qquad (3\text{-}42)$$

式中：ω 为试样中乙酰磺氨酸钾的含量，mg/kg 或 mg/L；c 为由标准曲线上查得进样液中乙酰磺氨酸钾的量，g/mL；V 为试样稀释液总体积，mL；m 为试样质量，g 或 mL。

（五）说明及注意事项

（1）本方法也适用于糖精钠的测定。

（2）本方法检出限：乙酰磺氨酸钾、糖精钠为 4 μg/mL（g），线性范围乙酰磺氨酸钾、糖精钠为 4~20 μg/mL。

三、甜蜜素的检测

（一）原理

在硫酸介质中环己基氨基磺酸钠与亚硝酸反应，生成环己醇亚硝酸酯，用气相色谱法测定，根据保留时间和峰面积进行定性和定量。

（二）仪器与试剂

气相色谱仪（附氢火焰离子化检测器）。

（1）层析硅胶（或海砂）、亚硝酸钠溶液（50g/L）、100g/L硫酸溶液。

（2）环己基氨基磺酸钠标准溶液：准确称取 1.000 0 g 环己基氨基磺酸钠（含环己基氨基磺酸钠>98%），加水溶解并定容至 100mL，此溶液每毫升含环己基氨基磺酸钠 10mg。

（三）操作方法

1. 样品处理

（1）液体样品。含二氧化碳的样品先加热除去二氧化碳，含酒精的样品加氢氧化钠溶液（40g/L）调至碱性，于沸水浴中加热除去乙醇。样品摇匀，称取 20.0g 于 100mL 带塞比色管，置冰浴中。

（2）固体样品。将样品剪碎称取 2.0g 于研钵中，加少许层析硅胶或海砂研磨至呈干粉状，经漏斗倒入 100mL 容量瓶中，加水冲洗研钵，并将洗液一并转移至容量瓶中，加水至刻度，不时摇动。1 h 后过滤，滤液备用。准确吸取 20mL 滤液于 100mL 带塞比色管，置冰浴中。

2. 色谱参考条件

色谱柱：长 2m，内径 3mm，不锈钢柱。

固定相：Chromosorb WAW DMCS 80～100 目，涂以 10%SE-30。

柱温：80℃，汽化温度：150℃，检测温度：150℃。

流速：氮气 40mL/min，氢气 30mL/min，空气 300mL/min。

3. 标准曲线的绘制

准确吸取 1.00mL 环己基氨基磺酸钠标准溶液于 100mL 带塞比色管中，加水 20mL，置冰浴中，加入 5mL 亚硝酸钠溶液（50g/L），5mL 硫酸溶液（100g/L），摇匀，在冰浴中放置 30min，并不时摇动。然后准确加入 10mL 正己烷、5g 氯化钠，摇匀后置涡旋混合器上振动 1min（或振摇 80 次），静置分层后吸出己烷层于 10mL 带塞离心管中进行离心分离。每毫升己烷提取液相当于 1mg 环己基氨基磺酸钠。将环己基氨基磺酸钠的己烷提取液进样 1~5/L 于气相色谱仪中，根据峰面积绘制标准曲线。

4．样品测定

在样品管中自"加入 5mL 亚硝酸钠溶液（50g/L）……"起依标准曲线绘制中所述方法操作，然后将试样同样进样 1~5μL，测定峰面积，从标准曲线上查出相应的环己基氨基磺酸钠含量。

（四）结果计算

$$\omega = \frac{A \times 10 \times 1000}{m \times V \times 1000} \tag{3-43}$$

式中，ω 为样品中环己基氨基磺酸钠的含量，g/kg；A 为从标准曲线上查得的测定用试样中环己基氨基磺酸钠的质量，μg；m 为样品的质量，g；V 为进样体积，μL；10 表示正己烷加入的体积，mL。

第四节　食品中其他添加剂的检测

一、漂白剂的检测

（一）亚硫酸盐的检测

1．充氮蒸馏-分光光度法

（1）原理。

样品加入盐酸后，充氮气蒸馏，使其中的二氧化硫释放出来，并被甲醛溶液吸收，形成稳定的羟甲基磺酸加成化合物。加入氢氧化钠使化合物分解，与甲醛及盐酸苯胺作用生成紫红色络合物，在 577nm 处有最大吸收，测定其吸光值，与标准系列比较定量。

（2）仪器与试剂。

分光光度计、充氮蒸馏装置、流量计、酒精灯。

①乙醇、冰乙酸、正辛醇。

②6%氢氧化钠溶液：称取 6g 氢氧化钠溶液用水溶解，并稀释至 100mL。

③0.05mol/L 环己二胺四乙酸二钠溶液（CDTA-2Na）：称取 1，2-反式环己二乙酸，加入 6.5mL 氢氧化钠溶液，用水稀释到 100mL。

④甲醛吸收液储备液：称取 2.04g 邻苯二甲酸氢钾，用少量水溶解，加入 5.5mL 甲醛，20mL CDTA-2Na 溶液，用水稀释至 100mL。

⑤甲醛吸收液：将甲醛吸收液储备液稀释 100 倍，现用现配。

⑥盐酸副玫瑰苯胺：称取 0.1g 精制过的盐酸副玫瑰苯胺于研钵中，加少量水研磨使溶解并稀释至 100mL。取 50mL 置于 100mL 容量瓶中，分别加入磷酸 30mL、盐酸 12mL，用水定容，混匀，放置 24 h，避光密封保存，备用。

⑦0.100mol/L 碘标准溶液：称取 12.7g 碘，加入 40g 碘化钾和 25mL 水，搅拌至完全溶解，用水稀释至 1000mL，储存在棕色瓶中。

⑧0.100mol/L 硫代硫酸钠标准溶液。

⑨0.05%乙二胺四乙酸二钠溶液（ED1A-2Na）：称取 0.25g EDTA-2Na 溶于 500mL 新煮沸并冷却的水中，现用现配。

⑩二氧化硫标准溶液：称取 0.2g 亚硫酸钠，溶于 200mL EDTA-2Na 溶液中，摇匀，放置 2~3h 后标定。

⑪二氧化硫标准溶液标定：吸取 20.0mL 二氧化硫标准储备液于 250mL 碘量瓶中，加 50mL 新煮沸但已冷却的水，准确加入 0.1mol/L 碘标准溶液 10.00mL、1mL 冰乙酸，盖塞、摇匀，放置于暗处，5min 后迅速以 0.100mol/L 硫代硫酸钠标准溶液滴定至淡黄色，加 1.0mL 淀粉指示液，继续滴至无色。另取 20mL EDTA-2Na，按相同方法做试剂空白试验。根据标定的二氧化硫的含量，用甲醛吸收液稀释为 100mg/mL 二氧化硫标准储备液。

⑫二氧化硫标准使用液（1mg/mL）：将二氧化硫标准储备液用甲醛吸收液稀释 100 倍。

（3）操作方法。

①样品处理。称取 0.2~2g（精确至 0.001g）样品于 100mL 烧瓶中，加入 2mL 乙醇，1mL 丙酮-乙醇溶液、2 滴正辛醇及 20mL 水，混匀。量取 20mL 甲醛吸收缓冲液于 50mL 吸收瓶中，并安装到蒸馏装置上，调节氮气流速为 0.5 L/min。在烧瓶中迅速加入 10mL 盐酸溶液，将烧瓶装回蒸馏装置，用酒精灯加热，使样品溶液在 1.5min 左右沸腾，控制火焰高度，使液面边缘无明显焦煳，加热 25min。取下吸收瓶，以少量的水冲洗尖嘴，并入吸收瓶中，将吸收液转入 25mL 容量瓶中定容。同时做空白实验。

②样品测定。取 25mL 具塞试管，分别加入 0mL、1mL、3mL、5mL、8mL、10mL 二氧

化硫标准使用液，补加甲醛吸收液使总体积为 10mL，混匀。再加入 5%氢氧化钠溶液 0.5mL，混匀，迅速加入 1.00mL 0.05%盐酸副玫瑰苯胺溶液，立即混匀显色。用 1cm 比色皿，以零管调节零点，在 577nm 处测定吸光度。

吸取 0.5~10.00mL 样品蒸馏液，不足时需补加甲醛吸收液至 10.00mL 于 25mL 具塞试管中，显色，同时做空白实验。

（4）结果计算。

$$\omega = \frac{(m_1 - m_0) \times V_3 \times 1000}{m_2 \times V_4 \times 1000} \qquad (3-44)$$

式中：ω 为试样中的二氧化硫总含量，mg/kg；m_1 为由标准曲线中查得的测定用试液中二氧化硫的质量，μg；m_0 为由标准曲线中查得的测定用空白溶液中二氧化硫的质量，μg；m_2 为试样的质量，g；V_3 为试样蒸馏液定容容积，mL；V_4 为测定用蒸馏液定容容积，mL。

（5）说明及注意事项。

①本方法适用于食用菌中亚硫酸盐的测定。

②本方法的检出限为 0.1mg。

③CDTA-2Na 在 4℃冰箱中储存，可保存 1 年。100mg/mL 二氧化硫标准储备液在冰箱中可保存 6 个月。

④二氧化硫标定时平行不少于 3 次，平行样品消耗硫代硫酸钠的体积差应小于 0.04mL，计算时取平均值。

⑤样品显色时要保证标准系列和样品在相同的温度下，显色时间尽量保持一致。比色时操作迅速。

⑥该方法避免使用毒性较强的四氯汞钠试剂，有一定的应用前景。

2. 蒸馏法

（1）原理。

样品用盐酸（1:1）酸化后，在密闭容器中加热蒸馏，使二氧化硫释放出来，用乙酸铅溶液吸收。吸收后用浓酸酸化，再以碘标准溶液滴定，根据所消耗的碘标准溶液量计算出试样中的二氧化硫含量。

（2）仪器与试剂。

蒸馏装置、碘量瓶、滴定管。

①盐酸（1:1）：量取盐酸 100mL，用水稀释到 200mL。

②2%乙酸铅溶液：称取 2g 乙酸铅，溶于少量水中并稀释至 100mL。

③0.01mol/L 碘标准溶液。

④1%淀粉指示剂：称取 1g 可溶性淀粉，用少许水调成糊状，缓缓倾入 100mL 沸水中，随加随搅拌，煮沸 2min，放冷，备用，此溶液应现配现用。

（3）操作方法。

①样品处理。称取约 5.00g 混合均匀试样（液体试样直接吸取 5.0~10.0mL）置于 500mL 圆底蒸馏烧瓶中，加 250mL 水，装上冷凝装置。在碘量瓶中加入 2%乙酸铅溶液 25mL，冷凝管下端应插入乙酸铅吸收液中。在蒸馏瓶中加入 10mL 盐酸（1:1），立即盖塞，加热蒸馏。当蒸馏液约 200mL 时，使冷凝管下端离开液面，再蒸馏 1min。用少量蒸馏水冲洗插入乙酸铅溶液的装置部分。同时做空白试验。

②样品测定。在碘量瓶中依次加入 10mL 浓盐酸和 1mL 淀粉指示剂，摇匀，用 0.01mol/L 碘标准滴定溶液滴定至变蓝且在 30s 内不褪色为止，记录所消耗的碘标准滴定溶液的体积。

（4）结果计算。

$$\omega = \frac{(V_2 - V_1) \times 0.01 \times 0.032 \times 1000}{m} \tag{3-45}$$

式中：ω 为试样中的二氧化硫总含量，g/kg；V_1 为滴定试样所用碘标准滴定溶液的体积，mL；V_2 为滴定试剂空白所用碘标准滴定溶液的体积，mL；m 为试样质量，g；0.032 为 1mL 碘标准溶液（$c_{1/2 I_2}$ 1.0mol/L）相当的二氧化硫的质量，g。

（5）说明及注意事项。

①本法适合于色酒和葡萄糖糖浆、果脯等食品中二氧化硫残留量的测定。

②蒸馏装置要保障密封，否则会使结果偏低。

③方法的检出浓度为 1mg/kg。

（二）过氧化苯甲酰的检测

1. 气相色谱法

（1）原理。

小麦粉中的过氧化苯甲酰被还原铁粉和盐酸反应生成的原子态的氢还原为苯甲酸，提取后用气相色谱测定。

（2）仪器与试剂。

气相色谱仪（附氢离子化检测器）。

①乙醚、还原铁粉、氯化钠、丙酮、碳酸氢钠、石油醚（沸程 60~90P）、石油醚-乙醚（3:1）。

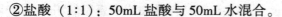

②盐酸（1:1）：50mL 盐酸与 50mL 水混合。

③5%氯化钠。

④1%碳酸氢钠的 5%氯化钠溶液：称取 1g 碳酸氢钠溶于 100mL 5%氯化钠溶液中。

⑤1mg/mL 苯甲酸标准储备液：称取苯甲酸 0.1g（精确至 0.000 1g），用丙酮溶解并转移至 100mL 容量瓶中，定容。

⑥100 μg/mL 苯甲酸标准工作液：吸取苯甲酸标准储备液 10mL，于 100mL 容量瓶中，用丙酮定容。

（3）操作方法。

①样品处理。准确称取试样 5.00g 加入具塞三角瓶中，加入 0.01g 还原铁粉，数粒玻璃珠和 20mL 乙醚，混匀。逐滴加入 0.5mL 盐酸，摇动三角瓶，用少量乙醚冲洗内壁后，放置至少 12 h 后，摇匀，将上清液经滤纸过滤到分液漏斗中，用 15mL 乙醚冲洗三角瓶内残渣，重复 3 次，上清液滤入分液漏斗中，最后用少量乙醚冲洗滤纸和漏斗。

在分液漏斗中加入 5%氯化钠溶液 30mL，振动 30s，静置分层后，将下层液弃去，重复用氯化钠溶液洗涤一次，弃去水层，加入 1%碳酸氢钠的 5%氯化钠溶液 15mL，振动 2min，静置分层后将下层碱液放入已预先加入 3~4 勺氯化钠固体的 50mL 具塞试管中。分液漏斗的乙醚再用碱性溶液提取一次，下层碱液合并到具塞试管中。

在具塞试管中加入 0.8mL 盐酸（1:1），适当摇动以去除残留的乙醚及反应生成的二氧化碳。加入 5.00mL 乙醚-石油醚（3:1），重复振动 1min，静置分层，上层液待分析。

②标准曲线的绘制。准确吸取苯甲酸标准使用液 0.0mL、1.0mL、2.0mL、3.0mL、4.0mL、5.0mL，置于 150mL 具塞三角瓶中，除不加铁粉外，其他步骤同样品处理。标准工作液最终浓度为 0.0μg/mL、20.0μg/mL、40.0μg/mL、60.0μg/mL、80.0μg/mL、100.0μg/mL。

③色谱参考条件。

色谱柱：内径 3mm，长 2m 玻璃柱，填装涂布 5%（质量分数）DEGS+1%磷酸固定液的 Chromosorb WAW DMCS。

进样口温度：250℃，检测器的温度：250℃，柱温 180℃。

进样量：2.0μL。

（4）结果计算。

$$\omega = \frac{c \times 5 \times 1000}{m \times 1000 \times 1000} \times 0.992 \tag{3-46}$$

式中：ω 为样品中过氧化苯甲酰的含量，g/kg；c 为从标准曲线中查得的相当于苯甲酸的浓度，μg/mL；5 为试样提取液定容体积，为样品质量，g；0.992 为由苯甲酸换算成过氧化苯甲酰的换算系数。

（5）说明及注意事项。

①本方法适用于小麦粉中过氧化苯甲酰含量的检测。

②用分液漏斗提取时注意放气，防止气体顶出活塞。

③在用石油醚-乙醚提取前，要振动比色管，去除多余的乙醚和二氧化碳等气体，室温较低时，可将试管放入 50℃ 水浴中加热。

2. 液相色谱法

（1）原理。

用甲醇提取样品中的过氧化苯甲酰，以碘化钾为还原剂将过氧化苯甲酰还原为苯甲酸，高效液相色谱分离，230nm 下进行检测，外标法定量。

（2）仪器与试剂。

高效液相色谱仪（配有紫外检测器或二极管阵列检测器）。

①甲醇（色谱纯）、50%碘化钾。

②0.02mol/L 乙酸铵缓冲液：称取乙酸胺 1.54g 用水溶解并稀释至 1 L，过 0.45 μm 微孔滤膜后备用。

③苯甲酸标准储备液（1mg/mL）：称取 0.1g（精确至 0.000 1g）苯甲酸，用甲醇溶解并定容到 100mL 容量瓶中。

④苯甲酸标准工作液：吸取苯甲酸标准储备液 0.25mL、2.50mL、5.00mL、10.0mL、12.5mL 分别置于 25mL 容量瓶中，用甲醇定容至刻度，配成浓度分别为 0.0vg/mL、50.0vg/mL、100.0vg/mL、200.0vg/mL、400.0vg/mL、500vg/mL 标准工作液。

（3）操作方法。

①样品处理。称取样品 5g（精确至 0.000 1g）于 50mL 具塞试管中，加入 10mL 甲醇，在涡旋混合器上混匀 1min，静置 5min，加入 50%碘化钾溶液 5mL，在涡旋混合器上混匀 1min，放置 10min 后，用水定容到 50mL，混匀，取上清液过 0.22 μm 滤膜，待液相色谱分析。

②色谱参考条件。

色谱柱：反相 C18，4.6min×250mm，5 μm。

流动相：甲醇：0.02mol/L 乙酸铵为 10:90。

检测波长：230nm。

流速：1.0mL/min。

进样量：10μL。

③样品测定。分别取不含过氧化苯甲酰和苯甲酸的小麦粉 5g（精确至 0.000 1g）于 50mL 具塞试管中，分别加入 10mL 苯甲酸标准工作液，按样品提取方法操作，使标准溶液的最终浓度分别为 0.0mg/mL、10.0mg/mL、20.0mg/mL、40.0mg/mL、80.0mg/mL、100.0mg/mL，分别取 10μL 注入高效液相色谱中，以苯甲酸的浓度为横坐标，峰面积为纵坐标绘制标准曲线。

取样品提取液 10μL 注入高效液相色谱中，根据苯甲酸的峰面积从标准曲线上查出对应的浓度，计算样品中过氧化苯甲酰的含量。

（4）结果计算。

$$\omega = \frac{c \times V \times 1000}{m \times 1000 \times 1000} \times 0.992 \quad （3-47）$$

式中：ω 为样品中过氧化苯甲酰的含量，g/kg；c 为从标准曲线中查得的相当于苯甲酸的浓度，g/mL；V 为样品定容体积，mL；m 为样品质量，g；0.992 为由苯甲酸换算成过氧化苯甲酰的换算系数。

（5）说明及注意事项。

①该方法适用于小麦粉中过氧化苯甲酰含量的检测。

②方法的最低检出限为 0.5mg/kg。

二、着色剂的检测

（一）栀子黄的检测

1. 原理

试样中栀子黄经提取净化后，用高效液相色谱法测定，以保留时间定性、峰高定量，栀子苷是栀子黄的主要成分，为对照品。

2. 仪器与试剂

高效液相色谱（配荧光检测器）、小型粉碎机、恒温水浴。

试剂均为分析纯，水为蒸馏水。

①甲醇、石油醚（60℃~90℃）、乙酸乙酯、三氯甲烷、姜黄色素、栀子苷。

②栀子苷标准溶液：称取 2.75mg 栀子苷标准品，用甲醇溶解，并用甲醇稀释至 27.5mg/mL栀子苷。

③栀子苷标准使用液：分别吸取栀子苷标准溶液。0.0mL、2.0mL、4.0mL、6.0mL、8.0mL于10mL容量瓶中，加甲醇定容至10mL，即得0.0μg/mL、5.5μg/mL、11.0μg/mL、16.5μg/mL、22.0μg/mL的栀子苷标准系列溶液。

3. 操作方法

（1）试样处理。

①饮料。将试样温热，搅拌除去二氧化碳或超声脱气，摇匀后，通过微孔滤膜过滤，滤液备作HPLC分析用。

②酒。试样通过微孔滤膜过滤，滤液作HPLC分析用。

③糕点。称取10g试样放入100mL的圆底烧瓶中，用50mL石油醚加热回流30min，置室温。砂芯漏斗过滤，用石油醚洗涤残渣5次，洗液并入滤液中，减压浓缩石油醚提取液，残渣放入通风橱至无石油醚味。用甲醇提取3~5次，每次30mL，直至提取液无栀子黄颜色，用砂芯漏斗过滤，滤液通过微孔滤膜过滤，滤液储于冰箱备用。

（2）色谱参考条件。

色谱柱：5 μmODS C_{18}150mm×4.6mm。

流动相：甲醇：水（35:65）。

流速：0.8mL/min。

波长：240nm。

（3）标准曲线的绘制。在本实验条件下，分别注入栀子苷标准使用液0mL、2mL、4mL、6mL、8mL，进行HPLC分析，然后以峰高对栀子苷浓度作标准曲线。

（4）样品测定。在实验条件下，注5μL试样处理液，进行HPLC分析，取其峰与标准比较测得试样中栀子苷含量。

4. 结果计算

$$\omega = \frac{A \times V}{m \times 1000} \qquad (3-48)$$

式中：ω为试样中栀子黄色素的含量，g/kg；A为进样液中栀子苷的含量，μg/mL；V为试样制备液体积，mL；m为试样质量，g。

在重复性条件下获得的两次独立测定结果的绝对差值不得超过5%。

（二）诱惑红的检测

1. 原理

诱惑红在酸性条件下被聚酰胺粉吸附，而在碱性条件下解吸附，再用纸色谱法进行分离后，与标准比较定性、定量。

2．仪器与试剂

可见分光光度计、微量注射器、展开槽、恒温水浴锅、台式离心机。

（1）石油醚（沸程30℃~60℃）、甲醇、200目聚酰胺粉、1:10硫酸、50g/L氢氧化钠、海沙、50%乙醇溶液。

（2）乙醇-氨溶液：取2mL的氨水，加70%（体积分数）乙醇至100mL。

（3）pH 6的水：用20%的柠檬酸调至pH 6。

（4）200g/L柠檬酸溶液、100g/L钨酸钠溶液。

（5）诱惑红的标准溶液：准确称取0.025g诱惑红，加水溶解，并定容至25mL，即得1mg/mL。

（6）诱惑红的标准使用溶液：吸取诱惑红的标准溶液5.0mL于50mL容量瓶中，加水稀释到50mL，即得0.1mg/mL。

（7）展开剂：丁酮:丙醇:水:氨水（7:3:3:0.5），正丁醇:无水乙醇:1%氨水（6:2:3），2.5%柠檬酸钠:氨水:乙醇（8:1:2）。

3．操作方法

（1）试样的处理。

①汽水。将试样加热去二氧化碳后，称取10.0g试样，用20%柠檬酸调pH呈酸性，加入0.5~1.0g聚酰胺粉吸附色素，将吸附色素的聚酰胺粉全部转到漏斗中过滤，用pH 4的酸性热水洗涤多次（约200mL），以洗去糖等物质。若有天然色素，用甲醇-甲酸溶液洗涤1~3次，每次20mL，至洗液无色为止。再用70℃的水多次洗涤至流出液中性。洗涤过程必须充分搅拌然后用乙醇-氨水溶分次解吸色素，收集全部解吸液，于水浴上去除氨，蒸发至2mL左右，转入5mL的容量瓶中，用50%的乙醇分次洗涤蒸发皿，洗涤液并入5mL的容量瓶中，用50%的乙醇定容至刻度。此液留作纸色谱用。

②硬糖。称取10.0g的已粉碎试样，加30mL水，温热溶解，若试样溶液pH较高，用柠檬酸溶液调至pH 4。按"汽水"中"加入0.5~1.0g聚酰胺粉吸附"操作。

③糕点。称取10.0g已粉碎的试样，加30mL，石油醚提取脂肪，共提3次，然后用电吹风吹干，倒入漏斗中，用乙醇-氨解吸色素，解吸液于水浴上蒸发至20mL，加1mL的钨酸钠溶液沉淀蛋白，真空抽滤，用乙醇-氨解吸滤纸上的诱惑红，然后将滤液于水浴上挥去氨，调pH呈酸性，以下按"汽水中加入0.5~1.0g聚酰胺粉吸附"操作。

④冰淇淋。称取10.0g已均匀的试样，加入20g海砂，15mL石油醚提取脂肪，提取2

次，倾去石油醚，然后在50℃的水浴挥去石油醚，再加入乙醇-氨解吸液解吸诱惑红，解吸液倒入100mL的蒸发皿中，直至解吸液无色。将解吸液于水浴上挥去乙醇，使体积约为20mL时，加入1mL硫酸，1mL钨酸钠溶液沉淀蛋白，放置2min，然后用乙醇-氨调至pH呈碱性，将溶液转入离心管中，5000 r/min，离心15min，倾出上清液，于水浴挥去乙醇，用柠檬酸溶液调pH呈酸性，按"汽水中加0.5~1.0g聚酰胺粉吸附"操作。

（2）定性。取色谱用纸，在距底边2cm起始线上分别点3~10μL的试样处理液、1mL色素标准液，分别挂于盛有不同展开剂的展开槽中，用上行法展开，待溶剂前沿展至15cm处，将滤纸取出空气中晾干，与标准斑比较定性。

（3）标准曲线的绘制。吸取0.0mL、0.2mL、0.4mL、0.6mL、0.8mL、1.0mL诱惑红标准使用液，分别置于10mL比色管中，各加水稀释到刻度。用1mL比色杯，以零管调零点，于波长500nm处，测定吸光度，绘制标准曲线。

（4）样品测定。取色谱用纸，在距离底边2cm的起始线上，点0.20mL试样处理液，从左到右点成条状。纸的右边点诱惑红的标准溶液1μL，依法展开，取出晾干。将试样的色带剪下，用少量热水洗涤数次，洗液移10mL的比色管中，加水稀释至刻度，混匀后，与标准管同时在500nm处，测定吸光度。

4. 结果计算

$$\omega = \frac{A \times 1000}{m \times \dfrac{V_2}{V_1} \times 1000} \tag{3-49}$$

式中：ω为试样中的诱惑红的含量，g/kg；A为测定用试样处理液中诱惑红的量，mg；m以为试样的质量，g；V_1为试样解吸后总体积，mL；V_2为试样纸层析用体积，mL。

第五章 食品微生物的污染与控制

第一节 食品中常见微生物

一、食品工业常用微生物

(一)食品工业常用的细菌

1. 乳杆菌属

革兰阳性无芽孢杆菌，细胞形态多样，呈长形、细长状、弯曲形及短杆状，耐氧或微好氧，单个存在或呈链状排列，最适生长温度在30℃~40℃。产酸和耐酸能力强，最适pH为5.5~6.2，一般在pH为5.0或更低情况下能生长。分解糖的能力很强。常见的乳杆菌有：干酪乳杆菌、嗜酸乳杆菌、植物乳杆菌、瑞士乳杆菌、发酵乳杆菌、弯曲乳杆菌、米酒乳杆菌和保加利亚乳杆菌。它们广泛存在于牛乳、肉、鱼、果蔬制品及动植物发酵产品中。这些菌通常用来作为乳酸、干酪、酸乳等乳制品的生产发酵剂。植物乳杆菌常用于泡菜的发酵。

2. 链球菌属

革兰阳性球菌，细胞呈球形或卵圆形，细胞成对地链状排列，无芽孢，兼性厌氧，化能异养，营养要求复杂，属同型乳酸发酵，生长温度范围25℃~45℃，最适温度37℃。常见于人和动物口腔、上呼吸道、肠道等处。多数为有益菌，是生产发酵食品的有用菌种，如嗜热链球菌、乳链球菌、乳脂链球菌等可用于乳制品的发酵。但有些菌种是人畜的病原菌，如引起牛乳房炎的无乳链球菌，引起人类咽喉等病的溶血链球菌。有些种也是引起食品腐败变质的细菌，如液化链球菌和粪链球菌可引起食品变质。

3. 片球菌属

革兰阳性球菌，成对或四联状排列，罕见单个细胞，不形成链状，不运动，不形成芽孢，兼性厌氧，同型发酵产生乳酸，最适生长温度 25℃～40℃。它们普遍存在于发酵的蔬菜、乳制品和肉制品中，常用于泡菜、香肠等的发酵，也常引起啤酒等酒精饮料的变质。常见的有啤酒片球菌、乳酸片球菌、戊糖片球菌、嗜盐片球菌等。

4. 明串珠菌属

革兰阳性球菌，菌体细胞呈圆形或卵圆形，菌体常排列成链状，不运动，不形成芽孢，兼性厌氧，最适生长温度为 20℃～30℃，营养要求复杂，在乳中生长较弱而缓慢，加入可发酵性糖类和酵母汁能促进生长，属异型乳酸发酵。多数为有益菌，常存在于水果、蔬菜和牛乳中。能在含高浓度糖的食品中生长，如噬橙明串珠菌和戊糖明串珠菌可作为制造乳制品的发酵菌剂。另外，戊糖明串珠菌和肠膜明串珠菌可用于生产右旋糖酐，作为代血浆的主要成分，也可以作为泡菜等发酵菌剂。肠膜明串珠菌等可利用蔗糖合成大量的荚膜（葡聚糖），可增加酸乳的黏度。

5. 双歧杆菌属

革兰阳性、不规则无芽孢杆菌，呈多形态，如"Y"字形、"V"字形、弯曲状、棒状、勺状等。专性厌氧，营养要求苛刻，最适生长温度 37℃～41℃，最适 pH 6.5～7.0，在 pH 4.5～5.0 或 pH 8.0～8.5 不生长。主要存在于人和各种动物的肠道内。目前报道的已有 32 个种，其中常见的是长双歧杆菌、短双歧杆菌、两歧双歧杆菌、婴儿双歧杆菌及青春双歧杆菌。双歧杆菌具有多种生理功能，许多发酵乳制品及一些保健饮料中常常加入双歧杆菌以提高保健效果。

6. 丙酸杆菌属

革兰阳性不规则无芽孢杆菌，有分支，有时呈球状，兼性厌氧。能使葡萄糖发酵产生丙酸、乙酸和气体。最适生长温度 30℃～37℃。主要存在于乳酪、乳制品和人的皮肤上，参与乳酪成熟，常使乳酪产生特殊香味和气孔。

7. 醋酸杆菌属

需氧杆菌，幼龄菌为革兰阴性杆菌，老龄菌革兰染色后常为革兰阳性，单个、成对或链状排列，无芽孢，有鞭毛，为专性需氧菌。最适温度 30℃～35℃。该菌生长的最佳碳源为乙醇、甘油和乳酸，有些菌株能合成纤维素。主要分布在花、果实、葡萄酒、啤酒、苹果汁、醋和园土等环境。该属菌有较强的氧化能力，能将乙醇氧化为醋酸，并可将醋酸和乳酸氧化成二氧化碳和水，对食醋的生产和醋酸工业有利，是食醋、葡萄糖酸和维生素 C 的重要工业菌。

（二）食品工业常用的酵母

1. 酵母属

本属酵母菌细胞为圆形、卵圆形，有的形成假菌丝，多数为出芽繁殖。有性生殖包括单倍体细胞的融合（质配和核配）和子囊孢子融合。大多数种发酵多种糖，只有糖化酵母一个种能发酵可溶性淀粉。本属酵母菌可引起水果、蔬菜发酵。食品工业上常用的酿酒酵母多来自本属，如啤酒酵母、果酒酵母、卡尔酵母等。

2. 毕赤酵母属

本属酵母细胞为简形，可形成假菌丝、子囊孢子。分解糖的能力弱，不产生酒精，能氧化酒精，能耐高浓度的酒精，常使酒类和酱油产生变质并形成浮膜，如粉状毕赤酵母菌。毕赤酵母目前是常用的基因工程蛋白表达工具，也可用作单细胞蛋白的生产。

3. 汉逊酵母属

本属酵母细胞为球形、卵形、圆柱形，常形成假菌丝，孢子为帽子形或球形，对糖有强的发酵作用，主要产物不是酒精而是酯，常用于食品增香。

4. 假丝酵母属

细胞为球形或圆筒形，有时细胞连接成假菌丝状。多端出芽或分裂繁殖，对糖有强的分解作用，一些菌种能氧化有机酸。该属酵母富含蛋白质和 B 族维生素，常被用作食用或饲料用单细胞蛋白及维生素 B 的生产。

（三）食品工业常用的霉菌

1. 毛霉属

菌丝细胞无隔膜，单细胞组成，出现多核，菌丝呈分枝状。以孢子囊孢子（无性）和接合孢子（有性）繁殖。一般是菌丝发育成熟时，在顶端即产生出一个孢子囊，呈球形，孢子囊梗伸入孢子囊梗部分成为中轴，孢子为球形或椭圆形。大多数毛霉具有分解蛋白质的能力，同时也具有较强的糖化能力。因此在食品工业上，毛霉主要是用来进行糖化和制作腐乳，也可用于淀粉酶的生产。

2. 根霉属

根霉形态结构与毛霉相似。菌丝分枝状，菌丝细胞内无横隔。在培养基上生长时，菌丝伸入培养基质内，长成分枝的假根，假根的作用是吸收营养。而连接假根，靠近培养基表面向横里匍匐生长的菌丝称为匍匐菌丝。从假根着生处向上丛生，直立的孢子梗不分枝，产生许多孢子，即孢子囊孢子。根霉能产生糖化酶，使淀粉转化为糖，是酿酒工业上常用的发酵菌。有些菌种也是甜酒酿、甾体激素、延胡索酸和酶制剂等物质制造的应用菌。

3. 曲霉属

菌丝呈黑、棕、黄、绿、红等多种颜色，菌丝有横隔膜，为多细胞菌丝，营养菌丝匍匐生长于培养基的表层，无假根。附着在培养基的匍匐菌丝分化出具有厚壁的足细胞。在足细胞上长出直立的分生孢子梗。孢子梗的顶端膨大成顶囊。在顶囊的周围有辐射状排列的次生小梗，小梗顶端产生一串分生孢子，不同菌种的孢子有不同的颜色，有性世代不常发生，分生孢子形状、颜色、大小是鉴定曲霉属的重要依据。曲霉具有分解有机质的能力，是发酵和食品加工行业的重要菌，传统发酵食品行业常用作制酱、酿酒、制醋。现代工业中常用作淀粉酶、蛋白酶、果胶酶的生产，也可作为糖化应用的菌种。

4. 木霉属

木霉可产生有性孢子（子囊孢子）和无性孢子（分生孢子）。这个属的霉菌能产生高活性的纤维素酶，故可用于纤维素酶的制备，有的种能合成核黄素，有的能产生抗生素。木霉可应用于纤维素下脚制糖、淀粉加工、食品加工和饲料发酵等方面，如里氏木霉、白色木霉、绿色木霉等。

二、食品生产常见的污染微生物

（一）食品污染的细菌

1. 假单胞菌属

假单胞菌属为需氧杆菌，直或稍弯曲杆状。革兰阴性，无芽孢、端生鞭毛、能运动，过氧化氢酶和氧化酶阳性，产能代谢方式为呼吸。营养要求简单，多数菌种在不含维生素、氨基酸的合成培养基中良好生长。

假单胞菌在自然界分布极为广泛，常见于水、土壤和各种动植物体中。假单胞菌能利用碳水化合物作为能源，能利用简单的含氮化合物。本属多数菌株具有强力分解脂肪和蛋白质的能力。它们污染食品后，若环境条件适合，可在食品表面迅速生长，一般能产生水溶性荧光色素，产生氧化产物和黏液，从而影响食品的风味、气味，引起食品的腐败变质。

假单胞菌属很多种能在低温条件下很好地生长，所以是导致冷藏食品腐败变质的主要腐败菌。如冷冻肉和熟肉制品的腐败变质，常常是由于该类菌的污染。但该属的多数菌对热、干燥抵抗力差，对辐照敏感。

该属主要包括：荧光假单胞菌，适宜生长温度为 25℃~30℃，4℃能生长繁殖，能产生荧光色素和黏液，分解蛋白质和脂肪的能力强，常常引起冷藏肉类、乳及乳制品变质；铜绿假单胞菌可产生扩散的荧光色素和绿脓菌素，该菌引起人尿道感染和乳房炎等；生黑色腐败假单胞菌，能在动物性食品上产生黑色素；菠萝软腐病假单胞菌，可使菠萝果实腐烂，被侵害的组织变黑并枯萎；恶臭假单胞菌，能产生扩散的荧光色素，有的菌株产生细菌素。

与食品腐败有关的菌种还有草莓假单胞菌、类黄假单胞菌、类蓝假单胞菌、腐臭假单胞菌、生孔假单胞菌、黏假单胞菌等。

2. 产碱杆菌属

产碱杆菌属为革兰阴性菌，需氧杆菌。细胞呈杆状、球杆状或球状，通常单个存在，周身鞭毛，专性好氧。代谢方式为呼吸，氧化酶阳性。能产生黄色、棕黄色的色素。有些菌株能在硝酸盐或亚硝酸盐存在时进行厌氧呼吸。适宜温度 20℃~37℃，为嗜冷菌。不能分解糖类产酸，但能利用各种有机酸和氨基酸为碳源，在培养基中生长能利用几种有机盐和酰胺产生碱性化合物。

产碱杆菌在自然界分布极广，存在于原料乳、水、土壤、饲料和人畜的肠道内，是引起乳品和其他动物性食品产生黏性变质的主要菌，但不分解酪蛋白。

3. 黄色杆菌属

该属微生物为革兰阴性杆菌，好氧，极生鞭毛，能运动。可利用植物中的糖类产生脂溶性的黄、橙、黄绿色色素而著称。大多数来源于水和土壤，适于 30℃生长。该属有些种为嗜冷菌，可低温生长，是重要的冷藏食品变质菌，在 4℃低温下使乳与乳制品变黏和产酸。黄色杆菌可产生对热稳定的胞外酶，分解蛋白质能力强，常引起多种食品，如乳、禽、鱼、蛋等腐败变质。

4. 无色杆菌属

无色杆菌在琼脂平板上培养 2d 后可见其菌落呈旱圆形，轻微隆起，淡黄色，湿润，半透明，边缘整齐、光滑。革兰染色为阴性，杆状，无芽孢，能液化明胶、不还原硝酸盐。能运动。该属菌常分布于水和土壤中，多数能分解糖和其他物质，产酸不产气，是肉类产品的腐败菌，可使禽、肉和海产品等食品变质发黏。

5. 盐杆菌属

菌落圆形，凸起，完整，半透明。氧化酶和接触酶阳性。通常不液化明胶。在30℃~50℃生长良好。pH的生长范围为5.5~8.0。革兰阴性、需氧杆菌，对高渗具有很强的耐受力，可在高盐环境中（35g/L至饱和溶液中）生长。低盐可使细菌由杆状变为球状。该属菌可在咸肉和盐渍食品上生长，引起食品变质。

6. 脱硫杆菌属

革兰染色阴性杆菌。细胞中等大小，可运动，嗜热，严格厌氧，产生硫化氢。内生芽孢呈椭圆形，有抗热性。存在于土壤中，是罐头类食品变质的重要腐败菌。

7. 埃希杆菌属

该属包括5个种，其中大肠埃希杆菌（简称大肠杆菌）是代表种。该属为革兰阴性杆菌，单个存在，周身鞭毛，无芽孢，少数菌有荚膜，属于兼性厌氧菌。

本属微生物对营养要求不严格，在普通营养琼脂上形成扁平、光滑湿润、灰白色、半透明、圆形、中等大小的菌落。在伊红美蓝（EMB）培养基上形成紫色具金属光泽的菌落。发酵乳糖产酸产气，能在含胆盐培养基上生长。最适温度37℃，能适应生长的pH为4.3~9.5，最适pH为7.2~7.4。不耐热，巴氏杀菌可杀死。自然条件下耐干燥，存活力强。但对寒冷抵抗力弱，特别在冰冻食品中易死亡。大肠杆菌是人和动物肠道正常菌群之一，多数在肠道内无致病性，极少数可产生肠毒素、肠细胞出血毒素等致病因子，可引起食物中毒。

此外，该菌多数有组氨酸脱羧酶，在食品中生长可产生组胺，引起过敏性食物中毒。大肠杆菌是食品中常见的腐败菌，在食品中生长产生特殊的粪臭素。另外大肠杆菌作为大肠菌群的主要成员，是食品和饮用水被粪便污染的指示菌之一。

（二）食品污染的霉菌

1. 曲霉属

曲霉属在食品行业应用广泛，是发酵和食品加工行业的重要微生物菌种。但食品污染该属霉菌后也可引起多种食品发生霉变。如有的曲霉适应干旱环境，能在谷物上生长引起霉腐，也会导致如果酱、腌火腿、坚果和果蔬的腐败变质。此外，曲霉属中的某些种或株还可产生毒素（如黄曲霉产生的黄曲霉毒素），引起人类食物中毒。

2. 根霉属

根霉是酿造行业常用菌，但同时根霉也可引起粮食、果蔬及其制品的霉变，如米根霉、华根霉和葡枝根霉都是常见的食品污染菌。

3. 毛霉属

毛霉分布广泛，多数具有分解蛋白质的能力，同时也具有较强的糖化能力。毛霉污染到果实、果酱、蔬菜、糕点、乳制品、肉类等食品，条件适宜的情况下生长繁殖可导致食品发生腐败变质，常见的如鲁氏毛霉。

4. 青霉属

本属霉菌菌丝分枝状，有横隔，可发育成有横隔的分生孢子梗。顶端不膨大，为轮生分枝，形成帚状体。帚状体不同部位分枝处的小梗顶端能产生成串的分生孢子。青霉能生长在各种食品上而引起食品的变质。某些青霉还可产生毒素（如展青霉可产生棒曲霉素），引起人类及动物中毒。

5. 镰刀霉属

菌丝有隔，分枝。分生孢子梗分枝或不分枝。分生孢子有两种形态，小型分生孢子卵圆形至柱形，有 1~2 个隔膜；大型分生孢子镰刀形或长柱形，有较多的横隔。广泛地分布在土壤和有机体内，可引起谷物和果蔬霉变，有些是植物病原菌。该属微生物可产生多种毒素，如玉米赤霉烯酮、单端孢霉毒素、串珠镰刀菌素和伏马菌素等，引起人及动物中毒。

6. 木霉属

木霉菌落初始时为白色，致密，圆形，向四周扩展，后从菌落中央产生有色分生孢子。常常造成谷物、水果、蔬菜等食品的霉变，同时可以使木材、皮革及其他纤维性物品等发生霉烂。

7. 分枝孢属

常出现在冷藏肉中，在肉上生长形成白斑，如肉色分枝孢。

8. 高链孢霉属

菌丝有隔膜，分生孢子梗顶端形成链状的分生孢子。广泛分布于土壤、有机物、食品和空气中，有些是植物的病原菌，有些可以引起果蔬类食品的腐败变质，如互隔交链孢霉。

9. 葡萄孢属

菌丝分枝有隔膜，分生孢子梗上形成簇生的分生孢子，如一串葡萄，常分布于土壤、谷物、有机残体及食草性动物类的消化道中。是植物的病原菌，可引起水果败坏，常见的如灰色葡萄孢霉。

10. 链孢霉属

链孢霉属也叫脉孢菌属。菌丝细胞为分枝的有隔分生孢子，菌体本身含有丰富的蛋白质和胡萝卜素，可引起面包的红色霉变，如谷物链孢霉。

11. 地霉属

酵母状霉菌，有时作为酵母细胞，菌丝分隔，菌丝断裂形成孢子，为裂生孢子。多存在于泡菜、动物粪便、有机肥料、腐烂的果蔬及其他植物残体中。本菌可引起果蔬霉烂。

(三) 食品污染的酵母菌

1. 酵母属

本属酵母菌中的鲁氏酵母菌、蜂蜜酵母菌等可以在含高浓度糖的基质中生长，因而可引起高糖食品（如果酱、果脯）的变质。同时也能抵抗高浓度的食盐溶液，如生长在酱油中，可在酱油表面生成灰白色粉状的皮膜，时间长后皮膜增厚变成黄褐色，是引起食品败坏的有害酵母菌。

2. 毕赤酵母属

本属酵母细胞为筒形，可形成假菌丝，孢子为球形或帽子形。分解糖的能力弱，不产生酒精，能氧化酒精；能耐高浓度的酒精，常使酒类和酱油产生变质并形成浮膜。

3. 汉逊酵母属

本属酵母对糖有强的发酵作用，在液体中繁殖，可产生浮膜，如异常汉逊酵母是酒类的污染菌，常在酒的表面生成白色干燥的菌酸。

4. 假丝酵母属

细胞为球形或圆筒形，有时细胞连接成假菌丝状。借多端出芽和分裂而繁殖，对糖有强的分解作用，一些菌种能氧化有机酸。在液体中常形成浮膜，如浮膜假丝酵母，存在于多种食品中。新鲜的和腌制过的肉发生的一种类似人造黄油的酸败就是由该属的酵母菌引起的。

5. 赤酵母属

细胞为球形、卵圆形、圆筒形，借多端出芽繁殖，菌落特别黏稠，该属酵母菌积聚脂肪能力较强，细胞内脂肪含量高达干物质的60%，故也称脂肪酵母。该属有产生色素的能力，常产生赤色、橙色、灰黄色色素。代表品种有黏红酵母、胶红酵母。它们在食品上生长，可形成赤色斑点。

6. 球拟酵母属

本属酵母细胞呈球形、卵形、椭圆形，多端出芽繁殖。对多数糖有分解能力，具有耐受高浓度的糖和盐的特性。如杆状球拟酵母，能在果脯、果酱和甜炼乳中生长。另外该属酵母菌还常出现在冰冻食品中（如乳制品、鱼贝类），导致食品的腐败变质。

7. 接合酵母属

该属的酵母常引起低酸、低盐、低糖食品的腐败，有些可引起高酸性食品的腐败，如酱油、番茄酱、腌菜、蛋黄酱等。该属的一些种还可导致葡萄酒的质量下降，甚至变质。

第二节 微生物污染食品的危害

一、微生物导致食品腐败变质

（一）引起食品变质的微生物

引起食品变质的微生物种类很多，归纳起来主要有细菌、霉菌和酵母菌三大类。但大多数场合下，细菌是引起食品变质的主要原因。细菌会分解食品中的蛋白质和氨基酸，产生臭味或其他异味，甚至伴随有毒物质的产生，细菌引起的变质一般表现为食品的腐败。

（二）各类食品的腐败变质

1. 蛋白质类食品腐败

微生物导致食品的腐败变质过程实质是食品中蛋白质、碳水化合物、脂肪等被污染微生物（包括微生物所产生的酶）的分解代谢过程。

富含蛋白质的肉、鱼、禽蛋和乳制品、豆制品腐败变质的主要特征为蛋白质分解，蛋白质在微生物分泌的蛋白酶和肽链内切酶等的作用下首先水解成多肽，进而裂解形成氨基酸。氨基酸通过脱羧基、脱氨基、脱硫等作用进一步分解成相应的氨、胺类、有机酸和各种碳氢化合物，食品即产生异味，表现出腐败特征。

导致蛋白质类食品腐败的主要为细菌，其次是霉菌，能分解蛋白质的酵母菌较少。

（1）肉类腐败。

肉类鲜度变化分为僵直、后熟、自溶、腐败四个阶段。自溶现象的出现标志着腐败的开始，肉类的自溶过程主要是微生物及组织蛋白酶的作用而导致蛋白质的分解，产生硫化氢等物质。此时的感官检查会发现肉类的弹性变差、组织疏松、表面潮湿发黏、色泽较暗。腐败阶段是自溶过程的继续，微生物数量可达 $10^8 cfu/cm^2$。

肉类腐败微生物的主要来源有：①健康牲畜在屠宰、加工、运输、销售等环节中被微生物污染；②宰前污染即病畜在生前体弱时，病原微生物在牲畜抵抗力低下的情况下，蔓延至全身各组织；③宰后污染，即牲畜疲劳过度，宰后肉的熟力不强，产酸少，难以抑制细菌的繁殖，导致腐败变质。

（2）鱼类腐败。

新鲜的鱼类是营养丰富、味道鲜美的水产食品。而鱼类腐败变质后组织疏松，无光泽，且由于组织分解产生的吲哚、硫醇、氨、硫化氢、粪臭素、三甲胺等，而常伴有难闻恶臭。

由于鱼类生活的水域中存在有大量微生物。鱼体本身含有丰富的蛋白质，如将新鲜鱼类在常温下放置，鱼体体表、鳃部、食道等部位带有的细菌会逐渐增殖并侵入肌肉组织，使鱼体腐败自溶之后进入腐败阶段。腌鱼由于嗜盐细菌的生长而有橙色出现。冻鱼的腐败主要由嗜冷菌引起。

鱼类污染并导致腐败的微生物主要是细菌，包括：假单胞菌、无色杆菌、黄杆菌、产碱杆菌、气单胞菌等。

（3）鲜蛋的腐败。

变质新鲜的禽蛋中含有丰富的水分、蛋白质、脂肪、无机盐和维生素，是微生物天然的"培养基"，因此，微生物侵入蛋内后，在适宜的环境条件下就能大量繁殖，分解营养物质，使蛋类出现腐败变质。鲜蛋的腐败变质分为细菌性和霉菌性两类。细菌引起的蛋类腐败常表现为蛋白出现不正常的色泽（一般多为灰绿色），并产生硫化氢，具有强烈的刺激性和臭味。霉菌性的腐败变质则是蛋中常出现褐色或其他颜色的丝状物。霉菌最初主要生长在蛋壳表面，通常肉眼可以看到，菌丝由气孔进入蛋内存在于内蛋壳膜上，并在靠近气室处迅速繁殖，形成稠密分枝的菌丝体，然后破坏蛋白膜而进入蛋内形成小霉斑点，霉菌菌落扩大而连成片，通常表现为黏连蛋。霉菌造成的腐败变质，具有一种特有的霉气味以及其他的酸败气味。

蛋类的腐败细菌有分解蛋白质的微生物，主要有梭状芽孢杆菌、变形杆菌、假单胞杆菌属、液化链球菌等和肠道菌科的各种细菌；分解脂肪的微生物主要有荧光假单胞菌、产碱杆菌、沙门菌属等；分解糖的微生物有大肠杆菌、枯草芽孢杆菌和丁酸梭状芽孢杆菌属等。

（4）牛乳的腐败。

变质鲜乳的腐败变质主要表现为鲜乳 pH 降低，变酸，蛋白凝固出现"奶豆腐"现象。牛乳腐败微生物主要有荧光假单胞菌（胞外蛋白酶、脂肪酶）、芽孢杆菌、梭菌、棒状杆菌、节杆菌、乳酸杆菌、微杆菌、微球菌、链球菌。鲜乳的自然酸败主要由乳链球菌引起。

牛乳中可能存在的病原微生物有结核病、布氏杆菌、蜡样芽孢杆菌、单核细胞李斯特菌、沙门菌、空肠弯曲菌、梭状芽孢杆菌。另外还可能有曲霉、青霉、镰刀霉等。

2. 富含碳水化合物食品的腐败变质

（1）粮食的霉变。

微生物在粮食上生长繁殖，使粮食发生一系列的生物化学变化，造成粮食品质变劣的现象称为粮食霉变。霉变的发展过程包括初发阶段，升温、生霉阶段，高温、霉烂阶段。粮食中的霉菌生长繁殖，分解利用粮粒中的营养成分，进行旺盛的代谢作用，产生大量的代谢产物和热量，造成粮堆或其局部温度不正常升高，使粮食迅速劣变。

导致粮食霉变的微生物主要是霉菌，最常见的有曲霉属和青霉属。该类微生物通常会产生真菌毒素，长期或一次性大量摄入会导致急性食物中毒或对人体产生慢性侵害，或致癌、致畸变性等危害。

（2）果蔬及其制品的腐败。

变质水果蔬菜的主要成分是碳水化合物和水，适合微生物的生长繁殖，容易发生腐败变质。果蔬腐败变质主要表现为颜色变暗，有时形成斑点，组织软化变形，并产生各种气味。

果蔬的 pH 一般偏酸性，因此果蔬腐败微生物大多为嗜酸性微生物，主要是霉菌、酵母和少数细菌。腐败菌的来源则主要是果蔬收获前后或贮存运输过程中接触、污染。

3. 脂肪类食品的变质

脂肪类食品的腐败变质主要表现为产生特殊的酸败气味。其腐败过程为脂肪先在微生物酶的作用下降解为甘油和脂肪酸，脂肪酸进一步分解生成过氧化物和氧化物，随之产生具有特殊刺激气味的酮和醛等酸败产物，即所谓哈喇味。因此，鉴定油脂的酸价和过氧化值，是油脂酸败的判定指标。

引起脂肪类食品腐败变质的微生物一般为细菌、霉菌和少数酵母。霉菌比细菌多，酵母菌能分解脂肪的不多（解脂假丝酵母）。

二、微生物导致食源性疾病

（一）微生物导致食源性疾病的现状及危害

1. 微生物导致食源性疾病的现状

食源性疾病是指通过摄食而进入人体的有毒有害物质（包括生物性病原体）而引起的一类疾病，通常具有感染或中毒性质。食源性疾病的发病率居各类疾病总发病率的前列，是当前世界上最突出的卫生问题。

食源性疾病包括：①食物中毒：指食用了被有毒有害物质污染或含有有毒有害物质的食品后出现的急性、亚急性疾病；②与食物有关的变态反应性疾病；③经食品感染的肠道传染病（如痢疾）、人畜共患病（口蹄疫）、寄生虫病（旋毛虫病）等；④因一次大量或长期少量摄入某些有毒有害物质而引起的以慢性毒害为主要特征的疾病（如致畸变、致癌变）。

食源性疾病按致病因素可分为细菌性、病毒性、寄生虫性、化学性、真菌毒素、有毒动植物六大类，其中细菌性、病毒性和真菌毒素都可认为是微生物导致的食源性疾病。

另外，需要强调的是，世界范围内食源性疾病的漏报严重。在我国，食源性疾病报告和监测体系都不健全，主要食品中生物性危害因素的监测和重要食品中生物性危害的风险评估体系也亟待完善。

2. 细菌导致的食源性疾病的危害

细菌导致的食源性疾病主要包括：食物中毒、肠道传染病及人畜共患病，其中食物中毒最常见。

食物中毒的概念：一般认为，凡是由于摄入了各种被有毒有害物质污染的或含有有毒有害物质的食品而引起的，急性或亚急性为主的疾病，统称为食物中毒。

食物中毒的特点：①潜伏期短，进食后 0.5~24h 相继发病，来势急剧，短时间内可能有大量病人同时发病；②与食物有密切的关系，所有病人都食用过同一种食物；③所有病人都有急性胃肠炎的相同或相似的症状；④人与人之间没有直接传染，当停食该种食物后，症状即可控制。

食物中毒按病原分类有以下 4 种类型：细菌性食物中毒；真菌性食物中毒；化学性食物中毒；有毒动植物性食物中毒。在各种食物中毒中，细菌性食物中毒最为常见。

细菌性食物中毒指因摄入含有细菌的有毒食品而引起的急性或亚急性疾病。据统计，我国每年发生的细菌性食物中毒人数占食物中毒总人数的 30%~90%。细菌性食物中毒有明显的季节性，多发生在夏秋两季（5~10月份），患者一般都表现出明显的肠胃炎症状，常见为腹痛、腹泻、呕吐等。细菌性食物中毒发病率较高，但死亡率较低，一般愈后良好。

引起细菌性食物中毒的食物主要是动物性食品，如鱼、肉、乳、蛋类等及其制品。植物性食物（如剩饭、米粉）也会引起葡萄球菌肠毒素的中毒，豆制品、面类发酵食品也曾引起过肉毒素中毒。

细菌性食物中毒又可分为感染型食物中毒、毒素型食物中毒及过敏型三类。当食用的食物内含有大量的病原菌，进入人体（通常是进入人体肠道）后，大量生长繁殖，从而引起的中毒称为感染型食物中毒，常由沙门菌、变形杆菌等引起。细菌在食物内生长繁殖，然后产生毒素，食用后而引起中毒称为毒素型食物中毒。毒素型食物中毒又包括体外毒素型和体内毒素型两种。体外毒素型指病原菌在食品内大量繁殖并产生毒素，如葡萄球菌肠毒素中毒、肉毒梭菌中毒。体内毒素型指病原菌随食品进入人体后产生毒素引起食物中毒，如产气荚膜梭状芽孢杆菌食物中毒、产肠毒素性大肠杆菌食物中毒等。过敏型食物中毒是由于食入细菌分解的组氨酸产生的组胺而引起的中毒。过敏型食物中毒一般须具备两个条件，一是食物中必须有组氨酸的存在；二是食品中存在能分解组氨酸产生组胺的细菌，如莫根变形杆菌。

目前，我国发生的细菌性食物中毒多见于沙门菌、变形杆菌、副溶血性弧菌、金黄色葡萄球菌、致病性大肠杆菌、肉毒梭菌等，近年来蜡样芽孢杆菌和李斯特菌中毒的发病频次也有增加。

（二）细菌引起的食物食源性疾病

1. 沙门菌食物中毒

（1）沙门菌生物学特性。

沙门菌属微生物为革兰阴性杆菌，周生鞭毛、无芽孢。需氧或兼性厌氧，最适生长温度为35℃~37℃，最适 pH 6.8~7.8。能以柠檬酸盐为唯一碳源，多数能产气。沙门菌属微生物种类繁多，已发现 2000 多个种（或血清型）。多数不分解乳糖，能分解葡萄糖产酸、产气（伤寒沙门菌产酸不产气）。多数产生硫化氢，不产生靛基质，不液化明胶，不分解尿素，不产生乙酰甲基甲醇，多数能利用枸橼酸盐，能还原硝酸盐为亚硝酸盐，在氰化钾培养基上不生长。沙门菌热抵抗力很弱，60℃、30min 即被杀死，但在外界环境中能生活较久，如水中可生活2~3周，粪便中存活1~2个月，冰雪中存活3~6个月，牛乳和肉等食品中能存活几个月。

沙门菌按其传染范围有三个类群：①引起人类致病，如伤寒沙门菌，甲、乙、丙副伤寒沙门菌，它们是人类伤寒、副伤寒的病原菌，可引起肠热症；②引起动物致病，如绵羊流产沙门菌、牛流产沙门菌；③人、动物致病，如鼠伤寒沙门菌。沙门菌是细菌性食物中毒中最常见的致病菌。在世界各国各类细菌性的食物中毒中，沙门菌常居前列。因此，沙门菌的检验是各国检验机构对多种进出口食品的必检项目之一。

（2）食物中毒症状及发生原因。

沙门菌引起感染型食物中毒。中毒症状有多种表现，一般可分为 5 种类型：胃肠炎型、类伤寒型、类霍乱型、类感冒型、败血症型，其中以胃肠炎型最为多见。中毒症状表现为呕吐、腹泻、腹腔疼痛等。活菌在肠内或血液内被破坏，放出内毒素可引起中枢神经中毒，出现头疼，体温升高，有时痉挛（抽搐），严重者昏迷，甚至导致死亡。一般来讲，本病的潜伏期平均为 6~12h，有时可长达 24h，潜伏期的长短与进食菌的数量有关。病程为 3~7d，本病死亡率较低，为 0~5%。

（3）中毒食品。

主要是肉类食品。如病死牲畜肉、冷荤熟肉最多见，禽类、蛋类、鱼类、冷食等也有发生。由于沙门菌不分解蛋白质，通常无腐败臭味，因此贮存时间较长的熟肉制品即使没有明显腐败变质，也应加热后再吃。

（4）典型事件。

沙门菌是细菌性食物中毒中最常见的致病菌。在世界各国各类细菌性的食物中毒中，沙门菌常居前列。

2. 金黄色葡萄球菌食物中毒

（1）金黄色葡萄球菌生物学特性。

金黄色葡萄球菌为革兰阳性球菌，直径为 0.5~1.5um，堆积为不规则的簇群；无鞭毛，无芽孢，不运动；大多数菌株能生长在 6.5℃~46℃（最适温度 30℃~37℃），能在 pH 4.2~9.8 生长（最适 pH 7.2~7.4）；兼性厌氧菌，在好氧条件下生长最好；耐冷冻环境、耐盐，可在 150g/L 氯化钠和 40% 胆汁中生长。大多数菌株产生类胡萝卜素，使细胞团呈现出深橙色到浅黄色，色素的产生取决于生长的条件，而且在单个菌株中可能也有变化。金黄色葡萄球菌在适宜条件下，可产生多种毒素和酶（肠毒素、溶血毒素、杀白细胞毒素、凝固酶、耐热核酸酶、溶纤维蛋白酶、透明质酸酶等），故致病性强。通常在 25℃~30℃，5h 后即可产生肠毒素。

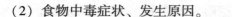

（2）食物中毒症状、发生原因。

金黄色葡萄球菌的食物中毒属于毒素型食物中毒，其症状为急性胃肠炎症状。中毒症状表现为恶心呕吐，多次腹泻腹痛，吐比泻重，这是由于肠毒素进入人体消化道后被吸收进入血液，刺激中枢神经系统而发生的。一般疗程较短，1~2d 即可恢复。经合理治疗后即痊愈，死亡率较低，但儿童对金黄色葡萄球菌毒素较为敏感，应特别引起注意。

（3）中毒食品。

适宜于金黄色葡萄球菌繁殖和产生肠毒素的食品主要有乳及乳制品，有时也会有淀粉类以及鱼、肉、蛋类等制品，尤其是剩饭菜、含乳糕点、冷饮食品多见。被污染的食物在室温 20℃~22℃放置 5h 以上时，病菌大量繁殖，并产生肠毒素。金黄色葡萄球菌本身耐热性一般，在 80℃加热 30min 可杀死。但其产生的肠毒素抗热力很强，120℃、20min 不能使其破坏，必须经过 218℃~248℃下 30min 才能使毒性完全消除。因此有时会发现产品并未检出该菌，但却发生了食物中毒事件（如乳粉），原因是菌体被杀死，但没有破坏其毒素。

（4）流行病学及中毒事件。

近年来，美国疾病控制中心报告，由金黄色葡萄球菌引起的感染占第二位，仅次于大肠杆菌。

3. 大肠杆菌食物中毒

（1）大肠杆菌生物学特性。

大肠杆菌属革兰阴性两端钝圆的短杆菌，近似球形，周生鞭毛，能运动，无芽孢，有些能形成荚膜，好氧或兼性厌氧，最适生长温度为 37℃，一般在 60℃加热 30min 或煮沸数分钟可杀死。最适生长 pH 为 7.2~7.4。在伊红-美兰琼脂类平板上可形成紫黑色带有金属光泽的菌落。

大肠杆菌为肠道正常菌群，一般不致病，而且还能合成 B 族维生素和维生素 K，产生大肠菌素，对机体有利。但有些致病性大肠杆菌能产生内毒素和肠毒素引起食物中毒。致病性大肠杆菌和非致病性大肠杆菌在形态上和生物学特性上难以区分，只能从抗原性不同来区分。大肠杆菌有三种抗原，即菌体抗原（O 抗原）、鞭毛抗原（H 抗原）和荚膜抗原（K 抗原）。荚膜抗原又分为 A、B、L 三类。一般有 K 抗原的菌株比没有 K 抗原的菌株毒力强，而致病性大肠杆菌的 K 抗原主要为 B 抗原，少数为 L 抗原。

（2）大肠杆菌食物中毒症状及原因。

病原性大肠杆菌引起食物中毒的主要症状是急性胃肠炎，但较沙门菌轻。有呕吐、腹泻，大便呈水样便、软便或黏液便，重症有血便。腹泻次数每日达 10 次以内，常伴有发热、头痛等症状。病程较短，1~3d 即可恢复。潜伏期为 2~72h，一般 4~6h。

4. 变形杆菌食物中毒

（1）变形杆菌生物学特性。

变形杆菌属包括普通变形杆菌、奇异变形杆菌和产黏变形杆菌，引起食物中毒主要是前两种。变形杆菌为革兰阴性两端钝圆的小杆菌，无芽孢、无荚膜，周生鞭毛，能运动，有明显多形性，有线形和弯曲状，在培养基中菌落有迅速扩展蔓延的生长特点，故有变形杆菌之称。属于兼性厌氧细菌，但在缺氧条件下发育不良。

（2）中毒症状、原因及食品。

变形杆菌可产生肠毒素，此毒素为蛋白质和碳水化合物的复合物，具抗原性。变形杆菌引起的食物中毒为急性胃肠炎症状，首先表现为腹痛，继而恶心、呕吐、腹泻、头痛、发热、全身无力等。变形杆菌食物中毒的潜伏期比较短，为 3~20h，一般为 3~5h，病程 1~3d，来势急，恢复快，死亡率低。造成中毒的食品主要有肉类、蛋类、剩饭等。

5. 产气荚膜梭菌食物中毒

（1）产气荚膜梭菌生物学特性。

产气荚膜梭菌又名魏氏杆菌，革兰阳性粗大芽孢杆菌。单独或成双排列，也有短链排列，端生芽孢，可形成荚膜，无鞭毛，专性厌氧。生长温度 20℃~50℃，最适宜生长温度 43℃~47℃，生长 pH 为 5.5~8.0，在含有 50g/L 食盐基质中，生长即受到抑制。魏氏杆菌芽孢体对热的抵抗力较强，能耐受 100℃ 的温度 1~4h。该菌能产生毒性强烈的外毒素，毒素由 12 种以上的成分构成。魏氏杆菌根据外毒素的性质和致病性的不同可分为 A、B、D、C、E、F 六型，其中 A 型和 F 型菌型是引起人类食物中毒的病原菌。

（2）食物中毒症状、原因及食品。

魏氏杆菌 A、F 型是引起人类食物中毒的病原菌。A 型引起食物中毒时，潜伏期一般为 10~12h，最短约为 6h，长的达 24h。临床特征是急性胃肠炎，有腹痛、腹泻，并伴有发热和恶心，病程较短，多数在一天内即可恢复。F 型引起食物中毒症状较严重，潜伏期较短，表现为严重腹痛、腹泻，可引起重度脱水和循环衰竭而导致死亡。该菌引起的食物中毒属于感染型还是毒素型，一般难于确定，因一般必须进食大量活菌（10Rcfu/g）才能引起发病。

引起该菌繁殖的食品主要是肉类和鱼贝类等蛋白质类食品。中毒原因主要是食品加热不彻底，使细菌在食品中大量繁殖并形成芽孢及产生肠毒素，而食品并不一定在色味上发生明显的变化。食品中该菌数量达到很高时（$1.0×10^7$ 或更多），才能在肠道中产生毒素，从而引起食物中毒。

（三）　真菌引起的食源性疾病

真菌被广泛用于酿酒、制酱和面包制造等食品工业，但有些真菌却能通过食物而引起食源性疾病。真菌导致的食源性疾病一是引起急性食物中毒；二是引起癌变及如肝硬化等慢性病变。真菌导致食源性疾病主要通过产生真菌毒素而对人体产生危害。

霉菌毒素指的是产毒霉菌在适合产毒的条件下所产生的次生代谢产物。食品在加工过程中，要经加热、烹调等处理，可以杀死霉菌的菌体和孢子，但它们产生的毒素一般不能破坏。所以，如果摄入人体内的毒素量达到一定程度，即可产生该种毒素所引发的中毒症状。

霉菌产毒的特点：①霉菌产毒仅限于少数的产毒霉菌，而产毒菌种中也只有一部分菌株产毒；②产毒菌株的产毒能力具有可变性和易变性，即产毒株经过几代培养可以完全失去产毒能力，而非产毒菌株在一定情况下，可以出现产毒能力；③产毒霉菌并不具有一定的严格性，即一种菌种或菌株可以产生几种不同的毒素，而同一霉菌毒素也可由几种霉菌产生；④产毒霉菌产生毒素需要一定的条件，主要是基质（如花生、玉米等食品中黄曲霉毒素检出率高，小麦、玉米以镰刀菌及其毒素污染为主，大米中以黄曲霉及其毒素为主）、水分、温度、相对湿度及空气流通情况等。

不少霉菌都可以产生毒素，但以曲霉、青霉、镰刀霉属产生的较多，且一种霉菌并非所有的菌株都能产生毒素。所以确切地说，产毒霉菌是指已经发现具有产毒能力的一些霉菌菌株引起，它们主要包括以下几个属，曲霉属：黄曲霉、寄生曲霉、杂色曲霉、岛青霉、烟曲霉、构巢曲霉等；青霉属：橘青霉、黄绿青霉、红色青霉、扩展青霉等；镰刀霉菌属：禾谷镰刀菌、玉米赤霉、梨孢镰刀菌、无孢镰刀菌、粉红镰刀菌等；其他菌属：粉红单端孢霉、木霉属、漆斑菌属、黑色状穗霉等。

目前已知的霉菌毒素与人类关系密切的有近百种，可引起食物中毒的霉菌毒素的种类相对更少一些。常见的致病性霉菌毒素有黄曲霉毒素、杂色曲霉毒素、赭曲霉素、展青霉毒素、镰刀菌毒素类等。

（四）　病毒引起的食源性疾病

食源性病原体中除细菌（包括细菌毒素）和真菌毒素外，还包括部分病毒。病毒是专性寄生，虽不能在食品中繁殖，但食品为其提供了保存条件，可以食品为传播载体经粪-口途径感染人体，导致食源性疾病的产生。统计表明，病毒已经成为引起食源性疾病的重要因素。通常病毒引起的食源性疾病主要表现为病毒性肠胃炎和病毒性肝炎。

已经证实的可导致食源性疾病的病毒有肝炎病毒（主要包括甲型肝炎病毒和戊型肝炎病毒）、诺如病毒、轮状病毒、星状病毒等。

1. 甲型肝炎病毒

病源菌为甲型肝炎病毒。该病毒专性寄生于人体，但在其他生物体中可长时间保持传染性。传染途径通常是餐具、食品。水体污染使某些动物成为传染源。如毛蜡滤水速度达5~6L/h，牡蛎可达40L/h。

2. 诺如病毒

诺如病毒又称诺瓦克病毒和诺瓦克样病毒，是一组世界范围内引起的急性无菌性胃肠炎的重要病原微生物。诺瓦克病毒1968年在美国得名；随着分子生物学和免疫学技术的发展，人们逐渐发现了一组与诺瓦克病毒形态接近、核苷酸同源性较高、但抗原性有一定差异的病毒，统称为诺瓦克样病毒。

诺瓦克病毒通常栖息于牡蛎等贝类中，人若生食这些受污染的贝类会被感染，患者的呕吐物和排泄物也会传播病毒。诺瓦克病毒能引起腹泻，主要临床表现为腹痛、腹泻、恶心、呕吐。它主要通过患者的粪便和呕吐物传染，传染性很强，抵抗力弱的老年人在感染病毒后有病情恶化的危险。主要症状包括恶心、呕吐、腹泻及腹痛，部分会有轻微发烧、头痛、肌肉酸痛、倦怠、颈部僵硬、畏光等现象。被感染者虽然会感到严重的不适，除了婴幼儿、老人和免疫功能不足者，只要能适当的补充流失的水分，给予支持性治疗，症状都能在数天内改善。2006年，数百万日本人感染诺瓦克病毒，导致多人死亡。

3. 轮状病毒

归类于呼肠孤病毒科，轮状病毒属。该病毒为双股RNA，呈圆球形，壳粒呈放射状排列，形似车轮，无囊膜，有双层衣壳，每层衣壳呈二十面体对称，70~75nm。全世界5岁以下儿童每年可发生1.4亿人次的轮状病毒腹泻，死亡可达100万人，是婴幼儿腹泻的主要病原（大于60%），多发于秋冬季。

4. 星状病毒

星状病毒，是一种感染哺乳动物及鸟类的病毒。人星状病毒于1975年从腹泻婴儿粪便中分离得到，球形，直径28~35nm，无包膜，电镜下表面结构呈星形，有5~6个角。核酸为单正链RNA，7.0 kb，两端为非编码区，中间有三个重叠的开放读码框架。该病毒呈世界性分布，粪-口传播，是引起婴幼儿、老年人及免疫功能低下者急性病毒性肠炎的重要病原之一，其致病性已日益受到重视，人类感染星状病毒主要症状是严重腹泻，伴随发热、恶心、呕吐。本病为自愈性疾病，大部分患者在出现症状 2~3d 时，症状会逐渐减轻，但也有极少数症状加重，造成脱水。

5. 朊病毒

朊病毒是一类能浸染动物并在宿主细胞内复制的小分子无免疫性疏水蛋白质。朊病毒严格来说不是病毒，是一类不含核酸而仅由蛋白质构成的可自我复制并具感染性的病变因子。其相对分子质量在 2.7 万~3 万，对各种理化作用具有很强抵抗力，传染性极强。

朊病毒导致脑海绵状病变，称"克-雅氏症"，俗称疯牛病。疯牛病典型临床症状为出现痴呆或神经错乱、视觉模糊、平衡障碍、肌肉收缩等。通常认为食用被朊病毒污染了的牛肉、牛脊髓的人，有可能引起病变。朊病毒在 134℃~138℃ 下 60min 仍不能被全部失活；1.6% 的氯、2mol/L 的氢氧化钠及医用福尔马林溶液等均不能使病原因子失活。该病症临床表现为脑组织的海绵体化、空泡化、星形胶质细胞和微小胶质细胞的形成以及致病型蛋白积累。无免疫反应，至今尚无办法治疗，一般患者均在发病后半年内死亡。

第三节　食品中微生物的变化与控制

一、食品的微生物污染源控制

（一）污染食品的微生物来源与途径

1. 土壤中的微生物

不同环境中存在着不同类型和数量的微生物。土壤是微生物的"大本营"，土壤中微生物数量最大，种类也最多，这是由于土壤具备了适合各种微生物生长繁殖的理想条件，即由土壤环境的特点决定的：①营养物质：土壤中含有微生物所需要的各种营养物质（有机质，大量元素及微量元素、水分及各种维生素等）；②氧气：表层土壤有一定的团粒结构，疏松透气，适合好氧微生物的生长，而深层土壤结构紧密，适合厌氧微生物生长；③pH：土壤的酸碱度适宜，适合微生物的生长与繁殖（一般接近中性，适合多数微生物的生长，虽然一些土壤 pH 偏酸或偏碱，但在那里也存在着相适应的微生物类群，如酵母菌、霉菌、耐酸细菌、放线菌、耐碱细菌等）；④温度：土壤的温度一年四季中变化不大，既不十分酷热，也不相当严寒，非常适合微生物的生长繁殖。

通常土壤中细菌占较大的比率，主要的细菌包括有：腐生性的球菌；需氧性的芽孢杆菌（枯草芽孢杆菌、蜡样芽孢杆菌、巨大芽孢杆菌）；厌氧性的芽孢杆菌（肉毒梭状芽孢杆菌、腐化梭状芽孢杆菌）及非芽孢杆菌（如大肠杆菌属）等。土壤中酵母菌、霉菌和大多数放线菌都生存在土壤的表层，酵母菌和霉菌在偏酸的土壤中活动显著。

土壤中微生物的种类和数量在不同地区、不同性质的土壤中有很大的差异，特别是在土壤的表层中微生物的波动很大。一般在浅层（10~20cm）土壤中，微生物最多，随着土壤深度的加深，微生物数量逐渐减少。

2. 水中的微生物

水是微生物广泛存在的第二个理想的天然环境，江、河、湖、泊中都有微生物的存在，下水道、温泉中也存在有微生物。

（1）水的环境特点水中含有不同量的无机物质和有机物质，水具有一定的温度（如水的温度会随着气温的变化而变化，但深层水温度变化不大）、溶解氧（表层水含氧量较多，深层水缺氧）和pH（淡水pH在6.8~7.4），决定了其存在着不同类群的微生物。

（2）水中微生物的主要类群及其特点。

①淡水中的微生物：假单胞菌属、产碱杆菌属、气单胞菌属、无色杆菌属等组成的一群革兰阴性菌，杆菌。这类微生物的最适生长温度为20℃~25℃，它们能够适应淡水环境而长期生活下来，从而构成了水中天然微生物的类群。

来自土壤、空气和来自生产、生活的污水以及来自人、畜类粪便等多方面的微生物，特别是土壤中的微生物是污染水源的主要来源，它主要是随着雨水的冲洗而流入水中。来自生活污水、废物和人畜排泄物中的微生物大多数是人畜消化道内的正常寄生菌，如大肠杆菌、粪肠球菌和魏氏杆菌等；还有一些是腐生菌，如某些变形杆菌、厌氧的梭状芽孢杆菌等。当然，有些情况下，也可以发现少数病原微生物的存在。

水中微生物活动的种类、数量经常是变化的，这种变化与许多因素有关，如气候、地形条件、水中含有的微生物所需要的营养物质的多少、水温、水中的含氧量、水中含有的浮游生物体等。如雨后的河流中微生物数量上升，有时达10^{7}efu/mL，但隔一段时间后，微生物数量会明显下降，这是水的自净作用造成的（阳光照射及河流的流动使含菌量冲淡，水中有机物因细菌的消耗而减少，浮游生物及噬胞菌的溶解作用等）。

②海水中的微生物：海水中生活的微生物均有嗜盐性。靠近陆地的海水中微生物的数量较多（因为有江水、河水的流入，故含有机物的量比远海多），且具有与陆地微生物相似的特性（除嗜盐性外）。

海水中的微生物主要是细菌，如假单胞菌属、无色杆菌属、不动杆菌属、黄杆菌属、噬胞菌属、小球菌属、芽孢杆菌属等。如在捕获的海鱼体表经常有无色杆菌属、假单胞菌属和黄杆菌属的细菌检出，这些菌都是引起鱼体腐败变质的细菌。海水中的细菌除了能引起海产动植物的腐败外，有些还是海产鱼类的病原菌，有些菌种还是引起人类食物中毒的病原菌，如副溶血性弧菌。

3. 来自空气中的微生物

（1）空气环境的特点。

空气中缺乏微生物生长所需要的营养物质，再加上水分少，较干燥，又有日光的照射，因此微生物不能在空气中生长，只能以浮游状态存在于空气中。

（2）空气中微生物的主要类群及其特点。

空气中的微生物主要来自地面，几乎所有土壤表层存在的微生物均可能在空气中出现。由于空气的环境条件对微生物极为不利，故一些革兰阴性菌（如大肠菌群等）在空气中很易死亡，检出率很低。在空气中检出率较高的是一些抵抗力较强的类群，特别是耐干燥和耐紫外线强的微生物，即细菌中革兰阳性球菌、革兰阳性杆菌（特别是芽孢杆菌）以及酵母菌和霉菌的孢子等。

空气中有时也会含有一些病原微生物，有的间接地来自地面，有的直接地来自人或动物的呼吸道，如结核杆菌、金黄色葡萄球菌等一些呼吸道疾病的病原微生物，可以随着患者口腔喷出的飞沫小滴散布于空气中。

4. 来自人及动植物的微生物

人和动植物的体表，因生活在一定的自然环境中，就会受到周围环境中微生物的污染。健康人体和动物的消化道、上呼吸道等均有一定的微生物存在，但并不引起人畜的疾病。但是当人和动物有病原微生物寄生时，患者病体内就会产生大量病原微生物向体外排出，其中少数菌还是人畜共患的病原微生物，其污染食物，可能引起人类食源性疾病。

人经常接触食品，因此人体可作为媒介将有害微生物带入食品。如食品从业人员身体、衣物如果不经常清洗、消毒，就可能通过皮肤、头发等接触食品造成污染。另外食品加工贮存场所如果有鼠、蝇、蟑螂出没，这些动物体表消化道往往携带有大量微生物，因此成为微生物污染的重要传播媒介。

5. 来自加工设备及包装材料的微生物

随着工业化的发展和社会分工细化，食品从生产到食用过程日趋复杂。在从原料收获直到消费者食用整个过程中应用于食品的一切用具，包括包装容器、加工设备、贮存和运输工具都有可能成为媒介将微生物带入食品，造成污染。特别是贮存和运输过腐败变质食品的工具，如未经彻底消毒再次使用，会导致再次污染。另外，多次使用的食品包装材料如处理不当，也易导致食品的微生物污染。

6. 来自食品原料及辅料的微生物

除了食品加工、贮存、运输等环节，还有来自食品原料及辅料本身的微生物。如动物性食品原料，健康动物体表和肠道存在有大量微生物，患病的畜禽器官和组织内部也可能有病原微生物的存在。屠宰过程中卫生管理不当将造成微生物广泛污染的机会。

水产品原料由于水域中含有多种微生物，所以鱼虾等体表消化道都有一定数量微生物。捕捞及运输存储过程处理不当可使得微生物大量繁殖，引起腐败。

植物性原料在生长期与自然界接触，其体表同样存在大量微生物。据检验，刚收获的粮食每克含有几千个细菌和大量的霉菌孢子。细菌主要为假单胞菌、微球菌、芽孢杆菌等，霉菌孢子主要是曲霉、青霉和镰刀霉。果蔬原料上存在的主要为酵母菌，其次是霉菌和少量细菌。加工或存储条件不当会导致粮食的霉变和果蔬的腐烂。

（二）食品微生物污染的控制

1. 加强环境卫生管理

环境卫生的好坏，对食品的卫生质量影响很大。环境卫生搞得好，其含菌量会大大下降，这样就会减少对食品的污染。若环境卫生状况很差，其含菌量一定很高，这样容易增加污染的机会。所以加强环境卫生管理，是保证和提高食品卫生质量的重要一环。加强环境卫生管理包括：①做好粪便卫生管理工作；②做好污水卫生管理工作；③做好垃圾卫生管理工作。

2. 加强企业卫生管理

（1）食品生产卫生。

食品在生产过程中，每个环节都必须要有严格而又明确的卫生要求。只有这样，才能生产出符合卫生的食品。食品生产卫生管理包括：①食品厂址选择；②生产食品的车间管理；③食品在生产过程中的管理；④食品生产用水的管理。

（2）食品贮藏卫生。

食品在贮藏过程中要注意场所、温度、容器等因素。场所要保持高度的清洁状态，无尘、无蝇、无鼠。贮藏温度要低，有条件的地方可放入冷库贮藏。所用的容器要经过消毒清洗。贮藏的食品要定期检查，一旦发现生霉、发臭等变质现象，都要及时进行处理。

（3）食品运输卫生。

食品在运输过程中是否受到污染或是否腐败变质，都与运输时间的长短、包装材料的质量和完整、运输工具的卫生情况、食品的种类等有关。

（4）食品销售卫生。

食品在销售过程中要做到及时进货，防止积压，要注意食品包装的完整，防止破损，要多用工具售货，减少直接用手接触食品，要防尘、防蝇、防鼠害等。

（5）食品从业人员卫生。

对食品企业的从业人员，尤其是直接接触食品的食品加工人员、服务员和售货员等，必须加强卫生教育，养成遵守卫生制度的良好习惯。卫生防疫部门必须和食品企业及其他部门配合，定期对从业人员进行健康检查和带菌检查。如我国规定患有痢疾、伤寒、传染性肝炎等消化道传染病（包括带菌者）、活动性肺结核、化脓性或渗出性皮肤病人员，不得参加接触食品的工作。

3. 加强食品卫生检验

要加强食品卫生的检验工作，才能对食品的卫生质量做到心中有数，有条件的食品企业应设有化验室，以便及时了解食品的卫生质量。

卫生防疫部门应经常或定期对食品进行采样化验，当然还要不断地改进检验技术，提高食品卫生检验的灵敏度和准确性。经过卫生检验，对发现不符合卫生要求的食品，除了应采取相应的措施加以处理外，重要的是查出原因，找出对策，以便今后能生产出符合卫生质量要求的食品。

二、食品污染微生物生长控制

（一）食品中微生物的消长

食品中的微生物，在数量上和种类上都随着食品所处环境的变动和食品性状的变化而不断变化，这种变化所表现的主要特征就是食品中微生物的数量出现增多或减少。食品中微生物在数量上出现增多或减少的现象称为消长现象。

（二）影响食品微生物生长的条件

影响食品中微生物生长繁殖的因素有三个：微生物自身、食品的基质条件（营养成分、pH、水分活度渗透压等）、食品的外界环境条件（温度、湿度、氧气等）。

1. 微生物种类

前面已经阐明，食品中之所以有微生物存在，是从不同污染源，通过各种各样的污染途径，将微生物传播到食品中去的。由于污染源和污染途径的不同，在食品中出现的微生物的种类也是复杂的。但概括地讲，污染食品并导致食品腐败变质的微生物主要有细菌、霉菌、酵母菌三大类。

细菌种类繁多，适应性强，在绝大多数场合，是引起食品变质及导致食源性疾病的主要原因。霉菌适宜在有氧、水分少的干燥环境生长发育；在无氧的环境可抑制其活动；水分含量低于15%时，其生长发育被抑制；富含淀粉和糖的食品容易生长霉菌，出现长霉现象。酵母在含糖类较多的食品中容易生长发育，在含蛋白质丰富的食品中一般不生长；在pH为5.0左右的微酸性环境生长发育良好；酵母耐热性不强，60℃~65℃就可将其杀灭。

2. 食品基质条件

（1）食品的营养成分。

食品的营养成分不同，适于不同微生物的生长繁殖。一般富含蛋白质的食品适于细菌类生长。富含糖类等简单碳水化合物的食品适于绝大多数微生物生长。富含淀粉类的食品容易引起霉菌污染。

（2）食品的水分活度。

不同微生物生长繁殖所要求的水分含量不同，一般来说，细菌对含水量要求最高，酵母次之，霉菌对含水量要求最低。大部分新鲜食品 A_w 值在 0.95~1.00，许多腌肉制品（保藏期 1~2d）A_w 值在 0.87~0.95，这一 A_w 值范围的食品可满足一般细菌的生长，其下限可满足酵母菌的生长；盐分和糖分很高的食品（保藏期 1~2 周）A_w 值在 0.75~0.87，可满足霉菌和少数嗜盐细菌的生长；干制品（保藏期 1~2 个月）A_w 值在 0.60~0.75，可满足耐渗透压酵母和干性霉菌的生长；乳粉 A_w 值为 0.20、蛋粉 A_w 值为 0.40 时，微生物几乎不能生长。

（3）食品的 pH。

食品的 pH 是制约微生物生长繁殖，并影响食品腐败变质的重要因素之一。一般食品中细菌最适 pH 下限值为 4.5 左右（乳酸杆菌 pH 可低至 3.3），适宜霉菌生长的 pH 为 3.0~6.0；酵母以 pH 为 4.0~5.8 最为适宜。因此，一般食品 pH<4.5，可抑制多种微生物。但也有少数耐酸微生物能分解酸性物质，使 pH 升高，加速食品腐败变质。

调节 pH 可控制食品中微生物的种类和生长。通常来说，非酸性食品适宜细菌生长；酸性食品中，酵菌、霉菌和少数耐酸细菌（如大肠菌群）可生长。

（4）食品的渗透压。

细菌细胞与外界环境之间保持着平衡等渗状态时，最利于细胞的生长。如果细菌细胞处于高渗环境，水从细胞溢出，将使得胞浆胞膜分离，如环境渗透压低，则细菌细胞吸收水分导致膨胀破裂。一般微生物对低渗有一定的抵抗力，较易生长，而高渗条件下则易脱水死亡。

通常多数霉菌和少数酵母能耐受较高渗透压，高渗透压的食品中绝大多数的细菌不能生长，少数耐盐、嗜盐和耐糖菌除外。

渗透压依赖于溶液中分子大小和数量。食盐和糖是形成不同渗透压的主要物质，食品工业中常利用高浓度的盐和糖来保存食品。

3. 食品外部环境

（1）温度。

温度是影响微生物活动的最重要的因素之一。根据不同微生物对温度的适应能力和要求，可将微生物分为嗜冷菌、嗜热菌和嗜温菌三类。一般来讲，每种微生物都有其最适生长温度、最高生长温度和最低生长温度三个点。最适温度条件下其生长繁殖活动最活跃，低于最低温度和高于最高温度其生长活动受到抑制。但低温一般不易导致微生物的死亡，微生物在低温条件下可以较长时间存活。高温可使得微生物胞内的核酸、蛋白质等遭受不可逆损坏，导致微生物死亡。

不同温度保存的食品适于不同微生物的生长，一般5℃～46℃是致病菌易生长的范围，如食品必须在此温度区间保存，则需严格控制保存时间。

（2）氧气。

氧气对微生物生命活动有重要影响。根据微生物与氧的关系，可将微生物分为好氧、厌氧两大类。好氧菌又分专性好氧、兼性厌氧和微好氧；厌氧菌分为专性厌氧菌和耐氧菌。一般来讲，有氧环境下，微生物进行有氧呼吸，生长代谢速度快，食品变质速度也快。缺氧条件下，由厌氧微生物导致的食品变质速度较慢。多数兼性厌氧菌在有氧条件下生长繁殖速度较快。因此可通过控制食品包装或者食品贮存环境的氧浓度来防止食品腐败，延长食品保质期。

（三）微生物生长的控制和食品保藏

1. 降低食品水分含量：日晒、阴干、热风干燥、喷雾干燥

由于微生物的生长需要一定的水分活度，降低食品水分含量是控制污染微生物生长繁殖的有效手段。根据食品基质，通常采用的措施有日晒、阴干、热风干燥、喷雾干燥、真空冷冻干燥等。

2. 降低食品的贮藏温度：冷藏、冷冻

微生物在一定温度范围内才能生长繁殖。降低环境温度可有效控制污染微生物的生长

活动，而又不会过多影响食品营养及口味。冷藏和冷冻是食品保藏最常用的方式之一。

（1）冷藏。

预冷后的食品在稍高于冰点温度（0℃）中进行贮藏的方法，最常用温度为-1℃~10℃，适于短期保藏食品。还可采用冰块接触、空气冷却（吹冷风）、水冷却（井水、循环水）、真空冷却等方法。

（2）冷冻。

冷冻又包括缓冻：3~72h内使食品温度降至所需温度（-5℃~-2℃），令其缓慢冻结，食物中大部分水可冻成冰晶；速冻：30min内食品温度迅速降至-20℃左右，完全冻结，结冰率近100%（-18℃结冰率>98%）。

另外，需特殊贮存的食品还可使用致冷剂冻结：如液氮、液态 CO_2、固态 CO_2（干冰）、超低温致冷，还有食盐加冰（按不同的比例达到所需温度）；机械式冷冻：如吹风冻结、接触冻结。

3. 提高食品渗透压：盐腌或糖渍

微生物生长繁殖需一定的渗透压，渗透压过高、过低都不利于微生物生长。通常利用盐腌、糖渍等方法来提高食品渗透压，控制微生物生长，延长食品保存期限。

4. 化学防腐和生物防腐：防腐剂

防腐剂的抑菌原理：①能使微生物的蛋白质凝固或变性，从而干扰其生长和繁殖；②对微生物细胞壁、细胞膜产生作用；③作用于遗传物质或遗传微粒结构，进而影响到遗传物质的复制、转录、蛋白质的翻译等；④作用于微生物体内的酶系，抑制酶的活性，干扰其正常代谢。

常用的食品防腐剂有山梨酸及其盐类、丙酸、硝酸盐和亚硝酸盐、苯甲酸、苯甲酸钠和对羟基苯甲酸酯、乳酸链球菌素、溶菌酶。

5. 酸渍、发酵作用降低酸度（控制 pH）

由于微生物生长都需要一定 pH 范围，因此可以通过酸渍（实际上很多食品防腐剂如乳酸、苯甲酸等也是调节食品 pH 以部分控制微生物生长），或者通过自然发酵改变食品 pH，以控制污染微生物生长。如泡菜的腌制，利用乳酸菌发酵产生乳酸，有效防止了蔬菜的腐烂，延长了保存时间。

6. 隔绝氧气：气调保藏

气调包装，国外又称 MAP 或 CAP。根据食品特质及污染微生物对氧气的喜好度，常采用的气体有 N_2、O_2、CO_2、混合气体 O_2+N_2 或 $CO_2+N_2+O_2$（MAP）。高浓度的 CO_2 能阻碍需氧细菌与霉菌等微生物的繁殖，延长微生物生长的迟滞期及指数增长期，起防腐防霉作用。O_2 可抑制大多厌氧的腐败细菌生长繁殖，保持鲜肉色泽、维持新鲜果蔬富氧呼吸及鲜度。

三、食品微生物的杀灭

（一）热处理

热处理即高温杀菌，其原理是通过高温破坏微生物体内的酶、脂质体和细胞膜，使原生质构造呈现不均一状态，以致蛋白质凝固，细胞内一切反应停止。

由于不同的微生物本身结构和细胞组成、性质有所不同，因此对热的敏感性不一，即有不同的耐热性。当微生物所处的环境温度超过了微生物所适应的最高生长温度，一切较敏感的微生物会立即死亡；另一些对热抵抗力较强的微生物虽不能生长，但尚能生存一段时间。

高温虽然可以杀灭微生物，但会对食品营养、性状产生影响。因此根据食品性质常采用不同的灭菌温度和时间，以杀灭微生物的同时，尽可能地保持食品原有营养和风味。常用的高温灭菌方式如下。

（1）高压蒸汽灭菌法：121℃，15~30min；115℃，30min。该方法可使细菌营养体和芽孢均被杀灭，起到长期保藏食品的目的。罐头类食品一般采用这种方法。

（2）煮沸消毒法：100℃，15min 以上。这是食品加工最常用和简单有效的方法。一般微生物营养体细胞均可杀灭，但不能杀灭芽孢。

（3）巴氏消毒法：60℃~85℃，15~30min。常用作牛乳、啤酒、果汁等的消毒，经巴氏消毒后的食品并非无菌，极少数耐热细菌仍能存活，所以需迅速冷却，经无菌包装后立即冷藏，以防细菌繁殖。

（4）超高温灭菌法（UHT）：一般采用135℃~137℃，维持3~5s；对于污染严重的材料，灭菌温度可控制在142℃，维持3~5s。超高温瞬时灭菌法也是牛乳常用的灭菌方法，这样能把牛乳中的微生物杀死，而营养却因加热时间短而得以保存。

（5）微波加热，国际规定食品工业用 915MHz 和 2450MHz 两种频率。

（6）远红外线加热杀菌。

（二）辐照灭菌

辐照灭菌的原理：利用 γ 射线具有波长短、穿透力强的特点，对微生物的 DNA、

食品检验检测分析技术

RNA、蛋白质、脂类等大分子物质的破坏作用，使食品中微生物失活或者代谢活动减慢，达到食品保鲜及长期保存的目的。常采用的辐照源有 ^{60}Co 和 ^{137}Cs。常用剂量：5~10kGy 消毒（不能杀死芽孢），10~50kGy 灭菌。

优点：食品营养素损失少，灭菌防腐，确保食品食用安全，减少化学熏染及添加剂的使用，延长货架寿命。

缺点：这种技术可以引起辐照食品的物理、化学变化和生物变化，从而影响食品的营养价值和感官特性。如 10kGy 以上剂量辐照，食品可产生感官性质变化，出现所谓辐照嗅。

第六章 食品微生物检验的程序及方法

第一节 食品微生物检验的基本程序

一、食品微生物检验实验室的基本要求

（一）检验人员

（1）应具有相应的微生物专业教育或培训经历，具备相应的资质，能够理解并正确实施检验。

（2）应掌握实验室生物安全操作和消毒知识。

（3）应在检验过程中保持个人整洁与卫生，防止人为污染样品。

（4）应在检验过程中遵守相关安全措施的规定，确保自身安全。

（5）有颜色视觉障碍的人员不能从事涉及辨色的实验。

（二）环境与设施

（1）实验室环境不应影响检验结果的准确性。

（2）实验区域应与办公区域明显分开。

（3）实验室工作面积和总体布局应能满足从事检验工作的需要，实验室布局宜采用单方向工作流程，避免交叉污染。

（4）实验室内环境的温度、湿度、洁净度及照度、噪声等应符合工作要求。

（5）食品样品检验应在洁净区域进行，洁净区域应有明显标示。

（6）病原微生物分离鉴定工作应在二级或以上生物安全实验室进行。

（三）实验设备

（1）实验设备应满足检验工作的需要，常见设备如下。

称量设备：天平等。

消毒灭菌设备：干烤/干燥设备，高压灭菌、过滤除菌、紫外线等装置。培养基制备设备：pH 计等。

样品处理设备：均质器（剪切式或拍打式均质器）、离心机等。

稀释设备：移液器等。

培养设备：恒温培养箱、恒温水浴等装置。

镜检计数设备：显微镜、放大镜、游标卡尺等。

冷藏冷冻设备：冰箱、冷冻柜等。

生物安全设备：生物安全柜。

其他设备。

（2）实验设备应放置于适宜的环境条件下，便于维护、清洁、消毒与校准，并保持整洁与良好的工作状态。

（3）实验设备应定期进行检查和/或检定（加贴标识）、维护和保养，以确保工作性能和操作安全。

（4）实验设备应有日常监控记录或使用记录。

（四）检验用品

（1）检验用品应满足微生物检验工作的需求，常用检验用品如下。

常规检验用品：接种环（针）、酒精灯、镊子、剪刀、药匙、消毒棉球、硅胶（棉）塞、吸管、吸球、试管、平皿、锥形瓶、微孔板、广口瓶、量筒、玻棒及 L 形玻棒、pH 试纸、记号笔、均质袋等。

现场采样检验用品：无菌采样容器、棉签、涂抹棒、采样规格板、转运管等。

（2）检验用品在使用前应保持清洁和/或无菌。

（3）需要灭菌的检验用品应放置在特定容器内或用合适的材料（如专用包装纸、铝箔纸等）包裹或加塞，应保证灭菌效果。

（4）检验用品的储存环境应保持干燥和清洁，已灭菌与未灭菌的用品应分开存放并明确标识。

（5）灭菌检验用品应记录灭菌的温度与持续时间及有效使用期限。

（五）微生物无菌室基本要求及管理

1. 无菌室的基本建设要求

（1）根据实验室所涉及的生物安全等级，无菌室的设计和建设应符合 GB 50346—

2011《生物安全实验室建筑技术规范》和 GB 19489—2008《实验室生物安全通用要求》的相关要求。

（2）无菌室大小应能够满足检验工作的需要。内墙为浅色，墙面和地面应光滑，墙壁与地面、天花板连接处应呈凹弧形，无缝隙、无死角，易于清洁和消毒。

（3）无菌室入口处应设置缓冲间，缓冲间内应安装非手动式开关的洗手盆。缓冲间应有足够的面积以保证操作人员更换工作服和鞋帽。

（4）无菌室内工作台的高度约 80cm，工作台应保持水平，工作台面应无渗漏，耐腐蚀，易于清洁、消毒。

（5）无菌室内光照分布均匀，工作台面的光照度应不低于 540lx。

（6）无菌室应具备适当的通风和温度调节的条件。无菌室的推荐温度为 20℃，相对湿度为 40%~60%。

（7）缓冲间及操作室内均应设置能达到空气消毒效果的紫外灯或其他适宜的消毒装置。

2. 无菌室的管理

（1）无菌室在使用前和使用后应进行有效的消毒。

（2）无菌室的灭菌效果应至少每两周验证一次。

（3）应制定清洁、消毒、灭菌、使用和应急处理程序。

（4）应记录环境监测结果，并归档保存。

（5）不符合规定时应立即停止使用。

（六）微生物实验室消毒处理方法

1. 无菌室

（1）紫外线消毒。

①在室温 20℃~25℃时，220V、30W 紫外灯下方垂直位置 1.0m 处的 253.7nm 紫外线辐射强度应≥70μW/cm²，低于此值时应更换。适当数量的紫外灯，确保平均每立方米应不少于 1.5W。

②紫外线消毒时，无菌室内应保持清洁干燥。

③在无人条件下，可采取紫外线消毒，作用时间应≥30min，室内温度<20℃或>40℃、相对湿度大于 60%时，应适当延长照射时间。

④用紫外线消毒物品表面时，应使照射表面受到紫外线的直接照射，且应达到足够的照射剂量。

⑤人员在关闭紫外灯至少 30min 后方可入内作业。

⑥按照 GB 15981—1995《消毒与灭菌效果的评价方法与标准》的规定，评价紫外线的消毒与杀菌效果。

（2）臭氧消毒。

①封闭无菌室内，无人条件下，采用 20mg/m³浓度的臭氧，作用时间应≥30min，消毒后室内臭氧浓度≤0.2mg/m³时方可入内作业。

②按照 GB/T18202—2000《室内空气中臭氧卫生标准》的规定，检验室内臭氧的浓度。

（3）无菌室空气灭菌效果验证方法（沉降法）。

①在消毒处理后与开展检验活动之前的期间采样。

②采样位点的选择应基于人员流量情况和做试验的频率。一般情况下，无菌室面积≤30m²时，从所设定的一条对角线上选取 3 点，即中心 1 点、两端各距墙 1m 处各取 1 点；无菌室面积≥30m²时，选取东、南、西、北、中 5 点，其中东点、南点、西点、北点均距墙 1m。

③在所选位点，将平板计数琼脂平板（90mm）或水化 3M Petriflm™菌落总数测试片置于距地面 80cm 处，开盖暴露 15min，然后，置于（36±1）℃恒温箱培养（48±1）h。如果观察某目标细菌，则可用选择性琼脂平板（如 PDA 平板）或微生物测试片（如 3M Petri-film™环境李斯特菌测试片）。

④确认平板上的菌落数，如大于所设定的风险值，应分析原因，并采取适当措施。

2. 培养基和试剂

（1）培养基通常应采用高压湿热灭菌法，121℃灭菌 15min，特殊培养基按使用者的特殊要求进行灭菌（如含糖培养基，115℃灭菌 20min）。

（2）部分培养基（如嗜盐琼脂培养基、胆硫乳培养基等），只能煮沸灭菌。

（3）对热敏感的培养基或添加物质，应采取膜过滤方法进行过滤除菌。

（4）即用型试剂不需灭菌，应参见相关国际标准或供应商使用说明，直接使用。

3. 器具和设备

（1）湿热灭菌采用高压灭菌器，121℃灭菌 20min，适用于玻璃器皿、移液器吸头、塑料瓶等。按照 GB 15981—1995《消毒与灭菌效果的评价方法与标准》的规定，评价高压灭菌器的杀菌效果。

（2）干燥灭菌采用干燥箱灭菌，160℃灭菌 2h，180℃灭菌 1h，适用于玻璃器皿、不锈钢器具等。

（3）液体消毒剂消毒使用适当浓度的自配或商业液体消毒剂对工作台面、器具或设备表面进行消毒。可按照 GB 15981—1995 的规定，评价自配或商业消毒剂的消毒效果；可按照 ISO 18593：2004，监测工作台面、器具或设备表面的消毒效果。

4．实验室废弃物

（1）对于培养物及其污染的物品（如斜面、api2OE 测试条、api2ONE 测试条、生化鉴定管、血清学鉴定用载玻片、mini-VIDAS 测试条、用过的移液器吸头、细菌培养平皿、注射器等），应使用适当浓度的自配或商业液体消毒剂处理一定时间，或 121℃高压灭菌至少 30min，或者其他有效处理措施。将处理物倒入特殊标识的垃圾袋内，直接送到指定地点。

（2）对于实验动物及相关废弃物，按照 GB14925—2010《实验动物环境及设施》的规定进行处理。

（3）记录并保留废弃物和实验动物尸体处理的记录。

二、实验室生物安全通用要求

（一）病原微生物分级

国际上根据致病微生物对人类和动物不同程度的危害（包括个体危害和群体危害），将微生物分为 4 级。

1．危害等级Ⅰ（低个体危害，低群体危害）

不会导致健康工作者和动物致病的细菌、真菌、病毒和寄生虫等生物因子。如双歧杆菌、乳酸菌。

2．危害等级Ⅱ（中个体危害，有限群体危害）

能引起人或动物发病，但一般情况下对健康工作者、群体、家畜或环境不会引起严重危害的病原体。实验室感染不导致严重疾病，具备有效治疗和预防措施，并且传播风险有限。如沙门菌、副溶血性弧菌。

3．危害等级Ⅲ（高个体危害，低群体危害）

能引起人类或动物严重疾病，或造成严重经济损失，但通常不能因偶然接触而在个体间传播，或能食用抗生素、抗寄生虫治疗的病原体。如肉毒梭菌（发酵制品、肉制品）、炭疽杆菌（肉类）、肝炎病毒（水产品、肉类）。

4. 危害等级Ⅳ（高个体危害，高群体危害）

能引起人类或动物非常严重的疾病，一般不能治愈，容易直接、间接或偶然接触在人与人，或动物与人，或人与动物，或动物与动物间传播的病原体。如鼠疫耶尔森菌（畜肉）、埃尔托生物型霍乱弧菌（海产品）。

（二）实验室生物安全防护水平分级

实验室生物安全是指实验室的生物安全条件和状态不低于容许水平，可避免实验室人员、来访人员、社区及环境受到不可接受的损害，符合相关法规、标准等对实验室生物安全责任的要求。根据对所操作生物因子采取的防护措施，将从事体外操作的实验室生物安全防护水平（bio-safety level，BSL）分为一级（BSL-1）、二级（BSL-2）、三级（BSL-3）和四级（BSL-4），一级防护水平最低，四级防护水平最高。

（1）生物安全防护水平为一级的实验室适用于操作在通常情况下不会引起人类或者动物疾病的微生物。

（2）生物安全防护水平为二级的实验室适用于操作能够引起人类或者动物疾病，但一般情况下对人、动物或者环境不构成严重危害，传播风险有限，实验室感染后很少引起严重疾病，并且具备有效治疗和预防措施的微生物。

（3）生物安全防护水平为三级的实验室适用于操作能够引起人类或者动物严重疾病，比较容易直接或者间接在人与人、动物与人、动物与动物间传播的微生物。

（4）生物安全防护水平为四级的实验室适用于操作能够引起人类或者动物非常严重疾病的微生物，以及我国尚未发现或者已经宣布消灭的微生物。

（三）实验室设施和设备要求

1. BSL-1实验室

（1）实验室的门应有可视窗并可锁闭，门锁及门的开启方向应不妨碍室内人员逃生。

（2）应设洗手池，宜设置在靠近实验室的出口处。

（3）在实验室门口处应设存衣或挂衣装置，可将个人服装与实验室工作服分开放置。

（4）实验室的墙壁、天花板和地面应易清洁、不渗水、耐化学品和消毒灭菌剂的腐蚀。地面应平整、防滑，不应铺设地毯。

（5）实验室台柜和座椅等应稳固，边角应圆滑。

（6）实验室台柜等和其摆放应便于清洁，实验台面应防水、耐腐蚀、耐热和坚固。

（7）实验室应有足够的空间和台柜等摆放实验室设备和物品。

（8）应根据工作性质和流程合理摆放实验室设备、台柜、物品等，避免相互干扰、交叉污染，并应不妨碍逃生和急救。

（9）实验室可以利用自然通风。如果采用机械通风，应避免交叉污染。

（10）如果有可开启的窗户，应安装可防蚊虫的纱窗。

（11）实验室内应避免不必要的反光和强光。

（12）若操作刺激或腐蚀性物质，应在 30m 内设洗眼装置，必要时应设紧急喷淋装置。

（13）若操作有毒、刺激性、放射性挥发物质，应在风险评估的基础上，配备适当的负压排风柜。

（14）若使用高毒性、放射性等物质，应配备相应的安全设施、设备和个体防护装备，应符合国家、地方的相关规定和要求。

（15）若使用高压气体和可燃气体，应有安全措施，应符合国家、地方的相关规定和要求。

（16）应设应急照明装置。

（17）应有足够的电力供应。

（18）应有足够的固定电源插座，避免多台设备使用共同的电源插座。应有可靠的接地系统，应在关键节点安装漏电保护装置或监测报警装置。

（19）供水和排水管道系统应不渗漏，下水应有防回流设计。

（20）应配备适用的应急器材，如消防器材、意外事故处理器材、急救器材等。

（21）应配备适用的通信设备。

（22）必要时，应配备适当的消毒灭菌设备。

2. BSL-2 实验室

（1）适用时，应符合 BSL-1 的要求。

（2）实验室主入口的门、放置生物安全柜实验间的门应可自动关闭；实验室主入口的门应有进入控制措施。

（3）实验室工作区域外应有存放备用物品的条件。

（4）应在实验室工作区配备洗眼装置。

（5）应在实验室或其所在的建筑内配备高压蒸汽灭菌器或其他适当的消毒灭菌设备，所配备的消毒灭菌设备应以风险评估为依据。

（6）应在操作病原微生物样本的实验间内配备生物安全柜。

（7）应按产品的设计要求安装和使用生物安全柜。如果生物安全柜的排风在室内循环，室内应具备通风换气的条件；如果使用需要管道排风的生物安全柜，应通过独立于建筑物其他公共通风系统的管道排出。

（8）应有可靠的电力供应。必要时，重要设备（如培养箱、生物安全柜、冰箱等）应配置备用电源。

3. BSL-3实验室

（1）平面布局。

①实验室应明确区分辅助工作区和防护区，应在建筑物中自成隔离区或为独立建筑物，应有出入控制。

②防护区中直接从事高风险操作的工作间为核心工作间，人员应通过缓冲间进入核心工作间。

③适用于操作通常认为非经传播致病性生物因子的实验室辅助工作区，应至少包括监控室和清洁衣物更换间；防护区应至少包括缓冲间（可兼作脱防护服间）及核心工作间。

④适用于可有效利用安全隔离装置（如生物安全柜）操作常规量经空气传播致病性生物因子的实验室辅助工作区，应至少包括监控室、清洁衣物更换间和淋浴间；防护区应至少包括防护服更换间、缓冲间及核心工作间。

⑤适用于可有效利用安全隔离装置（如生物安全柜）操作常规量经空气传播致病性生物因子的实验室核心工作间不宜直接与其他公共区域相邻。

⑥如果安装传递窗，其结构承压力及密闭性应符合所在区域的要求，并具备对传递窗内物品进行消毒灭菌的条件。必要时，应设置具备送排风或自净化功能的传递窗，排风应经高效空气净化过滤器过滤后排出。

（2）围护结构。

①围护结构（包括墙体）应符合国家对该类建筑的抗震要求和防火要求。

②天花板、地板、墙间的交角应易清洁和消毒灭菌。

③实验室防护区内围护结构的所有缝隙和贯穿处的接缝都应可靠密封。

④实验室防护区内围护结构的内表面应光滑、耐腐蚀、防水，以易于清洁和消毒灭菌。

⑤实验室防护区内的地面应防渗漏、完整、光洁、防滑、耐腐蚀、不起尘。

⑥实验室内所有的门应可自动关闭，需要时，应设观察窗；门的开启方向不应妨碍逃生。

⑦实验室内所有窗户应为密闭窗，玻璃应耐撞击、防破碎。

⑧实验室及设备间的高度应满足设备的安装要求，应有维修和清洁空间。

⑨在通风空调系统正常运行状态下，采用烟雾测试等目视方法检查实验室防护区内围护结构的严密性时，所有缝隙应无可见泄漏。

（3）通风空调系统。

①应安装独立的实验室送排风系统，应确保在实验室运行时气流由低风险区向高风险区流动，同时确保实验室空气只能通过 HEPA 过滤器过滤后经专用的排风管道排出。

②实验室防护区房间内送风口和排风口的布置应符合定向气流的原则，利于减少房间内的涡流和气流死角；送排风应不影响其他设备（如Ⅱ级生物安全柜）的正常功能。

③不得循环使用实验室防护区排出的空气。

④应按产品的设计要求安装生物安全柜和其排风管道，可以将生物安全柜排出的空气排入实验室的排风管道系统。

⑤实验室的送风应经过 HEPA 过滤器过滤，宜同时安装初效和中效过滤器。

⑥实验室的外部排风口应设置在主导风的下风向（相对于送风口），与送风口的直线距离应大于 12m，应至少高出本实验室所在建筑的顶部 2m，应有防风、防雨、防鼠、防虫设计，但不应影响气体向上空排放。

⑦HEPA 过滤器的安装位置应尽可能靠近送风管道在实验室内的送风口端和排风管道在实验室内的排风口端。

⑧应可以在原位对排风 HEPA 过滤器进行消毒灭菌和检漏。

⑨如在实验室防护区外使用高效过滤器单元，其结构应牢固，应能承受 2500 Pa 的压力；高效过滤器单元的整体密封性应达到在关闭所有通路并维持腔室内的温度在设计范围上限的条件下，若使空气压力维持在 1000 Pa 时，腔室内每分钟泄漏的空气量应不超过腔室净容积的 0.1%。

⑩应在实验室防护区送风和排风管道的关键节点安装生物型密闭阀，必要时，可完全关闭。应在实验室送风和排风总管道的关键节点安装生物型密闭阀，必要时，可完全关闭。

⑪生物型密闭阀与实验室防护区相通的送风管道和排风管道应牢固、易消毒灭菌、耐腐蚀、抗老化，宜使用不锈钢管道；管道的密封性应达到在关闭所有通路并维持管道内的温度在设计范围上限的条件下，若使空气压力维持在 500 Pa 时，管道内每分钟泄漏的空气量应不超过管道内净容积的 0.2%。

⑫应有备用排风机。应尽可能减少排风机后排风管道正压段的长度，该段管道不应穿过其他房间。

⑬不应在实验室防护区内安装分体空调。

（4）供水与供气系统。

①应在实验室防护区内的实验间的靠近出口处设置非手动洗手设施；如果实验室不具备供水条件，则应设非手动手消毒灭菌装置。

②应在实验室的给水与市政给水系统之间设防回流装置。

③进出实验室的液体和气体管道系统应牢固、不渗漏、防锈、耐压、耐温（冷或热）、耐腐蚀。应有足够的空间清洁、维护和维修实验室内暴露的管道，应在关键节点安装截止阀、防回流装置或 HEPA 过滤器等。

④如果有供气（液）罐等，应放在实验室防护区外易更换和维护的位置，安装牢固，不应将不相容的气体或液体放在一起。

⑤如果有真空装置，应有防止真空装置的内部被污染的措施；不应将真空装置安装在实验场所之外。

（5）污物处理及消毒灭菌系统。

①应在实验室防护区内设置生物安全型高压蒸汽灭菌器。宜安装专用的双扉高压灭菌器，其主体应安装在易维护的位置，与围护结构的连接之处应可靠密封。

②对实验室防护区内不能高压灭菌的物品应有其他消毒灭菌措施。

③高压蒸汽灭菌器的安装位置不应影响生物安全柜等安全隔离装置的气流。

④如果设置传递物品的渡槽，应使用强度符合要求的耐腐蚀性材料，并方便更换消毒灭菌液。

⑤淋浴间或缓冲间的地面液体收集系统应有防液体回流的装置。

⑥实验室防护区内如果有下水系统，应与建筑物的下水系统完全隔离；下水应直接通向本实验室专用的消毒灭菌系统。

⑦所有下水管道应有足够的倾斜度和排量，确保管道内不存水；管道的关键节点应按需要安装防回流装置、存水弯（深度应适用于空气压差的变化）或密闭阀门等；下水系统应符合相应的耐压、耐热、耐化学腐蚀的要求，安装牢固，无泄漏，便于维护、清洁和检查。

⑧应使用可靠的方式处理处置污水（包括污物），并应对消毒灭菌效果进行监测，以确保达到排放要求。

⑨应在风险评估的基础上，适当处理实验室辅助区的污水，并应监测，以确保排放到市政管网之前达到排放要求。

⑩可以在实验室内安装紫外线消毒灯或其他适用的消毒灭菌装置。

⑪应具备对实验室防护区及与其直接相通的管道进行消毒灭菌的条件。

⑫应具备对实验室设备和安全隔离装置（包括与其直接相通的管道）进行消毒灭菌的条件。

⑬应在实验室防护区内的关键部位配备便携的局部消毒灭菌装置（如：消毒喷雾器等），并备有足够的适用消毒灭菌剂。

（6）电力供应系统。

①电力供应应满足实验室的所有用电要求，并应有冗余。

②生物安全柜、送风机和排风机、照明、自控系统、监视和报警系统等应配备不间断备用电源，电力供应应至少维持30min。

③应在安全的位置设置专用配电箱。

（7）照明系统。

①实验室核心工作间的照度应不低于350lx，其他区域的照度应不低于200lx，宜采用吸顶式防水洁净照明灯。

②应避免过强的光线和光反射。

③应设不少于30min的应急照明系统。

（8）自控、监视与报警系统。

①进入实验室的门应有门禁系统，应保证只有获得授权的人员才能进入实验室。

②需要时，应可立即解除实验室门的互锁；应在互锁门的附近设置紧急手动解除互锁开关。

③核心工作间的缓冲间的入口处应有指示核心工作间工作状态的装置（如文字显示或指示灯），必要时，应同时设置限制进入核心工作间的连锁机制。

④启动实验室通风系统时，应先启动实验室排风，后启动实验室送风；关停时，应先关闭生物安全柜等安全隔离装置和排风支管密闭阀，再关实验室送风及密闭阀，后关实验室排风及密闭阀。

⑤当排风系统出现故障时，应有机制避免实验室出现正压和影响定向气流。

⑥当送风系统出现故障时，应有机制避免实验室内的负压影响实验室人员的安全、影响生物安全柜等安全隔离装置的正常功能和围护结构的完整性。

⑦应通过对可能造成实验室压力波动的设备和装置实行连锁控制等措施，确保生物安全柜、负压排风柜（罩）等局部排风设备与实验室送排风系统之间的压力关系和必要的稳定性，并应在启动、运行和关停过程中保持有序的压力梯度。

⑧应设装置连续监测送排风系统HEPA过滤器的阻力，需要时，及时更换HEPA过滤器。

⑨应在有负压控制要求的房间入口的显著位置，安装显示房间负压状况的压力显示装置和控制区间提示。

⑩中央控制系统应可以实时监控、记录和存储实验室防护区内有控制要求的参数、关键设施设备的运行状态；应能监控、记录和存储故障的现象、发生时间和持续时间；应随时查看历史记录。

⑪中央控制系统的信号采集间隔时间应不超过1min，各参数应易于区分和识别。

⑫中央控制系统应能对所有故障和控制指标进行报警，报警应区分一般报警和紧急报警。

⑬紧急报警应为声光同时报警，应可以向实验室内外人员同时发出紧急警报；应在实验室核心工作间内设置紧急报警按钮。

⑭应在实验室的关键部位设置监视器，需要时，可实时监视并录制实验室活动情况和实验室周围情况。监视设备应有足够的分辨率，影像存储介质应有足够的数据存储容量。

（9）实验室通信系统。

①实验室防护区内应设置向外部传输资料和数据的传真机或其他电子设备。

②监控室和实验室内应安装语音通信系统。如果安装对讲系统，宜采用向内通话受控向外通话非受控的选择性通话方式。

③通信系统的复杂性应与实验室的规模和复杂程度相适应。

（10）参数要求。

①实验室的围护结构应能承受送风机或排风机异常时导致的空气压力载荷。

②适用于操作通常认为非经传播致病性生物因子的实验室核心工作间的气压（负压）与室外大气压的压差值应不小于30Pa，与相邻区域的压差（负压）应不小于10Pa；适用于可有效利用安全隔离装置（如生物安全柜）操作常规量经空气传播致病性生物因子的实验室的核心工作间的气压（负压）与室外大气压的压差值应不小于40Pa，与相邻区域的压差（负压）应不小于15Pa。

③实验室防护区各房间的最小换气次数应不小于12次/h。

④实验室的温度宜控制在18℃～26℃范围内。

⑤正常情况下，实验室的相对湿度宜控制在30%～70%范围内；消毒状态下，实验室的相对湿度应能满足消毒灭菌的技术要求。

⑥在安全柜开启情况下，核心工作间的噪声应不大于68dB（A）。

⑦实验室防护区的静态洁净度应不低于8级水平。

4. BSL-4 实验室

（1）适用时，应符合 BSL-3 的要求。

（2）实验室应建造在独立的建筑物内或建筑物中独立的隔离区域内。应有严格限制进入实验室的门禁措施，应记录进入人员的个人资料、进出时间、授权活动区域等信息；对与实验室运行相关的关键区域也应有严格和可靠的安保措施，避免非授权进入。

（3）实验室的辅助工作区应至少包括监控室和清洁衣物更换间。适用于可有效利用安全隔离装置（如生物安全柜）操作常规量经空气传播致病性生物因子的实验室防护区，应至少包括防护走廊、内防护服更换间、淋浴间、外防护服更换间和核心工作间，外防护服更换间应为气锁。

（4）适用于利用具有生命支持系统的正压服操作常规量经空气传播致病性生物因子的实验室的防护区，应包括防护走廊、内防护服更换间、淋浴间、外防护服更换间、化学淋浴间和核心工作间。化学淋浴间应为气锁，具备对专用防护服或传递物品的表面进行清洁和消毒灭菌的条件，具备使用生命支持供气系统的条件。

（5）实验室防护区的围护结构应尽量远离建筑外墙；实验室的核心工作间应尽可能设置在防护区的中部。

（6）应在实验室的核心工作间内配备生物安全型高压灭菌器；如果配备双扉高压灭菌器，其主体所在房间的室内气压应为负压，并应设在实验室防护区内易更换和维护的位置。

（7）如果安装传递窗，其结构承压力及密闭性应符合所在区域的要求；需要时，应配备符合气锁要求的并具备消毒灭菌条件的传递窗。

（8）实验室防护区围护结构的气密性应达到在关闭受测房间所有通路并维持房间内的温度在设计范围上限的条件下，当房间内的空气压力上升到 500Pa 后，20min 内自然衰减的气压小于 250Pa。

（9）符合利用具有生命支持系统的正压服操作常规量经空气传播致病性生物因子的实验室，应同时配备紧急支援气罐，紧急支援气罐的供气时间应不少于 60min/人。

（10）生命支持供气系统应有自动启动的不间断备用电源供应，供电时间应不少于60min。

（11）供呼吸使用的气体的压力、流量、含氧量、温度、相对湿度、有害物质的含量等应符合职业安全的要求。

（12）生命支持系统应具备必要的报警装置。

（13）实验室防护区内所有区域的室内气压应为负压，实验室核心工作间的气压（负压）与室外大气压的压差值应不小于 60Pa，与相邻区域的压差（负压）应不小于 25Pa。

（14）适用于可有效利用安全隔离装置（如生物安全柜）操作常规量经空气传播致病性生物因子的实验室，应在Ⅲ级生物安全柜或相当的安全隔离装置内操作致病性生物因子；同时应具备与安全隔离装置配套的物品传递设备以及生物安全型高压蒸汽灭菌器。

（15）实验室的排风应经过两级 HEPA 过滤器处理后排放。

（16）应可以在原位对送风 HEPA 过滤器进行消毒灭菌和检漏。

（17）实验室防护区内所有需要运出实验室的物品或其包装的表面应经过可靠消毒灭菌。

（18）化学淋浴消毒灭菌装置应在无电力供应的情况下仍可以使用，消毒灭菌剂储存器的容量应满足所有情况下对消毒灭菌剂使用量的需求。

第二节　现代食品微生物的检验方法

一、PCR 检验技术

（一）基本原理

1. PCR 原理及反应步骤

PCR 是以待扩增的 DNA 分子为模板，利用一对分别与模板互补的寡核苷酸片段引物和 DNA 聚合酶，以半保留复制的机制，沿模板链延伸，从而合成新的 DNA，并通过不断重复扩增需要的 DNA 片段。PCR 技术的实质是以 DNA 为模板、寡核苷酸为引物、4 种脱氧核糖核苷酸作为底物，在 Taq DNA 聚合酶和 Mg^{2+} 作用下完成酶促合成反应。

PCR 由三个基本反应步骤构成。

（1）模板 DNA 的变性模板 DNA 在 94℃左右加热 5~10min 后，模板 DNA 或经 PCR 扩增得到的双链 DNA 解离成为单链。

（2）模板 DNA 与引物的退火（复性）将温度降至 50℃左右，模板 DNA 的单链与引物进行互补序列结合。

（3）引物的延伸在 4 种 dNTPs 底物存在时，DNA 模板与引物的结合物在 Taq DNA 聚合酶的作用下，于 72℃左右，DNA 聚合酶在引物的 3′羟基根据碱基互补配对原则合成磷酸二酯键，沿着 5′→3′合成的方向合成一条新的与模板 DNA 链互补的半保留复制链。

将高温变性、低温复性和适温延伸等几步反应重复进行，扩增产物的量将以指数级方式增加，一般单一拷贝的基因循环 25~30 次，目的 DNA 可扩增 100 万~200 万倍。

2. PCR 反应体系

一个标准的 PCR 反应的反应体系如下。

（1）10×缓冲液。

反应缓冲液一般含 50mmol/L KCl，10~50mmol/LTris-HCl（pH8.3~8.8），1.5mmol/LmgCl$_2$；100μg/mL 明胶或牛血清白蛋白（BSA）。

（2）引物。

影响 PCR 反应特异性和结果的关键因素就是引物，其浓度范围一般为 0.2~1.0μmol/L。设计引物时需注意以下要求。

①引物的设计应具有特异性，并在核酸序列保守区内，引物与非特异性扩增序列的同源性一般不应超过 70% 或存在连续的 8 个互补碱基同源。

②引物长度为 15~30bp。序列中的 GC 含量通常为 40%~60%，超出或不足都不利于反应发生。

③4 种碱基应在引物中随机分布，不可有超过 3 个连续的嘌呤或嘧啶出现。在 3′端不能有 3 个或 3 个以上的 G 或 C 连续出现，且不应存在二级结构。

④产物不可形成二级结构。扩增产物的单链二级结构会导致某些引物无效，所以选择扩增的 DNA 片段时应避开二级结构区域。

⑤引物 5′端对扩增特异性没有明显影响，因此可在设计引物时在 5′端加入起始密码、缺失或插入突变位点、酶切位点以及标记荧光素、生物素等进行修饰。引物 3′端则不能进行任何修饰，且不应存在简并性。

⑥引物不应与模板片段以外的 DNA 序列互补。

（3）模板。

通常所需模板数量为 10^2~10^5 个拷贝数，且对模板的要求不高，单、双链 DNA 或 RNA，如基因组 DNA、质粒 DNA、cDNA、mRNA 等都可以作为 PCR 的模板。为保证反应的特异性，一般采用纳克级的克隆 DNA、微克水平的基因组 DNA 作为起始材料。原材料可以是粗品，但不能有核酸酶、蛋白酶、Taq DNA 聚合酶抑制剂及任何能与 DNA 结合的蛋白质。

（4）dNTPs。

4 种三磷酸脱氧核苷酸的质量和浓度与 PCR 的扩增效率密切相关。dNTPs 溶液呈酸性，原液可调 pH 至 7.0~7.5，配成 5~10mmol/L，分装，-20℃冰冻贮存。4 种 dNTPs 的浓度要相同，一般每种 dNTPs 的最终浓度为 20~200μmol/L。高浓度的 dNTPs 可抑制 Taq DNA 聚合酶的活性。

（5）Mg^{2+}。

Mg^{2+}浓度能够影响引物复性程度、模板及扩增产物的解链温度、引物二聚体的形成产物的特异性、Taq DNA 聚合酶的催化活性，其浓度一般控制在 0.5~2.5mmol/L。

（6）Taq DNA 聚合酶。

一般 Taq DNA 聚合酶活性半衰期为 92.5℃130min，95℃40min，97℃5min。目前使用较多的耐热性 Taq DNA 聚合酶的最适温度一般在 75℃左右，但在 95℃的高温中也能保持较好的稳定性。

3. PCR 结果的检验和鉴定

（1）琼脂糖凝胶电泳。

琼脂糖凝胶电泳是 PCR 扩增产物分离、纯化和鉴定较常用的方法。扩增片段先经过琼脂糖凝胶电泳，然后用溴化乙锭进行染色操作，在紫外灯下便可直接确定 DNA 片段在凝胶板中的位置，其分辨率很高，可测出 1μgDNA。在一定范围内，DNA 片段在凝胶上的迁移率与其相对分子质量呈反比关系，相对分子质量越大，迁移率越低。因此，比较待测 DNA 片段与标准 DNA 的迁移率，即可判断出其相对分子质量。

（2）聚丙烯酰胺凝胶电泳。

在电场作用下，聚丙烯酰胺凝胶电泳技术（PAGE）可使所带电荷或分子大小、形状存在差异的物质产生不同的泳动速度进而得到分离。这种电泳方法具有以下优点：分辨率高，可达 1bp；能装载的 DNA 量大，达每孔 10μgDNA；回收的 DNA 纯度高；采用的银染法灵敏度较高，且可保持较长时间。

（二）基本方法

1. 试剂

DNA 模板 0.1~0.5ng/μL、对应目的基因的特异引物、4 种 dNTPs 混合液、Taq DNA 聚合酶、10×缓冲液、TE 缓冲液、琼脂糖凝胶、溴化乙锭（EB）、无菌石蜡油等。

2. 设备

DNA 扩增仪、微量移液器、电泳槽、台式高速离心机、电泳仪、紫外检验仪或凝胶成像系统、灭菌超薄 PCR 反应管等。

3. 操作步骤

（1）DNA 模板的制备。

①培养细胞，从平板上挑取单菌落，接种到 3~10mLLB 液体培养基中，37℃振荡培养 12~18h。

②收集细胞，将 1.5mL 上述培养液转移至离心管中，于 5000r/min 离心 2min。弃上清液，除去管残液。

③洗涤细胞，加入 0.5mL TE 缓冲液，使菌体重悬后于 5000r/min 离心 2min，弃上清液，再加入 0.5mL TE 重悬。

④破碎细胞，加入 50μL 溶菌酶溶液（20mg/mL）和 50μLRNA 酶（10mg/mL）混匀，37℃放置 1h。

⑤分解蛋白质，加入 100μL 蛋白酶 K 溶液（10mg/mL）混匀，37℃放置 1h。

⑥提取，加入等体积的苯酚/氯仿/异戊醇（25:24:1，体积比）混匀，10000r/min 离心 5min；取上层水相移至干净 EP 管，加入等体积氯仿/异戊醇（24:1，体积比）混匀，10000r/min 离心 5min，取上清移到干净的 EP 管。

⑦纯化，在上清中加入 2 倍体积无水乙醇和 1/5 体积的醋酸钠溶液，旋转离心管混匀，可见絮丝状染色体，取到干净 EP 管中。

⑧洗涤，用 70%乙醇洗涤 2 次，去除残留乙醇，室温下干燥。

⑨收集，加入 0.1mLTE 溶解，贮存于-20℃备用。

⑩检验，根据不同的用途可进行电泳鉴定和定量检验。

（2）DNA 片段的扩增。

①在一灭菌的 200μL PCR 反应管中，按顺序加入以下试剂：双蒸水 H_2O（ddH_2O）77.5μL；10×缓冲液 10.0μL；dNTPs 混合物（10mmol/L）2.0μL；上下游引物（10 pmol/L）各 5.0μL；最后加入 Taq DNA 聚合酶 0.5μL，分装在 2 个 200μLPCR 反应管，一管中加入 DNA 模板 1.0μL，一管作为阴性对照。

②将上述 PCR 反应管放入 PCR 仪中，设置 PCR 仪的操作程序，94℃变性 0.5~1min，50℃退火 0.5~1min，72℃延伸 1~2min，共进行 20~30 个循环，在 72℃延伸 10min 以补平 DNA 末端。最后将 PCR 反应管冷却至 4℃或取出保存于-20℃备用。

（3）琼脂糖凝胶电泳。

①凝胶准备由于待分离 DNA 片段的大小不同，用电泳缓冲液配制合适浓度的琼脂糖溶液，置于微波炉加热至琼脂糖溶化完全。冷却至 55℃左右后，再取适量 EB 加入并混匀。

②铺胶在琼脂糖溶液温热时倒入模具中，使厚度为3~5mm，室温放至胶体凝固。

③电泳板放入电泳槽缓慢拔出梳子，将电泳板放入电泳槽中。

④加入电泳缓冲液使液面比凝胶高约0.5cm。

⑤点样使用微量移液器将上样缓冲液与DNA样品按1:5混合并加至加样孔中。

⑥电泳关上电泳槽盖，接好电源，打开电源，根据实际需要选择恒压或恒流电量，30min左右停止电泳。

⑦观察打开电泳槽盖，小心取出凝胶放在保鲜膜上，在紫外灯或凝胶成像系统中观察电泳结果。

4. 实验结果

若操作成功，PCR扩增产物在紫外灯或照片上可见到相对分子质量均一的一条区带，对照相对分子质量标准，可对其进行定性。

（三）PCR的种类

1. 多重PCR

PCR技术因其特异性强、敏感度高且操作便捷而被广泛用于食源性致病菌的快速检验，而常规PCR方法只能针对单一菌进行检验，而食品中存在的致病菌往往是多类属种的。使用多重PCR技术就可突破这种局限性，并且提供了快速、特异、敏感的检验鉴定。

（1）多重PCR的基本原理。

多重PCR（Multiplex Polymerase Chain Reaction，MPCR），也叫复合PCR，是PCR技术的一种，其基本原理和过程与常规的PCR技术相同。多重PCR技术将两对以上引物和单一或多个模板DNA混合在同一个反应体系中，可以同时扩增一个物种的不同片段，也可以同时扩增多个物种的不同片段并同时检验多个基因，可以避免错检和漏检，能够节约扩增和检验所需时间和成本，是一种快速、高效、经济的致病菌检验技术。

多重PCR技术通常在同一体系中同时进行多个序列位点的特异性扩增，而引物间的配对和竞争性扩增等往往不利于有效扩增。通过改善PCR缓冲液组成、退火温度、退火或延伸时间、DNA的抽提质量、引物或模板量等反应条件，可使扩增效果获得较大程度提高。

（2）多重PCR技术在微生物检验中的应用。

①食品病原微生物的检验。

A. 沙门菌：沙门菌容易被食品成分干扰，或因食品加工而损伤，影响检验的准确性。

多重 PCR 能够对沙门菌血清型、突变情况进行准确的鉴定，提升沙门菌检出率。目前用于沙门菌检验的靶基因有属特异性引物基因 inA、invB、inC、imD、invE、hilA、fimA、hns、spv、16S rRNA，血清群特异性引物基因 rfb 基因和血清型特异性引物基因 fiC、fjB、via 等。

B. 金黄色葡萄球菌：金黄色葡萄球菌会产生肠毒素（SE），引发食物中毒。用于检验的肠毒素相关基因有 sea、seb、sec、sed、see、seh、sei 和 sej 等基因。

C. 肠出血性大肠杆菌：大肠杆菌检验时以紧密素基因 eae、鞭毛基因 flic H_7 等作为目的基因。

②食品非致病菌的检验乳酸菌在真空包装食品中属于一种腐败菌，可以通过多重 PCR 检验乳酸菌，了解真空包装食品的腐败情况。

③食品相关环境微生物的检验外界环境中存在诸如鲍氏不动杆菌、产毒素黄曲霉抗生素耐药菌株等危害因子，也会对食品安全构成威胁，而多重 PCR 技术对其的检验具有很高的准确度高。

（3）多重 PCR 的特点。

多重 PCR 不仅具有特异性强、灵敏度高等优点，还能够缩短操作时间，减少试剂用量及简化操作步骤。但目前多重 PCR 存在的不足也需要注意，比如不可区别活菌与死菌；在反应体系中，由于涉及的引物比较多，因此比较容易形成引物二聚体，或引起错配和非特异性扩增等，从而降低扩增反应的效率。

未来的研究将主要改良样品前处理技术，降低抑制因子的干扰，对多重 PCR 的反应体系和条件进行优化，并与逆转录、荧光定量、基因芯片等其他技术进行结合，以提高反应的特异性和灵敏度。随着分子生物学检验领域的不断创新与完善，多重 PCR 技术在食源性致病菌快速检验中将具有更广泛的应用前景。

2. 实时荧光定量 PCR

实时荧光定量 PCR 技术（Real Time Quantitative Polymerase Chain Reaction，Real Time PCR）是在定性 PCR 技术基础上发展的一种核酸定量技术，可以通过探测 PCR 过程中的荧光信号来获得定量的结果，具有 PCR 技术的高灵敏度、DNA 探针杂交技术的强特异性以及光谱技术的精确定量等优点。

（1）实时荧光定量 PCR 基本原理。

实时荧光定量（Real-Time PCR）在 PCR 反应体系中加入了荧光基团，通过荧光信号积累的变化，对整个 PCR 进程进行实时监测，最后通过标准曲线获得待测模板的定量分析结果。同时通过对熔点曲线的分析，可以进行基因突变的检验和 PCR 非特异产物的鉴定。实时荧光定量 PCR 技术的基本原理是 DNA 或经过反转录的 RNA，在进行聚合酶链反应的同时，实时监测其放大过程，在常规 PCR 基础上运用荧光能量传递（fluorescence resonance energy transfer，FRET）技术加入荧光标记探针，借助于荧光信号即可检验 PCR 产物。荧光探针按照碱基配对原理与扩增产物的核酸序列结合，随着合成链的延伸，Taq 酶沿 DNA 模板移动至荧光标记探针的结合位置时将其切断，释放出游离的荧光信号基团，其数目与 PCR 产物的含量呈正比关系，因而经仪器测量前者就可推算出后者的含量，通过分析可以得到一条荧光扩增曲线图。

在 Real-Time PCR 中，C_t（Treshold Cycle）值的概念很重要，它指每个反应管内的荧光信号到达标定的阈值时所经历的循环次数。模板的 C_t 值与其起始拷贝数的对数呈线性关系，利用已知起始拷贝数的标准品可做出标准曲线（横坐标为 C_t 值，纵坐标为起始拷贝数的对数），从而推算出未知样品的起始拷贝数。

（2）实时荧光定量 PCR 的标记方法。

荧光定量检验根据标记物不同可分为荧光探针和荧光染料两种。荧光探针主要有双标记探针、分子信标探针和 FRET 技术。荧光染料主要有非饱和荧光染料，如 SYBRgreen I；饱和荧光染料，如 LCgreen 等。

①双标记探针。双标记探针是目前使用最广泛的一种标记方法，它是指在探针的 5′端标记荧光基团 R，而在探针的 3′端或在内标记一个吸收或淬灭荧光基团 Q（quencher）。没有 PCR 扩增时，淬灭基团会吸收荧光基团激发的荧光，从而使荧光基团淬灭无法发光；PCR 扩增时，模板上有引物与荧光标记的探针结合，特异性探针的位置在上下游引物之间；当 PCR 在延伸过程中时，引物沿模板延伸至探针结合处，利用 Taq 酶的 5′→3′外切酶活性将荧光探针水解，使荧光基团释放，发出的荧光可被荧光探头检测到，实现"实时"检测。

②内插染料法。内插染料是一种能插入到双链 DNA 并发出强烈荧光的化学物质，能与双链 DNA 非特异性结合，比如在实时荧光定量 PCR 中最常用的 DNA 染料 SYBRgreen I。该染料插入到双链 DNA 里时，荧光信号会发生增强的变化，且强度的增加与双链 DNA 的含量呈正比关系。该方法适用范围广，其程序设计的通用性强，还具有可实现单色多重测定等优点。

③分子信标探针。所谓分子信标（molecular beacon probe）是一种由非特异的茎和特异的环组成的独特的茎环结构，探针的 5′端标记荧光基团 R，而在探针的 3′端标记一个吸收或淬灭基团。在没有 PCR 扩增时，探针处于自身环化的状态，荧光基团与淬灭基团距离很近时不发出荧光；而当 PCR 扩增时，探针因与模板链结合而被打开，使 5′端荧光基

团与 3′端的吸收或淬灭基团分开，发出仪器可监测到的荧光信号。随着 PCR 产物的增多，荧光信号的强度提高，便可根据信号的增强变化来分析 PCR 扩增产物增加的数量。

（3）实时荧光定量 PCR 的优点。

①实验在全封闭的系统内完成，可变因素大大减少，且不需要后期处理。

②采用 dUTP-UNG 酶，有效降低了污染的概率。

③可以对样品的整个扩增过程进行实时在线监控，并能在样品扩增反应的最佳时期（对数期）进行采集，增加了定量的准确性。

④样品的起始模板浓度与达到阈值的循环次数有直接的线性关系，可通过标准曲线进行定量，使结果分析方便快捷，灵敏度大大提高，实现了反应的高通量。

（4）实时荧光定量 PCR 的应用。

实时荧光定量 PCR 技术将核酸扩增与杂交、酶动力学、光谱等多种技术进行结合。普通的 PCR 技术有时会得出假阳性结果，而实时荧光定量 PCR 采用多项严格措施，有效地防止了由于污染造成的假阳性结果，并得到定量测定结果，因其特异、灵敏、精确的特点被广泛应用于微生物快速检验领域。

二、免疫学检验技术

（一）常用免疫学检验方法介绍

1. 酶联免疫吸附分析法（ELISA）

ELISA 在食源性致病菌检验中运用较多，它是将特定的抗原或抗体吸附于载体表面，酶标记物可与相应的抗原或抗体结合形成复合物。在遇到相应底物时，酶催化底物发生水解、氧化或还原等反应，生成可溶或不可溶的有色物质，从而通过肉眼观察颜色的深浅或用酶标测定仪判定相应的微生物。该方法简便、快速，有较高的特异性和灵敏度，适用于食品微生物的现场快速检验。

2. 免疫凝集试验

当细菌等颗粒性抗原与对应的抗体结合后，会出现凝集现象。凝集反应的发生分两阶段：①抗原抗体的特异结合；②出现可见的颗粒凝集。细菌等颗粒抗原在悬液中带负电荷，周围有一层正离子与之结合，外层又排列一层松散的负离子层，构成松散层的内界和外界之间存在电位差，形成 Z 电位。当抗体的交联作用克服了抗原颗粒表面 Z 电位产生的排斥作用时，颗粒便会聚集在一起。在实验过程中，为促使凝集现象出现，可采取一些措施，如增加蛋白质或电解质；提高试液的黏稠度；酶处理改变细胞的表面化学结构；离心克服颗粒间的排斥等。

凝集试验是用于定性和半定量检验的方法，因简便快速、敏感度高而被广泛用于临床检验。在免疫学试验中，可分为直接凝集试验和间接凝集试验两类。

（1）直接凝集试验。

细菌等颗粒性抗原在有合适的电解质存在时可直接与相应抗体结合产生凝集，这种反应称为直接凝集反应。常用的凝集方法有玻片法和试管法两种。

①玻片凝集试验：玻片凝集试验可用于定性。通常用已知抗体作为诊断血清，与待检抗原如菌液各取一滴在玻片上，混匀，数分钟后即可观察到凝集结果，出现颗粒凝集的判定为阳性反应。

②试管凝集试验：试管凝集试验可用于半定量检验。在检验时一般用已知菌液作为抗原并与一系列稀释的受检血清混合，保温后观察每管内的凝集结果，产生显著凝集效果的最高稀释度称为滴度。

（2）间接凝集试验。

将可溶性抗原（或抗体）先吸附在合适大小的颗粒载体表面，当需要的电解质存在时，其与相应抗体（或抗原）作用产生的特异性凝集现象，称为间接凝集反应或被动凝集反应。

胶乳凝集试验是间接凝集试验的一种，所用的载体颗粒为聚苯乙烯胶乳，是一种直径约为 $0.8\mu m$ 的圆形颗粒，带有一定数量负电荷，可物理性吸附蛋白分子，但结合的牢固性差。还可通过制备成具有化学活性基团的颗粒，使抗原或抗体以共价键结合在胶乳表面。化学性交联法则可利用缩合剂如碳化二亚胺使胶乳的羧基与被交联物的氨基发生化学缩合反应结合。

3. 免疫荧光技术

这种免疫标记技术是将抗体与某些特定的荧光物质结合而成为荧光标记抗体，将此荧光抗体与抗原进行反应，可以提高反应灵敏度，且标本中若存在抗原与荧光抗体结合，形成在紫外线下发出荧光的可见体，即代表抗原被检出。常用的荧光色素有异硫氰酸荧光素（FITC）和四乙基罗丹明（RB200），它们与抗体结合后在紫外光激发下，可分别发出鲜明的绿色荧光和橙黄色荧光。其基本方法介绍如下。

（1）直接法。

将待检物固定在玻片上，滴加特异性荧光抗体。一定时间（约30min）后用缓冲液进行充分洗涤，除去未发生结合的荧光抗体，若有相应抗原存在，即与荧光抗体结合，置荧光显微镜下观察，即可见到发荧光的抗原抗体复合物。该法特异性高，受非特异性荧光干扰少，可有效鉴定微生物、细胞或组织中的蛋白质。

（2）间接法。

本法中有两种抗体相继发挥作用。第一抗体为针对被检验抗原的特异性抗体，第二抗体为针对第一抗体的抗抗体（抗免疫球蛋白抗体）。抗抗体是抗体发挥抗原作用刺激机体而产生，用荧光素标记制成荧光标记抗抗体。荧光物质不是直接标记抗体，而是标记抗免疫球蛋白的抗体（抗抗体）。先将未标记的抗体与抗原结合，用缓冲液充分洗涤，然后再加上荧光抗体，缓冲液充分洗涤，如果是阳性反应，在荧光显微镜下观察，可见到带荧光的抗原、抗体、抗体复合物。此方法只需要制备一种荧光标记的抗抗体就可对多种不同的抗原、抗体进行检查。

（3）补体结合法。

本法在抗原抗体反应时加入补体（多为豚鼠血清），然后用荧光标记过的抗补体抗体示踪，形成在荧光显微镜下具有特殊荧光现象的抗原抗体-荧光标记抗补体抗体复合物。这种方法虽然灵敏度高，反应只需一种抗体，但操作较为烦琐，使用血清必须新鲜，还易出现非特异性染色，故较少采用。

（4）标记法。

本法原理与免疫荧光法基本类似，可用酶、同位素或罗丹明作为标记物标记不同抗体，对同一标本做荧光染色。

（二）免疫学技术在食品微生物检验中的应用

1. 酶联免疫吸附法（ELISA）检验金黄色葡萄球菌肠毒素

金黄色葡萄球菌肠毒素（SE）是一系列由金黄色葡萄球菌分泌的外毒素可溶性蛋白质。本方法测定的基础是酶联免疫吸附反应（ELISA），在 96 孔酶标板的每一个微孔条的A~E孔中分别包被了 A、B、C、D、E 型葡萄球菌肠毒素抗体，H 孔为阳性质控，已包被混合型葡萄球菌肠毒素抗体，F 和 G 孔为阴性质控，包被了非免疫动物的抗体。样品中如果有葡萄球菌肠毒素，游离的葡萄球菌肠毒素则与各微孔中包被的特定抗体结合，形成抗原抗体复合物，其余未结合的成分在洗板过程中被洗掉；抗原抗体复合物再与过氧化物酶标记物（二抗）结合，未结合上的酶标记物在洗板过程中被洗掉；加入酶底物和显色剂并孵育，酶标记物上的酶催化底物分解，使无色的显色剂变为蓝色；加入反应终止液可使颜色由蓝变黄，并终止了酶反应；以 450nm 波长的酶标仪测量微孔溶液的吸光度值，样品中的葡萄球菌肠毒素与吸光度值成正比。

2. 全自动荧光酶联免疫法检验食品中沙门菌

食品中沙门菌的鉴定方法一般是借助基于酶联免疫荧光分析技术，应用自动化 VIDAS 分析仪完成的。固相接收器（SPR）内侧包被高度专一性克隆抗体混合物。样品先经过前增菌、选择性增菌、后增菌的步骤，在样品孔内加入煮沸过的增菌肉汤，样品将在 SPR 内进行自动循环。样品中的沙门菌抗原若存在，则与 SPR 内部形成的抗体碱性磷酸酶复合物结合通过 SPR 循环。最后未结合反应的复合物会被洗脱，仍结合在 SPR 壁上的酶将荧光底物 4-甲基香豆素-磷酸酯分解为具有荧光特性的 4-甲基-伞形酮。VIDAS 仪器可以自动测定荧光强度，从而呈现样品阳性或阴性报告。此方法已通过 AOAC 认可，参见 AOAC 996.08 方法。

第七章 食品中掺假物质的安全检测技术

第一节 食品掺假鉴别检验的概念及方法

一、概述

食品掺假是指人为地、有目的地向食品中加入一些非固有的成分，以增加其重量或体积，而降低成本；或改变某种质量，以低劣的色、香、味来迎合消费者贪图便宜的行为。食品掺假主要包括掺假、掺杂和伪造，这三者之间并没有明显的界限，食品掺假即为掺假、掺杂和伪造的总称。一般的掺假物质能够以假乱真。

食品掺假会极大地影响食品质量，营养价值、感官特性、安全性等都会发生改变。根据所添加物质的种类不同，所造成的危害程度也是不同的。

①添加物属于正常食品或原辅料，仅是成本较低，则会致使消费者蒙受经济损失。例如，乳粉中加入过量的白糖；牛乳中掺水或豆浆；芝麻香油中加米汤或掺葵花油、玉米胚油；糯米粉中掺大米粉；味精中掺食盐等。这些添加物都不会对人体产生急性损害，但食品的营养成分、营养价值降低，干扰经济市场。

②添加物是杂物，不利于人体健康。例如，米粉中掺入泥土，面粉中混入沙石等杂物，人食用后可能对消化道黏膜产生刺激和损伤。

③添加物具有明显的毒害作用，或具有蓄积毒性。例如，用化肥（尿素）浸泡豆芽；用除草剂催发无根豆芽；将添加绿色染料的凉粉当作绿豆粉制成的凉粉等。人食用这类食品后，胃部会受到恶性刺激，还可能对人体产生蓄积毒性，致癌、致畸、致突变等危害。最近，有些地区也有因混入桐油的食用油炸制油饼、油条而引起人食物中毒的报道。

④添加物细菌污染而腐败变质的，通过加工生产仍不能彻底灭菌或破坏其毒素。曾有因食用变质月饼、糕点等引起食物中毒的典型事例，使食用者深受其害。

二、食品掺假鉴别检验的方法

（一）感官检验法

感官检验法是通过人体的各种感觉器官（眼、耳、鼻、舌、皮肤）所具有的感觉、听觉、嗅觉、味觉和触觉，结合平时积累的实践经验，并借助一定的器具对食品的色、香、味、形等质量特性和卫生状况做出判定和客观评价的方法。

1. 感官检验的特点与类型

感官检验具有简便易行、快速灵敏、不需要特殊器材等特点。感官上不合格则不必进行理化检验。凡是作为食品原料、半成品或成品的食物，其质量优劣与真伪评价，都可采用感官检验。

感官检验有两种类型：分析型感官检验和偏爱型感官检验。两者的最大差异是前者不受人的主观意志的影响，而后者主要靠人的主观判断。

（1）分析型感官检验。

分析型感官检验有适当的测量仪器。可用物理、化学手段测定质量特性值，也可用人的感官来快速、经济，甚至高精度地对样品进行检验。这类检验最主要的问题是如何测定检验人员的识别能力。检验是以判断产品有无差异为主，主要用于产品的入厂检验、工序控制与出厂检验。

（2）偏爱型感官检验。

偏爱型感官检验与分析型感官检验正好相反，是以样品为工具，了解人的感官反应及倾向。这种检验必须用人的感官来进行，完全以人为测定器，调查、研究质量特性对人的感觉、嗜好状态的影响程序。（无法用仪器测定）这种检验的主要问题是如何能客观地评价不同检验人员的感觉状态及嗜好的分布倾向。

2. 感官分析和评价的步骤

感官评价是一门既可定性又可定量的科学，通过采集数据，在产品性质和人的感知之间建立合理的、特定的联系。合理的数据分析是感官检验的重要部分，人在进行感官评价时的影响因素很多，包括情绪和动机、生理敏感性、身体状况、性别、年龄、经验、对类似产品的熟悉程度等，这些都会影响分析结果的准确性。因此，感官分析和评价要有科学合理的实验设计，利用合适的统计分析方法，得到正确的数据，并做出合理解释，还要了解评价过程存在的局限性。

（1）项目目标的确定。

首先要确定感官分析和评价的目标和目的，是要改进产品、替换成分降低成本、模拟同类产品、评价单一感官性状，还是对产品进行综合评价，都要目的明确。

（2）实验目标的确定。

项目目标确定后，实验目标就可以确定，主要是考虑选择哪种实验，如总体差别实验、单项差别实验、相对喜好程度实验、接受性实验，才能达到实验目的。

（3）样品的筛选。

实验设计人员需要对样品进行查看，熟悉感官评定的程序，对样品进行合理储存、筛选、准备和编号。

（4）实验设计。

包括具体实验方法、评价员的筛选和培训、问卷的设计、数据分析应选用何种方法。

（5）实验的实施。

实验的具体执行，一般都有专门实验人员负责。

（6）分析数据。

选择合适的统计方法和相应软件对数据进行分析，也要进行误差分析。

（7）结果解释。

对实验的目的、方法和结果进行报告、总结，对结果进行解释，提出合理建议。

（二）物理分析法

物理分析法是根据食品的某些物理指标（如密度、折光率、旋光度等）与食品的组成成分及其含量之间的关系进行检测，进而判断被检食品纯度、组成的方法。

1. 相对密度检验法

相对密度是物质重要的物理常数，各种液态食品都具有一定的相对密度，当其组成成分及浓度发生改变时，其相对密度往往也随之改变。通过测定液态食品的相对密度，可以检验食品的纯度、浓度及判断食品的质量。

蔗糖溶液的相对密度随糖液浓度的增加而增大，原麦汁的相对密度随浸出物浓度的增加而增大，而酒中酒精的相对密度却随酒精度的提高而减小，这些规律已通过实验制定出了它们的对照表，只要测得它们的相对密度就可以查出其对应的浓度。

对于某些液态食品（如果汁、番茄制品等），测定相对密度并通过换算或查专用经验表格可以确定可溶性固形物或总固形物的含量。

正常的液态食品，其相对密度都在一定的范围内。例如，全脂牛奶为 $1.028 \sim 1.032$，植物油（压榨法）为 0.9090~0.9295。当因掺杂、变质等原因引起这些液体食品的组成成分发生变化时，均可出现相对密度的变化。如牛奶的相对密度与其脂肪含量、总乳固体含量有关，脱脂乳相对密度升高，掺水乳相对密度下降。油脂的相对密度与其脂肪酸的组成有关，不饱和脂肪酸含量越高，脂肪酸不饱和程度越高，脂肪的相对密度越高；游离脂肪酸含量越高，相对密度越低；酸败的油脂相对密度升高。因此，测定相对密度可初步判断食品是否正常以及纯净程度。需要注意的是，当食品的相对密度异常时，可以肯定食品的质量有问题；不可忽视的是，即使液态食品的相对密度在正常范围以内，也不能确保食品无质量问题，必须配合其他理化分析，才能保证食品的质量。

测定液态食品相对密度的方法有密度计法、密度瓶法、相对密度天平法，其中较常用的是前两种方法。

（1）密度计法。

密度计放入被测液体中，由于下端较重，故能自行保持垂直。密度计本身的质量与液体给它的浮力平衡，密度计的质量为定值，所以被测液体的密度越大，密度计浸入液体中的体积越小。根据密度计浮在液面上体积的大小就可求得液体密度的大小。在密度计的细管上刻上数值就可直接读出液体密度的值。有的专用密度计已将密度换算成了某种溶液的百分含量，可以直接读出溶液的百分含量。密度计法是测定液体密度便捷、实用的方法，只是准确度不如密度瓶法。

测定方法如下：将混合均匀的被测样液沿筒壁徐徐注入适当容积的清洁量筒中，注意避免起泡沫。将密度计洗净擦干，缓缓放入样液中，使其自由浮在量筒中，再将其稍微按下，然后升起达平衡位置，静止并无气泡冒出后，从水平位置读取与液平面相交处的刻度值。同时用温度计测量样液的温度，如测得温度不是标准温度，应对测得值加以校正。

（2）密度瓶法。

密度瓶具有一定的容积，在一定的温度下，用同一密度瓶分别称量等体积的样品溶液和蒸馏水的质量，两者之比即为该样品溶液的相对密度。

测定方法如下：先把密度瓶洗干净，再依次用乙醇、乙醚洗涤，烘干冷却至室温，用万分之一的天平准确称量得 m_0，（带温度计的塞子不要烘烤）。装满样液，盖上瓶盖，置 20℃水浴中浸 0.5h，使内容物的温度达到 20℃，用细滤纸条吸去支管标线上的样液，盖上侧管帽后取出。用滤纸把密度瓶外擦干，置天平室内 0.5h，称重。将样液倾出，洗净密度瓶，装入煮沸 0.5h 并冷却到 20℃ 下的蒸馏水，按上法操作。测出同体积 20℃ 蒸馏水的质量。

2. 旋光法

应用旋光仪测量旋光性物质的旋光度以确定其含量的分析方法叫旋光法。

3. 折光法

通过测量物质的折光率来鉴别物质组成，确定物质的纯度、浓度及判断物质品质的分析方法称为折光法。折光仪是根据光的全反射原理测出临界角而得出物质折射率的仪器。食品工业中最常用的是手提折光仪和阿贝折光仪。

（三）其他方法

化学分析法以物质的化学反应为基础，使被测成分在溶液中与试剂作用，由生成物的量或消耗试剂的量来确定组分含量的方法。它是食品检测技术中最基础、最重要的检测方法。

仪器分析法是在物理分析、化学分析的基础上发展起来的一种快速、准确的分析方法。它是以物理或物理化学性质为基础，利用光电仪器来测定物质含量的方法，包括物理分析法和物理化学方法。该方法灵敏、快速、准确，尤其适用于微量成分分析，但必须借助较昂贵的仪器，如分光光度计、气相色谱仪、液相色谱仪、原子吸收分光光度计等。目前，在我国的食品分析检测方法中也有着广泛应用。

酶分析法是利用酶作为生物催化剂进行定性或定量的分析方法。酶分析法具有高效性、专一性、干扰能力强、简便、快速、灵敏性等特点。

第二节　乳与乳制品掺假的检测

一、鲜牛乳的感官检验

鲜牛乳是指从牛乳房挤出的乳汁，具有一定的芳香味，并有甜、酸、咸的混合滋味。这些滋味来自乳中的各种成分，新鲜生乳的质量，是根据感官鉴别、理化指标和微生物指标三个方面来判定的。一般在购买生乳或消毒乳时，主要是依据感官进行鉴别。

（一）优质鲜乳

（1）色泽：呈乳白色或淡黄色。

（2）气味及滋味：具有显现牛乳固有的香味，无其他异味。

（3）组织状态：呈均匀的胶态流体，无沉淀、无凝块、无杂质、无异物等。

（二）次质鲜乳

（1）色泽：较新鲜乳色泽差或灰暗。

（2）气味及滋味：乳中固有的香味稍淡，或略有异味。

（3）组织状态：均匀的胶态流体，无凝块，但带有颗粒状沉淀或少量脂肪析出。

（三）不新鲜乳

（1）色泽：白色凝块或明显黄绿色。

（2）气味及滋味：有明显的异常味，如酸败味、牛粪味、腥味等。

（3）组织状态：呈稠样而不成胶体溶液，上层呈水样，下层呈蛋白沉淀。

二、牛乳掺假的快速检测

（一）掺水的检验

1. 密度法

正常牛乳密度在 1.028~1.033，掺水后密度下降。用乳稠计测定。操作方法如下：将 10℃~25℃的牛乳样品小心地注入容积为 250mL 的量筒中，加到量筒容积的 3/4，勿使发生泡沫并测量其试样温度。用手拿住乳稠计上部，小心地将它沉到相当刻度 30 度处，放手让它在乳中自由浮动，但不能与管壁接触。静置 1~2min 后，读取乳稠计的度数，以牛乳表面层与乳稠计的接触点为准。据温度和乳稠计度数，换算成 20℃时相对密度。

2. 乳清密度法

由于牛乳的相对密度受乳脂含量的影响，如果牛乳即掺水又脱脂，则可能全乳的相对密度值变化不大。所以检测牛乳相对密度变化，最好测定乳清的相对密度值。乳清主要成分为乳糖和矿物质，乳清比重比全乳的密度更加稳定，乳清正常比重为 1.027~1.030。

操作方法如下：取牛乳样品 200mL 置锥形瓶内，加 20%醋酸溶液 4mL，于 40℃水浴中加热至出现酪蛋白凝固，置室温冷却后，用两层纱布夹一层滤纸抽滤，滤液（乳清）。按上述方法测定相对密度。

3. 化学检查法

各种天然水（井水、河水等）一般均含有硝酸盐，而正常乳则完全不含有硝酸盐。原料乳是否掺水，可用二苯胺法测定微量硝酸根验证。在浓硫酸介质中，硝酸根可把二苯胺氧化成蓝色物质。若试验显示蓝色，则可判断为掺水；若试验不显蓝色，由于某些水源不含硝酸盐（或掺入蒸馏水），也不能说明没掺水。可继续将氯化钙溶液加入待检乳样中，酒精灯上加热煮沸至蛋白质凝固，冷却后过滤。在白瓷皿中加入二苯胺溶液，用洁净的滴管加几滴滤液于二苯胺中，如果在液体的接界处有蓝色出现，说明有掺水。

4. 冰点测定法

正常新鲜乳的冰点应为 $-0.53 \sim -0.59℃$，掺假后将会使冰点发生明显的变化，低于或高于此值都说明可能有掺假或者是变质。样品的冰点明显高于 $-0.53℃$，说明可能是掺水，可计算掺水量；样品的冰点低于 $-0.59℃$，说明可能掺有电解质或蔗糖、尿素以及牛尿等物质。

5. 硝酸银-重铬酸钾法

正常乳中氯化物很低，掺水乳中氯化物的含量随掺水量增加而增加。利用硝酸银与氯化物反应检测。检测时先在被检乳样中加两滴重铬酸钾，硝酸银试剂与乳中氯化物反应完后，剩余的硝酸银便与重铬酸钾产生反应，据此确定是否掺水和掺水的程度。

6. 干物质测定法

正常乳的干物质量为 $11\% \sim 15\%$，若干物质量明显低于此值则证明掺水。

（二）掺碱的检验

掺入碱的目的是降低牛乳酸度以掩盖酸败，防止煮沸时发生凝固结块现象。一般掺入碳酸钠、氢氧化钠（烧碱）、石灰乳（水）等碱性物质。

1. 指示剂法

利用碱性物质能使酸碱指示剂变色的原理进行检验。检验时常使用的方法有溴甲基酚紫法、玫瑰红酸法及溴麝香草酚蓝法。

（1）玫瑰红酸法。取被检乳、正常乳分别注入试管中，然后滴加玫瑰红酸酒精溶液，摇匀后观察其变化。若乳中含碱，乳样会呈玫瑰红色，含碱量越大，其颜色也越鲜艳；而不含碱的乳样则呈棕黄色（肉桂色）。也可在白瓷滴定板的坑内滴入被检乳及上述指示剂，混合均匀，如呈现玫瑰红色，则说明乳中掺有碱性物质。

（2）溴甲酚紫法。在试管中加入被检乳和溴甲酚紫酒精溶液，摇匀后放在沸水中加热，呈现天蓝色的表示加有过量的碱性物质。

（3）溴麝香草酚蓝法。取乳样于试管中，沿管壁加入溴百里香酚蓝乙醇溶液，缓慢转动几次，静置后，观察界面环层颜色变化。

2. 灰分碱度滴定法

一般所加的碱又为乳酸所中和，用指示剂法很难测出，可测灰分中的碱的量。此方法适用于掺入任何量的中和剂，但操作复杂。

以高温灼烧试样成灰分后，用蒸馏水进行浸提，浸提液中加入甲基橙指示剂，用标准硫酸滴定至溶液由黄色变为橙色为止。

操作方法如下：取牛乳 20mL 于瓷 坩埚中，先于沸水浴上蒸发至干，置电炉上炭化，然后移入高温电炉（550℃）内灰化完全并冷却。加热水 30mL 溶解，溶液转移至锥形瓶内，加 0.1%甲基橙指示剂 3 滴，用 0.1000mol/L HC1 滴定至橙黄色（同时做正常乳对比试验）。正常牛乳灰分的碱度以碳酸钠计时，应为 0.025%（平均值）。如所测碱度远远超过此值，说明牛乳中有中和剂。根据所记录的 HC1 消耗体积，计算乳中含碱量。

3. 掺硝酸盐检验

（1）单扫示波极谱法。单扫示波极谱法是用溶出分析仪扫描硝酸盐标准溶液，再扫描被检乳样，可对比分析出乳中硝酸盐加入量。此法适用于鲜牛乳和杀菌牛乳中硝酸盐的检出。

（2）甲醛法。检测乳与甲醛溶液混合，注入硫酸，观察环带，如 1000mL 牛乳中含有 0.5mg 的硝酸盐，经 5~7min 便出现环带。

4. 掺石灰乳检验

牛乳中掺石灰乳，可利用其干扰玫瑰红酸钠与锐离子的反应进行检验。在中性环境中，玫瑰红酸钠可与锐离子生成红棕色沉淀。

（三）掺无机盐的检验

1. 掺食盐

（1）银量法。新鲜乳中含氯离子一般为 0.09%~0.12%。用莫尔法测氯离子时，如果其含量远超过 0.12%可认为掺有食盐。在乳样中加入铬酸钾和硝酸银，新鲜乳由于乳中氯离子含量很低，硝酸银主要和铬酸钾反应生成红色铬酸银沉淀，如果掺有氯化钠，硝酸银则主要和氯离子反应生成氯化银沉淀，并且被铬酸钾染成黄色。

（2）食盐检测试纸法。食盐检测试纸是利用铬酸银与氯化银的溶度积不同，使铬酸银沉淀转化为氯化银沉淀，从而使试纸变色达到检验效果。氯离子的检测浓度主要取决于铬酸根的浓度，选择适当的铬酸根浓度，以提高试纸的灵敏度。根据资料，选择

0.102 4mol/L硝酸银与0.024 99mol/L铬酸钾制成食盐试纸。

2. 掺芒硝

操作方法：鉴定硫酸根离子。在一定量的牛乳中，加入氯化钡与玫瑰红酸钠时生成红色的玫瑰红酸钡沉淀。如果牛乳中掺有芒硝，Ba^{2+}则先与SO_4^{2-}反应生成硫酸钡白色沉淀，并且被玫瑰红酸钠染色显现黄色。

3. 掺碳酸铵、硫酸铵和硝酸铵

碳酸铵、硫酸铵和硝酸铵是常见的化肥，都含有铵离子，可通过铵离子的鉴定得到检验。铵离子的鉴定一般采用纳氏试剂法。纳氏试剂与氨可形成红棕色沉淀，其沉淀物多少与氨或铵离子的含量成正比。取滤纸（<1cm²）滴上2滴纳氏试剂，沾在表面皿上，在另一块表面皿中加入3滴待检乳样和3滴20%的氢氧化钠溶液，将沾有滤纸的表面皿扣在上面，组成气室，将气室置于沸水浴中加热。若沾有纳氏试剂的滤纸呈现橙色至红棕色，则表示掺有各种铵盐；若滤纸不显色，则说明没有掺入铵盐。

（四）掺蔗糖的检验

正常乳中只含有乳糖，而蔗糖含有果糖，所以通过对酮糖的鉴定，检验出蔗糖的是否存在。取乳样品于试管中，加入间苯二酚溶液，摇匀后，置于沸水浴中加热。如果有红色呈现，说明掺有蔗糖。

此外，常见含葡萄糖的物质有葡萄糖粉、糖稀、糊精、脂肪粉、植脂末等。为了提高鲜奶的密度和脂肪、蛋白质等理化指标，常在鲜奶中掺入这类物质。取尿糖试纸，浸入乳样中2s后取出，对照标准板，观察现象。含有葡萄糖类物质时，试纸即有颜色变化。

（五）掺米汤、面汤的检验

正常的牛乳不含淀粉，而米汤和面汤中都含有淀粉，淀粉遇到碘溶液，会出现蓝色反应。如果掺有糊精，则呈紫红色反应。

操作方法如下：牛乳5mL，加温稍煮沸放冷后，加入数滴碘液，有淀粉存在时显蓝色，有糊精类时显红紫色。

（六）掺豆浆的检验

牛乳中掺入豆浆，相对密度和蛋白质含量都在正常范围内，不能用测定相对密度和蛋白质含量的方法来检测。可用皂角素显色法、脲酶检验法、检铁试验法等。

1. 皂素显色法

皂素可溶解于热水或热乙醇，并与氢氧化钾反应生成黄色化合物。

操作方法如下：取被检乳样 20mL，放入 50mL 锥形瓶中，加乙醇、乙醚（1:1）混合液 3mL，混入后加入 25%氢氧化钠溶液 5mL，摇匀，同时做空白对照试验。参比的新鲜牛乳应呈暗白色，试样呈微黄色，表示有豆浆掺入。本法灵敏度不高，当豆浆掺入量大于10%时才呈阳性反应。

2. 脲酶检验法

脲酶是催化尿素水解的酶，广泛地存在于植物中，在大豆和刀豆的种子中含量尤多。动物中不含脲酶，可借检验脲酶来检验牛乳中是否掺有豆浆。脲酶催化水解碱-镍缩二脲试剂后，与二甲基乙二脲的酒精溶液反应，生成红色沉淀。

操作方法如下：在白瓷点滴板上的 2 个凹槽处各加 2 滴碱-镍缩二脲试剂澄清液，再向 1 个凹槽滴加调成中性或弱碱性的待检乳样，另一个滴加 1 滴水。在室温下放置 10~15min，然后往每个凹槽中各加 1 滴二甲基乙二脲的酒精溶液。如果有二甲基乙二肟镍的红色沉淀生成，说明牛乳中掺有豆浆。作为对照的空白试剂，应仍维持黄色或仅趋于变成橙色的微弱变化。

3. 检铁试验法

大豆中含铁的量远远高于牛乳中铁的含量，所以可据此判断。氯化亚锡邻二氮菲溶液，加豆乳的牛乳呈粉红色，颜色随豆浆加入量的增加而加深，不加豆浆的不变色。

操作方法如下：取牛乳 10mL，加入约 0.1g 氯化亚锡充分振摇，放 5min，使 Fe^{3+} 还原成 Fe^{2+}，再加 2mL 邻二氮菲溶液，混匀。观察眼色的变化。该法检出限为 5%。

三、乳粉掺假的检测

乳粉中掺假物质有的来源于原料牛乳的掺假，有的则是向乳粉中直接掺假。乳粉的掺假物质主要有蔗糖、豆粉和面粉等，其检验方法是取样品适量溶解于水中，然后按照鲜乳中掺有蔗糖、豆粉和面粉等杂质的检验方法进行检验。在牛乳中可能出现的掺假物质，在乳粉中都有可能出现。

（一）乳粉中杂质度的测定

称取乳粉样品用温水充分调和至无乳粉粒，加温水加热，在棉质过滤板上过滤，用水冲洗黏附在过滤板上的牛乳。将滤板置烘箱中烘干，以滤板上的杂质与标准板比较即得乳粉杂质度。

（二）真乳粉和假乳粉的感官检验

1. 手捏检验

真乳粉，用手捏住袋装乳粉的包装来回摩擦，真乳粉质地细腻，发出"吱吱"声；假乳粉，用手捏住袋装乳粉包装来回摩擦，由于掺有白糖、葡萄糖而颗粒较粗，发出"沙"的声响。

2. 色泽检验

真乳粉呈天然乳黄色；假乳粉颜色较白，细看呈结晶状，并有光泽，或呈漂白色。

3. 气味检验

真乳粉嗅之有牛乳特有的香味；假乳粉的乳香味甚微或没有乳香味。

4. 滋味检验

真乳粉细腻发黏，溶解速度慢，无糖的甜味；假乳粉溶解快，不黏牙，有甜味。

5. 溶解速度检验

真乳粉用冷开水冲时，需经搅拌才能溶解成乳白色混悬液；用热水冲时，有悬漂物上浮现象，搅拌时黏住调羹。假乳粉用冷开水冲时，不经搅拌就会自动溶解或发生沉淀；用热水冲时，其溶解迅速，没有天然乳汁的香味和颜色。

第三节　肉及肉制品掺假的检测

一、肉及肉制品的感官检验

肉及肉制品伪劣鉴别的主要手段是感官鉴别。在鉴别和挑选肉及其制品时，一般是以外观、色泽、弹性、气味和滋味等感官指标为依据的。留意肉类制品的色泽是否鲜明，有无加入人工合成色素；肉质的坚实程度和弹性如何，有无异臭、异物、霉斑等；是否具有该类制品所特有的正常气味和滋味。其中注意观察肉制品的颜色、光泽是否有变化，品尝其滋味是否鲜美，有无异味在感官鉴别过程中尤为重要。

二、肉及肉制品掺假的快速检测

（一）掺淀粉的检验

肉糜制品的淀粉用量视品种而不同，可在 5%~50% 的范围内，如午餐肉罐头中约加入 6% 淀粉，熏煮香肠类产品淀粉不得超过 10% 等。

1. 快速定性法

对可疑掺淀粉的肉制品，剖切后滴加碘酒，如呈紫蓝色则认为掺有淀粉。

2. 分光光度法

取样品加水搅匀，加醋酸锌液及 $K_4Fe(CN)_6$，混匀，离心，保留残渣，用 HCl 洗离心管，洗液并入残渣，置水浴中保温，不断搅拌，加 HCl；HCl 液中加 Na_2WO_4，混匀后过滤；取滤液加入具塞试管中，加苯酸钠溶液，沸水浴中保持几分钟，取出冷却，定容；取适量溶液于波长 540nm 比色，根据吸光度进行定量。

醋酸锌、$K_4Fe(CN)_6$ 溶液沉淀样品中淀粉，使淀粉滤出；Na_2WO_4、HCl 液为蛋白沉淀剂，有除去蛋白作用；苯酸钠液为显色剂；脂肪含量高的样品应先除去脂肪；酸水解淀粉比淀粉酶更为简便，并便于保存，但对淀粉水解专一性不如淀粉酶，它可同时使半纤维素水解生成还原性物质，使结果偏高。

（二）掺植物性蛋白的检验

肉制品中广泛应用的植物性蛋白质为大豆蛋白，如大豆粉、浓缩蛋白和分离蛋白，花生蛋白也开始应用于肉制品加工中。肉制品掺植物性蛋白，用聚丙烯酰胺凝胶电泳法检测。取磨碎样品加尿素-2% 巯基乙醇液，混匀后，离心，取上液注于凝胶管上，成叠加层，每支玻管通入电流电泳，直至亚甲基的蓝色谱带达到距凝胶管下端 7mm 处停止电泳。从玻管中拔出凝胶于染色液中过夜，用醋酸脱去电泳谱带以外的颜色。

（三）掺奶粉或脱脂奶粉的检验

在肉制品中，加入奶粉、脱脂奶粉或乳清粉，可根据检验乳糖存在的方法而确定。样品中加热水，经剧烈振摇及搅拌后过滤。取滤液加入盐酸甲胺溶液，煮沸半小时，停止加热。然后加入氢氧化钠溶液，振摇后观察，溶液立即变黄，并慢慢地变成胭脂红色，说明有乳糖即奶粉存在。

（四） 掺异源肉的检验

1. 中红外光谱检测法

肉类掺入异源肉，表现为加入同种或不同种动物的低成本部分、内脏等。Osama 等用中红外光谱检测异源肉掺入，根据脂肪和瘦肉组织中蛋白质、脂肪、水分含量的不同，对肉类产品加以辨别；应用偏最小二乘法（PLS）/经典方差分析（CVA）联合技术形成的校正模型，可分辨不同部位的肉；运用多元非线性统计（SIMCA）法，用纯肉样品作为模型，在误差允许范围内，能鉴别出掺假肉。此法能检测出低浓度的组分和多组分样品间的组成差异。

2. 微分扫描热量测定技术

微分扫描热量测定技术通过测定样品热量的变化来监测其物理和化学性质的改变，因为样品的温谱图可以显示杂物的存在。此方法简单准确且需要的样品量少。

3. 电子鼻技术

电子鼻由一系列电子化学传感器及标本识别系统构成，能够识别简单和复杂的气味，操作简单、快速，结果可靠，可用于监测肉品及油料的掺假。通过特征二维空间嗅觉图像可以定性鉴别油料中的掺假。通过样品的特征香气指纹，便可迅速检测掺假。

4. DNA 分析技术

DNA 在样品加工之后仍保持稳定，此技术用于掺假鉴定是一种非常好的技术。通过聚合酶链式反应（PCR）BP 可进行样品来源的鉴定，结果准确可靠。

5. 酶联反应（ELISA）技术

ELISA 用于测定样品中抗体水平，该方法专一性强且操作简便，因而非常实用。在肉品中使用 ELISA 可以检测出其中的异物。

（五） 掺人工合成色素的检验

胭脂红是一种人工合成的偶氮化合物类色素，具有致癌作用。我国国家标准中规定，凡是肉类及其加工品都不能使用人工合成色素。

操作方法如下：称取绞碎均匀的肉样，加入适量的海砂研磨均匀，加丙酮在研钵中一起研磨，丙酮处理液弃去。残留的沉淀研成细粉，让丙酮全部挥发。将处理好的样品全部移入漏斗中，加入乙醇-氨水溶液，使色素全部从样品中解吸下来，直到色素解吸完全、滤液不再呈色为止。收集滤液，浓缩，调酸后，再加入硫酸和钨酸钠溶液，搅动，使蛋白质凝聚沉淀，抽滤，收集滤液。滤液加热后加入聚酰胺粉，搅拌，再用柠檬酸酸化，使色素全部为聚酰胺粉吸附。然后过滤（或抽滤），滤饼用酸化的水洗涤至洗涤水为无色；再用蒸馏水洗涤沉淀至洗涤水为中性。弃去所有滤液。用乙醇-氨溶液从聚酰胺粉中解吸色素，直至滤液无色为止。收集滤液驱除氨，浓缩滤液，定容。用纸色谱法和薄层色谱法进行定性检验。再通过吸光度定量测定，进行计算。由于胭脂红是水溶性色素，也可用超声波水浴提取肉中的色素，然后再通过吸光度测定，根据胭脂红的标准曲线进行比色定量。

第四节　其他类食品掺假的检测

一、粮食类食品掺假的检测

（一）粮食新鲜程度的检验

1. 邻甲氧基苯酚法

新鲜粮食酶的活性很强，随着贮存时间增长，酶的活性逐渐降低，故可用酶的活性来判断粮食新鲜程度。

在过氧化氢存在下，邻甲氧基苯酚会在新粮的氧化还原酶作用下生成红色的四联邻甲氧基苯酚，而陈粮则不显色。根据该原理进行检查。如果米粒和溶液在 1~3min 内呈自浊而溶液上部呈浓红褐色为新鲜米；不显色则为纯陈米。新米与陈米混合时，显色速度不同，新米含量越多，显色越快，反之则慢。如果新米掺陈米，可取 100 粒米进行试验，新米染色后排出，数粒数，可概略定量掺陈米百分率。

该方法不足在于，凡是影响酶活性变化的因素对本法都有干扰。例如，小麦粉在加工时局部温度过高，破坏酶活性，就不能用该法判断新鲜与否。

2. 酸碱度指示剂法

随着放置时间的增长，米会逐渐被氧化，从而使酸度增加，pH 下降，故可从 pH 指示剂变化来判断粮食的新鲜程度。

这里分两种情况：如果判断总体样品是否是新大米，可用米浸泡液测定；如果判断陈米掺入率时，可用浓度高的指示剂使米染色判断。

上述方法适用于大米、糯米，而对于有色的米类如玉米、黄米等并不适用。对带色米、面等，可取样品加蒸馏水浸泡，过滤。取滤液用氢氧化钾滴定，并计算酸度，陈粮酸度明显高于新粮。

（二）大米掺假的检测

1. 好米中掺有霉变米的检验

（1）感官检验。

市售粮曾发现有人将发霉米掺入好米中销售，也有人将发霉米漂洗之后销售，进口粮中也曾发现霉变米。感官检验霉变米的方法是，看该米是否有霉斑、霉变臭味，米粒表面是否有黄、褐、黑、青斑点，胚芽部位是否有霉变变色，如果有上述现象，说明待检测米是霉变米。

若粮食的贮存、运输管理不善，在水分过高、温度高时就极易发霉。大米、面粉、玉米、花生和发酵食品中，主要是曲霉、青霉，个别地区以镰刀菌为主。有人将发霉米掺到好米中销售，或将发霉米漂洗之后销售。

（2）霉菌孢子计数和霉菌相检验。

菌落培养，并计算菌落总数，鉴定各类真菌。正常霉孢子数计数<1000 个/g；如果在1000~100000 个/g，则为轻度霉变；如果大于 100 000 个/g 为霉变。不过，该法不适合于经漂洗后的霉变米的检验。

（3）脂肪酸度检验。

大米在储藏过程中，所含的脂肪易氧化分解，形成脂肪酸，使大米酸度增大。尤其是霉变的大米更容易如此，为此，可以用标准氢氧化钾溶液滴定来计算其脂肪酸度。

2. 糯米中掺大米的检验

（1）感官检验。

糯米为乳白色，籽粒胚芽孔明显，粒小于大米粒；大米为青白色半透明，籽粒胚芽孔不明显，粒均大于糯米。

（2）加碘染色法。

糯米淀粉中主要是支链淀粉，大米淀粉中含直链淀粉和支链淀粉，该法利用不同淀粉遇碘呈不同的颜色进行鉴别。糯米呈棕褐色，大米呈深蓝色。

如需定量，则可随机取样品少量按操作进行，染色后倒出米粒，将大米挑出，可计算掺入率。

3. 大米涂油、染色的检验

（1）大米涂油的检验（用矿物油抛光）。

涂油大米用手摸时，手上没有米糠面；把大米放进温开水里浸泡，水面上会浮现细小油珠。

（2）大米染色的检验。

染色大米用手摸时有光滑感，手上没有米糠面；用清水淘米时，颜料会自动溶解脱落，等水变混浊后即显出大米本来面目。

（三）面粉掺假的检测

1. 掺硼砂的检验

硼砂作为食品添加剂早已被禁用，但仍有人在制作米面制品时加入。

（1）感官检验。

加入硼砂的食品，用手摸均有滑爽感觉，并能闻到轻微的碱性味。

（2）pH 试纸法。

用 pH 试纸贴在食品上，如 pH 试纸变蓝，说明该食品被硼砂或其他碱性物质污染，如试纸无变化则表示正常。

（3）姜黄试纸检验法。

将姜黄试纸放在食品表面并润湿，再将试纸在碱水中蘸一下，若试纸呈浅蓝色，说明食品掺硼砂，如试纸颜色为褐色，则属正常。

2. 掺吊白块的检验

"吊白块"又叫作甲醛次硫酸氢钠，是纺织和橡胶工业原料，作漂白剂用，食品禁用。其在加工过程中所分解产生的甲醛，是细胞原浆毒，能使蛋白质凝固，摄入 10g 即可致人死亡。甲醛进入人体后可引起肺水肿，肝、肾充血及血管周围水肿。并有弱的麻醉作用。

操作方法如下：取面条加小倍量水混匀，移入锥形瓶中，后瓶中加 1:1 HCl，再加2g 锌粒；迅速在瓶口包一张醋酸铅试纸，观察，同时作对照。如果有吊白块，醋酸铅试纸会变为棕黑色。

3. 掺溴酸钾的检验

溴酸钾有致突变性和致癌性，可导致中枢神经系统麻痹。目前，世界上大多数发达及发展中国家都明确规定溴酸钾不得作为小麦粉处理剂。

（1）定性检验法。

①钾盐焰色反应。将沾有面粉的金属环放在酒精灯火焰上，只接触到火焰的中下部，若面粉中含有溴酸钾就会自下而上出现一条亮紫色的火焰。

②硝酸银法。取一定量的面粉溶解于蒸馏水中，再滴加硝酸银，若有浅黄色沉淀出现，说明面粉中掺有溴酸钾。

（2）定量检验法。

①电极电位法。先测定标准溶液的电极电位，绘制标准曲线，然后测定试样电极电位值，根据标准曲线求出含量。

②离子色谱法。称取面粉及面制品，加水或淋洗液振摇均匀后，超声波浸提，静置后离心分离，合并离心液。溶液经微孔滤膜过滤后，离子色谱仪分析。

4. 掺亚硫酸盐的检验

亚硫酸盐可用于面粉、制糖、果蔬加工、蜜饯、饮料等食品的漂白。但亚硫酸盐有一定毒性，表现在可诱发过敏性疾病和哮喘，破坏维生素 B_1。我国允许使用亚硫酸及亚硫酸盐，但严格控制其二氧化硫残留量。

（1）副玫瑰苯胺法。

亚硫酸盐与四氯汞钠反应生成稳定的络合物，再与甲醛及盐酸副玫瑰苯胺作用生成紫红色的络合物，用分光光度计在波长 550nm 处测吸光度。该法可用于二氧化硫定性和定量测定，最低检出浓度为 1mg/kg。

（2）蒸馏直接滴定法。

面粉中的游离和结合 SO_2 在碱液中被固定为亚硫酸盐，在硫酸作用下，又会游离出来，可以用碘标准溶液进行滴定。当达到滴定终点时，过量的碘与淀粉指示剂作用，生成蓝色的碘-淀粉复合物。由碘标准溶液的滴定量计算总 SO_2 的含量。盐酸副玫瑰苯胺法使用了大量有毒物质，对人、环境都有一定危害。蒸馏直接滴定法操作简便，但操作者的主观因素对实验结果影响较大。

（3）试纸条-光反射传感器检测法。

三乙醇胺是一种普通试剂，可络合铁、锭等共存干扰离子，而对亚硫酸盐有很好的吸收性，并且检测效果较好。用三乙醇胺吸收原理制得的亚硫酸盐试纸条，与小型的光反射传感器联用进行定量检测，试纸条与光反射传感器相结合，实现对食品中亚硫酸盐的定量检测。先将试纸条与亚硫酸盐反应显色，颜色深浅与亚硫酸盐浓度呈线性关系，然后将显色的试纸条放入光反射传感器的感应窗进行测定。

（4）碘酸钾-淀粉试纸法。

取面粉加蒸馏水，振摇混合，放置，再加磷酸溶液，立刻在瓶口悬挂碘酸钾淀粉试纸，加塞，在室温放置数分钟，观察试纸是否变蓝紫色。若变蓝紫色，则说明样品中含有亚硫酸盐；若不显色，则说明样品中不含亚硫酸盐。

二、食用油脂掺假的检测

（一）食用油脂的感官检验

1. 植物油

①色泽：同种植物油颜色越浅，品质越好。

②气味及滋味：按正常、焦煳、酸败、苦辣等表示。

③透明度：纯净植物油应是透明的，但一般油类常因含有过量水分、杂质、蛋白质和油脂物溶解物（如磷脂）等而呈现混浊。从油脂透明程度可判断植物油是否纯净。

2. 动物油脂

①色泽：凝固的油脂应为白色，或略带淡黄色。

②稠度：15℃~20℃猪脂应为软膏状，牛、羊脂应为坚实的固状体。

③透明度：正常油脂融化后应透明。

（二）毛油与精制油的鉴别检验

植物油的制备方法主要采用浸出法和压榨法，用这两种方法制得的油称为毛油。对毛油进行脱胶、脱酸、脱臭、脱色等工艺加工，以便除掉尘埃、蛋白质、胶质、黏质物、游离脂肪酸、色素及有臭物质，从而得到精制油。

毛油与精制油存在以下区别，可以为鉴别提供依据。

①毛油经短时间存放就会产生臭味，加热后发烟点低，水分高、油加热后变黑。

②水分：正常精制植物油水分含量小于0.2%，而毛油水分多大于0.5%，但是仅水分一项不能做出准确判定，还应配合其他指标。

③精制油杂质0.1%~0.25%，毛油中杂质远远超过此数。

油脂由于品质和含杂质量的不同，经过加热后其透明度和颜色均发生不同的变化，因此，可以通过加热试验，对加热前后进行比较，判断油脂的品质和含杂质的情况。油样混浊在加热时消失，冷却后又重新出现，则说明油样水分过高或含有动物性脂肪；油样混浊在加热时也不消失，则说明杂质多。

（三）食用油脂掺另一种油脂的检验

在质量好或售价高的油脂产品中掺入质量差或价格低的同种油脂或另一种油脂，如芝麻油中掺入大豆油、菜籽油等是食用油脂掺假常见的一种方式。

1. 芝麻油掺假的检验

芝麻油简称麻油，俗称香油，是以芝麻为原料加工制取的食用植物油，是消费者喜爱的调味品。因含有多种挥发性芳香物质，故有浓烈香味。它既能提高食品的口感增进食欲，营养价值也优于其他油脂，因而香油售价最高。

掺假香油多为掺入棉籽油、卫生油（精炼棉籽油）和菜籽油等低价油脂，也有在香油中掺入米汤（小米汤）等物质。

（1）看色法。

纯香油呈淡红色或红中带黄，如掺上其他油，颜色就不同。掺菜籽油呈草绿色，掺棉籽油呈黑红色，掺卫生油呈黄色。

（2）观察法。

夏季在阳光下看纯香油，清晰透明纯净。如掺假就会模糊混浊，还容易沉淀变质。

（3）水试法。

用筷子蘸一滴香油，滴到平静的水面上，纯香油会呈现出无色透明的薄薄的大油花。掺了假的则会出现较厚较小的油花。

（4）摩擦法。

将油滴置于手掌中，用另一手掌用力摩擦，由于摩擦产生热，油的芳香物质分子运动加速，香味容易扩散。如为纯香油，闻之有单纯浓烈的香油香味。

此外，芝麻油与蔗糖盐酸作用产生红色物质的量和芝麻油的量成正比。可取标准芝麻油反应，做出标准曲线，样品与之对照，达到定量的目的。可用此法测定芝麻油中其他油的掺入量。

2. 掺棉籽油的检验

用棉籽所榨的油称为棉籽油，经精炼后，是一种适于食用的植物油。价格相当便宜。粗制棉籽油中有游离棉酚、棉酚紫和棉绿素等三种毒素。如长期食用，就有可能发生中毒。主要症状：为皮肤灼烧难忍，无汗或少汗，同时伴有心慌、无力、肢体麻木、头晕、气急等，并影响生殖机能。

（1）定性检验法。

取油样溶于1%硫黄的二硫化碳溶液后加入1~2滴吡啶或戊醇。在饱和食盐水中徐徐加热至盐水沸腾，持续30min。若溶液呈红色，或橘红色，表示有棉籽油存在。可能是由于棉籽油中含有极微量的醛和酮所至。

（2）定量检验法。

①紫外分光光度法。棉酚经用丙酮提取后，在 378nm 处有最大吸收，其吸光度与棉酚量在一定范围内成正比，与标准系列比较定量。

②比色法。样品中游离棉酚经提取后，在乙醇溶液中与苯胺形成黄色化合物，与标准系列比较定量。

3. 掺菜籽油的检验

菜籽油中含有一般油脂中所没有的芥酸，为一种不饱和的"固体脂肪酸"（熔点为 33℃~34℃）。芥酸对营养产生副作用，如抑制生长、甲状腺肥大等。

它的金属盐仅微溶于有机溶剂。与饱和脂肪酸的金属盐性质相近。与一般不饱和脂肪酸的金属盐不同。当以金属盐的分离方法分离油脂中的脂肪酸时，芥酸的金属盐与饱和脂肪酸的金属盐混合一起分离出来。

碘值是量度物质不饱和度的一个重要的指标。因此测定分离出来饱和脂肪酸和芥酸的碘值（称为芥酸值）可以判定芥酸的存在情况以及大致含量。如所测得的芥酸值大于 4，表示有菜籽油存在。

4. 掺花生油的检验

花生油中含有花生酸等高分子饱和脂肪酸，利用其在某些溶剂中（如乙醇）的相对不溶性的特点而加以检出。操作方法如下：皂化后加乙醇，测定其混浊温度，不同的油的混浊温度不同，以此判断。本试验不适用于芝麻油中检出花生油。

（四）食用油脂掺非油脂或非食用油的检验

在食用油脂中掺非油脂成分或非食用油，如掺水或米汤、矿物油、桐油、蓖麻油等是食用油脂掺假的另一种常见方式。

1. 掺米汤的检验

米汤中淀粉与碘酒反应，产物呈蓝黑色。

将筷子放入油内，然后将油滴在白纸上或玻璃上，再将碘酒滴于试样油上。如果油立即变成蓝黑色，证明油中加入了米汤。

2. 掺水的检验

植物油的水分含量如在 0.4% 以上，则混浊不清，透明度差。并且把油放入铁锅内加热或者燃烧时，会发出"叭叭"的爆炸声。

将食用植物油装入 1 个透明玻璃瓶内，观察其透明度。也可将油滴在干燥的报纸上，小心点燃。燃烧时是否有"叭叭"的爆炸声；或者将油放入铁锅内加热，是否有"叭叭"的爆炸声和油从锅内往外四溅的现象。

3. 掺桐油的检验

桐树的果实，提取出来的油为桐油，我国南方各省出产丰富，工业上用作油漆涂料，常因混入食用油中或误食中毒。可引起呕吐、腹泻、腹痛，严重者出现便血、呼吸短促和虚脱等症状。

（1）亚硝酸盐法。

亚硝酸盐在硫酸存在下生成亚硝酸，能氧化 a 型桐油酸生成 8 型，不溶于水和有机试剂，呈白色混浊。

（2）硫酸法。

取样品数滴，置白瓷板上，加硫酸 1~2 滴，如有桐油存在，则呈现深红色并凝成固体，颜色渐加深，最后呈炭黑色。

（3）苦味酸法。

根据桐油酸与苦味酸的冰乙酸饱和溶液作用产生有色物质来判断桐油的存在。随桐油含量的增加，出现的颜色依次为黄、橙、红。

（4）三氯化锑法

桐油与三氯化锑三氯甲烷溶液相遇，会生成一种污红色的发色基团。（豆油存在色泽干扰）

4. 掺矿物油的检验

（1）感官检验。

①看色泽：食用油中掺入矿物油后，色泽比纯食用油深。

②闻气味：用鼻子闻时，能闻到矿物油的特有气味，即使食用油中掺入矿物油较少，也可使原食用油的气味淡薄或消失。

③口试：掺入矿物油的食用油，入嘴有苦涩味。

（2）化学检验法。

①皂化法。作为食用油脂的高级脂肪酸的甘油酯，可以在碱性条件下发生水解反应（皂化反应），其产物皆易溶于水。而矿物油则不能皂化，也不溶于水。据此性质即可通过皂化反应来检验矿物油。

②荧光法。矿物油具有荧光反应，而植物油类均无荧光。在荧光灯下照射，若有天青色荧光出现，即可证明油样中含矿物油。

5. 掺蓖麻油的检验

蓖麻油可用做药用泻剂；纺织、化工及轻工等部门用蓖麻油作助染剂、润滑剂、乳化剂和制造涂料、油漆、皂类及油墨的原料。

（1）颜色反应。

分别取数滴油样于瓷比色盘中，分别滴加数滴硫酸、硝酸和密度为 1.5 发烟硝酸，如果分别呈现淡褐色、褐色和绿色则可推测有蓖麻油存在。

（2）无水乙醇法。

食用油中蓖麻油的检出是根据蓖麻油能与无水乙醇呈任何比例混合，而其他常见的植物油不易溶于乙醇的性质。

第八章 食品加工、储藏过程中有害物质的检验

第一节 食品的生物性污染及检验

一、细菌及其毒素的检验

细菌性微生物是人类食物链中最常见的病原，主要有大肠埃希菌、沙门氏菌、结核菌、炭疽菌、肉毒梭菌、李斯特菌、葡萄球菌、猪链球菌等。沙门氏菌对禽类、生猪及其鲜肉制品的感染率最高，蛋类、禽类肉制品和猪肉是人类感染沙门氏菌病的主要渠道。

食品细菌即指常在食品中存在的细菌，包括致病菌、条件致病菌和非致病菌。自然界的细菌种类繁多，但由于食品理化性质、所处环境条件及加工处理等因素的限制，在食品中存在的细菌只是自然界细菌的一小部分。非致病菌一般不引起人类疾病，但其中一部分为腐败菌，与食品腐败变质有密切关系，是评价食品卫生质量的重要指标。

污染食品的细菌分类：根据繁殖所需要的温度可分为嗜冷菌、嗜温菌和嗜热菌3类。

嗜冷菌：生长在0℃或0℃以下环境中，海水及冰水中常见，是导致鱼类腐败的主要微生物。

嗜温菌：生长在15℃~45℃环境中（最适温度为37℃），大多数腐败菌和致病菌属于此类。

嗜热菌：生长在45℃~75℃环境中，是导致罐头食品腐败的主要因素。细菌污染主要来源：环境污染；未腐熟的农家肥和生活污水灌溉。

新鲜蔬菜体表的微生物除了植株正常的寄生菌外，主要是环境污染的结果，其中土壤是重要的污染来源。例如马铃薯每克需氧菌可达 2.8×10^7 个，而甘蓝不与土壤直接接触，尽管表面积很大，但平均菌数仅为 4.2×10^4 个。一般情况下其数量大小并不表示卫生状态的好坏。但是当蔬菜水果的组织破损时，细菌会乘虚而入大量繁殖，加速其腐败变质。有

些细菌和霉菌可以侵入植物的正常组织而引起腐败变质。

黄色葡萄球菌——概述根据《伯杰氏鉴定细菌学手册》，按葡萄球菌的生理化学组成，将葡萄球菌分为金黄色葡萄球菌、表皮葡萄球菌和腐生葡萄球菌，其中金黄色葡萄球菌多为致病性菌，表皮葡萄球菌偶尔致病。金黄色葡萄球菌是人类化脓性感染中最常见的病原菌。球菌，直径为 0.8~1.0μm。排列成葡萄串状，无芽孢、无荚膜。细胞单个、成对和多于一个平面分裂成不规则的堆团。有些菌株具有荚膜或黏层。菌落光滑、低凸、闪光、奶油状，并且有完整的边缘。革兰阳性菌具有高度耐盐性。最适生长温度 35℃~40℃，最适生长 pH7.0~7.4。

（一）生物分类学

域：细菌域 Bacteria。

门：厚壁菌门 Firmicutes。

纲：芽孢杆菌纲 Bacilli。

目：芽孢杆菌目 Bacillales。

科：葡萄球菌科 Staphylococcaceae。

属：葡萄球菌属 Staphylococcus。

种：金黄色葡萄球菌 S. aureus。

（二）生化特性

可分解葡萄糖、麦芽糖、乳糖、蔗糖，产酸不产气。甲基红反应阳性，VP 反应弱阳性。金黄色葡萄球菌在厌氧条件下分解甘露醇产酸，非致病性菌则无此现象。

许多菌株可分解精氨酸，水解尿素，还原硝酸盐，液化明胶。

金黄色葡萄球菌具有较强的抵抗力，对磺胺类药物敏感性低，但对青霉素、红霉素等高度敏感。

（三）金黄色葡萄球菌的致病性

金黄色葡萄球菌是人类化脓感染中最常见的病原菌，可引起局部化脓感染，也可引起肺炎、伪膜性肠炎、心包炎等，甚至引起败血症、脓毒症等全身感染。

当金黄色葡萄球菌污染了含淀粉及水分较多的食品，如牛奶和奶制品、肉、蛋等，在温度条件适宜时，经 8~10h 即可产生相当数量的肠毒素。肠毒素可耐受 100℃煮沸 30min 而不被破坏，它引起的食物中毒症状是呕吐和腹泻。金黄色葡萄球菌肠毒素是个世界性卫生问题，在美国由金黄色葡萄球菌肠毒素引起的食物中毒占整个细菌性食物中毒的33%，加拿大则更多，占45%，我国每年发生的此类中毒事件也非常多。肠毒素形成条件：存放温度，在37℃内，温度越高，产毒时间越短；存放地点，通风不良、氧分压低时易形成肠毒素；食物种类，含蛋白质丰富，水分多，同时含一定量淀粉的食物，肠毒素易生成。因此，食品中金黄色葡萄球菌的检验尤为重要。

（四）其他常见致病性微生物

其他常见致病性微生物除金黄色葡萄球菌以外，还有肠杆菌科的大肠埃希菌、沙门氏菌属和志贺氏菌属、耶尔森氏菌属、致病性弧菌中的副溶血性弧菌和霍乱弧菌、弯曲菌和革兰阳性杆菌中的单核细胞增生李斯特菌、蜡样芽孢杆菌、肉毒梭菌等致病菌。

二、霉菌及其毒素的检验

（一）概述

霉菌并不是生物学分类的名称，而只是一部分真菌的俗称，通常指菌丝体比较发达而又没有子实体的小型真菌。真菌是指有细胞壁，不含叶绿素，无根、茎、叶，以寄生或腐生方式生存，能进行有性或无性繁殖的一类生物，霉菌是其中一部分真菌，是一些丝状真菌的通称，在自然界分布很广，几乎无处不有，主要分布在不通风、阴暗、潮湿和温度较高的环境中。

（二）生物学特性

各种真菌最适宜的生长温度为25℃~30℃，在0℃以下或30℃以上时不能产生毒素或产毒力减弱，但梨孢镰刀菌、拟枝孢镰刀菌和雪腐镰刀菌的最适产毒温度为0℃或-2℃~-7℃，而毛霉、根霉、黑曲霉、烟曲霉繁殖的适宜温度为25℃~40℃。大部分真菌繁殖需要有氧气。而毛霉和酵母往往可耐受高浓度的二氧化碳而厌氧。另外，水分、外界的温度对真菌的产毒也很重要，以最易受真菌污染的粮食为例，粮食水分达17%~18%时是真菌繁殖产毒的最适宜条件。

霉菌可非常容易地生长在各种食品上，造成不同程度的食品污染。一般认为大米、面粉、花生和发酵食品中，主要以曲霉、青霉菌属为主。在个别地区以镰刀菌为主，玉米和花生中黄曲霉及其毒素检出率高。小麦和玉米以镰刀菌及其毒素为主，青霉及其毒素主要在大米中出现。霉菌污染食品后，一方面可引起粮食作物的病害和食品的腐败变质，使食品失去原有的色、香、味、形，降低甚至完全丧失其食用价值；另一方面，有些霉菌可产生危害性极强的霉菌毒素，对食品的安全性构成极大的威胁。霉菌毒素还有较强的耐热性，不能被一般的烹调加热方法所破坏，当人体摄入的毒素量达到一定程度后，可引起食物中毒。

（三）致病性

据统计，目前已发现的霉菌毒素有 200 多种，其中与食品卫生关系密切的霉菌大部分属于半知菌纲中曲霉菌属、青霉菌属、镰刀霉菌属和交链孢霉属中的一些霉菌。已有 14 种真菌毒素被认为是有致癌性的，其中毒性最强者有黄曲霉毒素和环氯素，其次为雪腐镰刀菌烯醇、T—2 毒素、赭曲霉毒素、黄绿青霉素、红色青霉毒素及青霉酸等。真菌毒素按其作用的器官部位不同，大致可分为肝脏毒、肾脏毒、神经毒、造血组织毒和光过敏性皮炎毒等几类。

霉菌产毒只限于产毒霉菌，而产毒霉菌中也只有一部分毒株产毒。目前已知具有产毒株的霉菌主要有：

曲霉菌属：黄曲霉、赭曲霉、杂色曲霉、烟曲霉、构巢曲霉和寄生曲霉等。

青霉菌属：岛青霉、黄绿青霉、扩张青霉、圆弧青霉、皱折青霉和荨麻青霉等。

镰刀菌属：犁孢镰刀菌、拟枝孢镰刀菌、三线镰刀菌、雪腐镰刀菌、粉红镰刀菌、禾谷镰刀菌等。

其他菌属中还有绿色木霉、漆斑菌属、黑色葡萄状穗霉等。

产毒霉菌所产生的霉菌毒素没有严格的专一性，即一种霉菌或毒株可产生几种不同的毒素，而一种毒素也可由几种霉菌产生。如黄曲霉毒素可由黄曲霉、寄生曲霉产生；荨麻青霉和棒形青霉等都能产生展青霉毒素；而岛青霉可产生黄天精、红天精、岛青霉毒素及环氯素等。霉菌毒素对食品的污染已经受到世界各国的普遍关注。

（四）黄曲霉毒素

1960 年在英格兰南部和东部地区，有十几万只火鸡因食用发霉的花生粉而中毒死亡。剖检中毒死鸡，发现肝脏出血、坏死，肾肿大，病理检查发现肝实质细胞退行性病变及胆管上皮细胞增生。研究者从霉变的花生粉中分离出了一种荧光物质，并证实了这种荧光物质是黄曲霉的代谢产物，是导致火鸡死亡的病因，后来将这种荧光物质定名为黄曲霉毒素。

1. AF 的化学结构和理化性质

黄曲霉毒素是一类结构类似的化合物。目前已经分离鉴定出 20 多种，主要为 AFB 和 AFG 两大类。结构上彼此十分相似，含 C、H、O 这 3 种元素，都是二氢呋喃氧杂萘邻酮的衍生物，即结构中含有一个双呋喃环、一个氧杂萘邻酮（又叫香豆素）。其结构与毒性和致癌性有关，凡二呋喃环末端有双键者毒性较强，并有致癌性。不同种类的黄曲霉毒素毒性相差很大，以鸭雏对不同黄曲霉毒素的半数致死量（LD50）为例，其中 AFB1 毒性最强，其毒性比氰化钾大 100 倍，是真菌毒素中最强的。在食品检测中以 AFB1 为污染指标。AF 在紫外光的照射下能发出特殊的荧光，因此一般根据荧光颜色、RF 值、结构来进行鉴定和命名。AF 耐热，一般的烹调加工很难将其破坏，在 280℃时，才发生裂解，毒性破坏。AF 在中性和酸性环境中稳定，在 pH9~10 的氢氧化钠强碱性环境中能迅速分解，形成香豆素钠盐。AF 能溶于氯仿和甲烷，而不溶于水、正己烷、石油醚及乙醚中。

2. 食品中黄曲霉毒素的来源与分布

AF 是由黄曲霉和寄生曲霉产生的。寄生曲霉的所有菌株几乎都能产生黄曲霉毒素，但并不是所有黄曲霉的菌株都能产生黄曲霉毒素。黄曲霉是分布最广的霉菌之一，在全世界几乎无处不有，我国寄生曲霉却罕见。

黄曲霉在 12℃~42℃范围内均可产生黄曲霉毒素，最适温度为 25℃~32℃。我国的分布情况是：华中、华南和华东产毒菌株多，产毒量也高；东北和西北较少。产毒量最高的是从广西玉米中分离到的一株菌，在大米培养基上产生黄曲霉毒素的量高达 2000mg/kg。

关于黄曲霉毒素在食品中的污染，世界粮农组织/世界卫生组织联合国环境规划署于 1977 年召开了第一次有关霉菌毒素的会议，指出黄曲霉毒素在食品中的污染大大地超过其他几种霉菌毒素的总和。世界各国的农产品普遍遭受过黄曲霉毒素的污染，主要污染的品种是粮油及其制品，如花生、花生油、玉米、大米及棉籽等。胡桃和杏仁等干果、动物性食品（奶及奶制品、干咸鱼等）及家庭自制发酵食品中均曾检出黄曲霉毒素。

3. 黄曲霉毒素的产生、毒性与危害

黄曲霉毒素有较多的种类，主要有 B_1、B_2、G_1、G_2、M_1 和 M_2。它们的结构式不同，其毒性及危害也有很大差异。黄曲霉毒素的衍生物中以黄曲霉毒素 B_1 的毒性及致癌性最强，在食品中的污染最广泛，对食品的安全性影响最大。因此，在食品卫生监测中，主要以黄曲霉毒素 B_1 为污染指标。黄曲霉产毒的必要条件为湿度 80%~90%，温度 25℃~30℃，氧气 1%。此外天然基质培养基（玉米、大米和花生粉）比人工合成培养基产毒量高。

4. 防止黄曲霉毒素中毒的措施

黄曲霉毒素耐热，用一般烹调加工方法达不到去毒的目的。污染食品仅依靠加热处理仍然是不安全的，应根据具体情况进行综合防范。

（1）谷物收获后，尽快脱水干燥，并放置在通风、阴凉、干燥处，防止发霉变质。

（2）拣除霉变颗粒。除去发霉、变质的花生、玉米粒，是防止黄曲霉毒素中毒、保证食品安全性的最有效措施之一。

（3）反复搓洗、水冲。对于污染的谷物、豆类等粮食，用清水反复搓洗 4~6 次，随水倾去悬浮物，可去除 50%~88% 的毒素。

（4）加碱、高压去毒。碱性条件下，黄曲霉毒素被破坏后可溶于水中。反复水洗或加高压，可去除 85.7% 的毒素。

（五）食品中黄曲霉毒素的测定

1. 生物鉴定法

其特点是待检样品不需很纯，主要用于定性，共有 10 种：①抑菌试验；②对微生物遗传因子影响试验；③细菌发光试验；④荧光反应；⑤组织培养检测法；⑥鸡胚试验；⑦鸭胚试验；⑧鳟鱼试验；⑨植物试验；⑩饲喂实验动物试验。生物鉴定法是利用 AFT 能影响微生物、水生动物、家禽等生物体的细胞代谢，来鉴定 AFT 的存在。其方法专一性差，灵敏度低，一般只作为化学分析法的佐证。

2. 化学分析法

最常用的为薄层层析法（TLC），适用于粮食及其制品、调味品等 AFB1 的检测，主要是半定量。利用 AFB1 具有荧光性的特点，提取和浓缩样品中的 AFB1，用单向或双向展开法在薄层上分离后，在 365nm 紫外光照射下产生蓝紫色荧光，根据在薄层上显示荧光的最低检出量定量，其灵敏度为 5μg/kg。由于薄层层析法测定 AFB1 不是很专一，因此样品中其他荧光物质的干扰造成测定误差。可以用以下方法进行确定：一是用多种溶剂系统展开，可将 AFB1、G1 及各种 AFT 类似物分开；二是采用层析斑点的化学试验，将样品提取物用甲酸亚硫酰氨或三氟醋酸处理，用衍生化的方法将 AFB1 与其类似物分开；三是层析斑点的物理试验，可根据紫外吸收光谱，红外吸收光谱和荧光屏光谱的差别，将非黄曲霉毒素和 AFT 分开。

3. 仪器分析法

高效液相色谱法（HPLC）是 20 世纪 70 年代初发展起来的一种以液体为流行相的新

型色谱技术。是分离分析各种 AFT 的好方法，如配以荧光检测器，则该法具有灵敏度高、分离能力强、特异性好、测定结果准确可靠等优点。在国外已广泛地用于食品中 AFT 的测定。但由于食物样品成分复杂，在进行液相色谱分离分析前，需对样品作彻底有效的净化处理。常用的净化方法是柱色谱法，该法操作烦琐，且需使用大量有机溶剂。免疫亲和柱作为 AFT 特异有效的分离净化和浓缩手段，一出现就和高效液相色谱法结合用来测定粮食、饮料、尿、血及奶中的 AFT。王光建等将免疫亲和柱的高度特异性和高效液相色谱法的高分离能力相结合，所建立的花生和玉米中 AFB_1、B_2、G_1、G_2 的测定方法，具有杂质干扰少、操作简便、使用有机溶剂少、灵敏准确等优点，整个分析操作可在 15min 内完成。

4. 免疫分析法

这种方法是利用免疫、酶及生化技术，开辟了 AFT 分析的新领域。目前应用的方法有放射免疫法、亲和层析法和酶联免疫法。

（1）放射免疫法。

特异性强、灵敏度高、比较准确迅速、操作简单、易于标准化。但也有严重的缺点，特别是需要特殊的设备和安全保护，妨碍了更广泛的应用。

（2）亲和层析法。

利用免疫化学反应原理，采用大剂量的单克隆抗体，选择性吸附提取液中的抗原物质-AFT。由于抗原-抗体反应具有高灵敏、高选择、高特异性等特点，从而大大提高了试样的净化效果及检测灵敏度，同时可显著减少有毒有害试剂的使用，十分有利于操作人员的健康和环境保护。张艺兵等提出了一种以免疫亲和柱净化结合荧光光度法检测 AFT 的新方法，检测低限可达 $10^{-11} \sim 10^{-12} g/ml$。20 世纪 90 年代起，免疫亲和技术在食品分析领域得到了广泛应用。

（3）酶联免疫法（ELISA）。

基本原理是将抗体吸附于固相载体上，加入已经用酶标记的抗原与样品中的待测物混合物进行特异性的免疫反应，然后再加入酶的底物进行显色反应，通过颜色的深淡来判断样品中待测物的（抗原）含量。酶联免疫法大体分为两类：一是用双抗体夹心法检测样本中的 AFT。如 Wogan 将 AFBl 牛血清白蛋白涂于微滴定板池，经初步培养后，加兔的 APTB1 抗体和游离 APTB1 用磷酸 4-硝基苯酯作基质。以碱性磷酸酶——抗兔免疫球蛋白检测第一抗体的结合；二是用竞争法检测样本中的 AFT。如在涂抗体的小孔中，用乙烷萃取的 AFBl，并与结合了辣根过氧化酶的 AFTB1 混合室温下 10min 后，用水洗除去未结合的黄曲霉共轭物，加底物后在 405nm 检测。ELISA 法灵敏度高，比薄层法提高了近 200～500

倍〔1，5〕，特异性强，荧光物质、色素、结构类似物对结果无干扰。而且回收率高，准确性好，提取方法简单，测定时间仅需 2h，可同时检测几十份样品，提高了工效。

第二节　食品的化学性污染及检验

一、概述

农药自诞生以来，逐渐成为重要的农业生产资料，对于防治病虫害、去除杂草、调节农作物生长具有重要作用。随着我国人民生活水平不断提高，农产品的质量安全问题越来越受到关注，尤其是蔬菜中农药残留问题已经成为公众关心的焦点，全国每年都有上百起因食用被农药污染的农产品而引起的急性中毒事件，严重影响广大消费者身体健康。目前，农药残留和污染已经成为影响农业可持续发展的重要问题之一，控制农药残留，保护生态环境已成为环境保护的重要内容。因此，完善农药残留的检测手段和防控农药残留危害的工作刻不容缓。

（一）　农药与农药残留

农药根据不同的分类方法可分为不同类别：按用途可分为杀虫剂、杀菌剂、除草剂、杀螨剂、植物生长调节剂、昆虫不育剂和杀鼠药等；按来源可分为化学农药、植物农药、微生物农药；按化学组成和结构可分为无机农药和有机农药（包括元素有机化合物，如有机磷、有机砷、有机氯、有机硅、有机氟等；还有金属有机化合物，如有机汞、有机锡等）；按药剂的作用方式可分为触杀剂、胃毒剂、熏蒸剂、内吸剂、引诱剂、驱避剂、拒食剂、不育剂等；按其毒性可分为高毒、中毒、低毒 3 类；按杀虫效率可分为高效、中效、低效 3 类；按农药在植物体内残留时间的长短可分为高残留、中残留和低残留 3 类。

农药残留，是指施用农药以后在生物体、食品（农副产品）内部或表面残存的农药，包括农药本身，农药的代谢物、降解物，以及有毒杂质等。人吃了有残留农药的食品后而引起的毒性作用，叫作农药残留毒性。残存数量称为残留量，表示单位为 mg/kg 食品或食品农作物。当农药过量或长期施用，导致食物中农药残存数量超过最高残留限量（MRL）时，将对人和动物产生不良影响，或通过食物链对生态系统中其他生物造成毒害。所谓农药残留的最高残留限量标准（MRL）是根据对农药的毒性进行危险性评估，得到最大无毒作用剂量，再乘以 100 的安全系数，得出每日允许摄入量（ADI），最后再按各类食品消费量的多少分配。随着农药相关法制的建设和人们对食品安全要求的不断提高，中国的农药残留问题在近年来得到了很大的改善，但仍然存在许多的问题。

农药的毒性作用具有两面性：一方面，可以有效控制或消灭农业、林业的病、虫及杂草的危害，提高农产品的产量和质量；另一方面，使用农药也带来环境污染，危害有益昆虫和鸟类，导致生态平衡失调。同时也造成了食品农药残留，对人类健康产生危害。因此，应该正确看待农药使用带来的利与弊，更好地了解农药残留的发生规律及其对人体的危害，控制农药对食品及环境的污染，对保护人类健康十分重要。

我国是世界上农药生产和消费大国，近年生产的高毒杀虫剂主要有甲胺磷、甲基对硫磷氧乐果、久效磷、对硫磷、甲拌磷等，因而，这些农药目前在农作物中残留最严重。

（二） 农药污染食品的途径及食品中农药残留的主要来源

农药除了可造成人体的急性中毒外，绝大多数会对人体产生慢性危害，并且都是通过污染食品的形式造成。几种常用的、容易对食品造成污染的农药品种有有机氯农药、有机磷农药、有机汞农药、氨基甲酸酯类农药等。

农药污染食品的途径及农药残留的来源主要有以下几种。

（1）为防治农作物病虫害使用农药，喷洒作物而直接污染食用作物：给农作物直接施用农药制剂后，渗透性农药主要黏附在蔬菜、水果等作物表面，大部分可以洗去，因此作物外表的农药浓度高于内部；内吸性农药可进入作物体内，使作物内部农药残留量高于作物体外。另外，作物中农药残留量大小也与施药次数、施药浓度、施药时间和施药方法以及植物的种类等有关。一般施药次数越多、间隔时间越短、施药浓度越大，作物中的药物残留量越大。

（2）植物根部吸收：最容易从土壤中吸收农药的是胡萝卜、草莓、菠菜、萝卜、马铃薯、甘薯等，番茄、茄子、辣椒、卷心菜、白菜等吸收能力较小。熏蒸剂的使用也可导致粮食、水果、蔬菜中农药残留。

（3）空中随雨水降落：农作物施用农药时，农药可残留在土壤中，有些性质稳定的农药，在土壤中可残留数十年。农药的微粒还可随空气飘移至很远地方，污染食品和水源。这些环境中残存的农药又会被作物吸收、富集，而造成食品间接污染。在间接污染中，一般通过大气和饮水进入人体的农药仅占10%左右，通过食物进入人体的农药可达到90%左右。种茶区在禁用滴滴涕、六六六多年后，在采收后的茶叶中仍可检出较高含量的滴滴涕及其分解产物和六六六。茶园中六六六的污染主要来自污染的空气及土壤中的残留农药。此外，水生植物体内农药的残留量往往比生长环境中的农药含量高出若干倍。

（4）食物链和生物富集作用：农药残留被一些生物摄取或通过其他的方式吸入后累积于体内，造成农药的高浓度贮存，再通过食物链转移至另一生物，经过食物链的逐级富集后，若食用该类生物性食品，可使进入人体的农药残留量成千倍甚至上万倍地增加，从而严重影响人体健康。一般在肉、乳品中含有的残留农药主要是禽畜摄入被农药污染的饲料，造成体内蓄积，尤其在动物的脂肪、肝、肾等组织中残留量较高。动物体内的农药有些可随乳汁进入人体，有些则可转移至蛋中，产生富集作用。鱼虾等水生动物摄入水中污染的农药后，通过生物富集和食物链可使体内农药的残留富集数百至数万倍。

（5）运输贮存中混放：运输及贮存中由于和农药混放，可造成食品污染。尤其是运输过程中包装不严或农药容器破损，会导致运输工具污染，这些被农药污染的运输工具，往往未经彻底清洗，又被用于装运粮食或其他食品，从而造成食品污染。另外，这些逸出的农药也会对环境造成严重污染，从而间接污染食品。印度博帕尔毒气灾害就是某公司一化工厂泄漏农药中间体硫氰酸酯引起的。中毒者数以万计，同时造成大量孕妇流产和胎儿死亡。

脂溶性大、持久性长的农药，如六六六和滴滴涕等，很容易经食物链产生生物富集。随着营养级提高，农药的浓度也逐级升高，从而导致最终受体生物的急性、慢性和神经中毒。一般来说人类处在食物链的最末端，受残留农药生物富集的危害最严重。有些农药在环境中稳定性好，降解的代谢物也具有与母体相似的毒性，这些农药往往引起整个食物链的生物中毒死亡；有些农药尽管毒性低，但性质很稳定，若摄入量很大，也可产生毒害作用。

（三）残留农药的毒性与危害

农药对人、畜的毒性可分为急性毒性和慢性毒性。所谓急性毒性，是指一次口服、皮肤接触或通过呼吸道吸入等途径，接受一定剂量的农药，在短时间内能引起急性病理反应的毒性，如有机磷剧毒农药1605、甲胺磷等均可引起急性中毒。患者在出现各种组织、脏器的一些相应的毒性反应时，还常常发生严重的神经系统损害和功能紊乱，表现为急性神经毒性和迟发性神经毒性等一系列精神症状。慢性毒性包括遗传毒性、生殖毒性、致畸和致癌作用，是指低于急性中毒剂量的农药，被长时间连续使用，通过接触或吸入而进入人畜体内，引起慢性病理反应，如化学性质稳定的有机氯残留农药六六六、滴滴涕等。

长期或大剂量摄入农药残留的食品后，还可能对食用者产生遗传毒性、生殖毒性、致畸和致癌作用。儿童某些肿瘤（脑癌、白血病）与父母在围产期接触化学农药有一定相关性。怀孕母亲接触农药，其子女患脑癌危险度明显增加。有人报道用苯菌灵灌胃给药可引起动物致畸，而混饲则不致畸。因此，关于农药对机体的遗传毒性、生殖毒性、致畸和致癌性等作用还需要有进一步研究证实。

二、食品中有机磷农药残留与检测

有机磷农药属有机磷酸酯类化合物，是使用最多的杀虫剂。在其分子结构中含有多种有机官能团，根据 R、R1 及 X 等基团不相同，可构成不同的有机磷农药。它的种类较多，包括甲拌磷（3911）、内吸磷（1059）、对硫磷（1605）、特普、敌百虫、乐果、马拉松（4049）、甲基对硫磷（甲基 1605）、二甲硫吸磷、敌敌畏、甲基内吸磷（甲基 1059）、氧化乐果、久效磷等。

大多数的有机磷农药为无色或黄色的油状液体，不溶于水，易溶于有机溶剂及脂肪中，在环境中较为不稳定，残留时间短，在室温下的半衰期一般为 7～10h，低温分解缓慢，容易光解、碱解和水解等，也容易被生物体内有关酶系分解。有机磷农药加工成的剂型有乳剂、粉剂和悬乳剂等。

（一）污染食品的途径与人体吸收代谢

由于有机磷农药在农业生产中的广泛应用，导致食品发生了不同程度的污染，粮谷、薯类、蔬果类均可发生此类农药残留。主要污染方式是直接施用农药或来自土壤的农药污染，一般残留时间较短，在根类、块茎类作物中相对比叶菜类、豆类作物中残留时间要长。对水域及水生生物的污染，大多是由于农药生产厂废水的排放及降水使得农药转移到水中而引起的。

有机磷农药随食物进入人体，被机体吸收后，可通过血液、淋巴液迅速分布到全身各个组织和器官，其中以肝脏分布最多，其次是肾脏、骨骼、肌肉和脑组织。有机磷农药主要在肝脏代谢，通过氧化还原、水解等反应；产生多种代谢产物。氧化还原后产生的代谢产物比原形药物的毒性有所增强。水解后的产物毒性降低。有机磷农药的代谢产物一般可在 24～48h 内经尿排出体外，也有一小部分随大便排出。另外，很少一部分代谢产物还可通过汗液和乳汁液排出体外。有机磷酸酯经过代谢和排出，一般不会或很少在体内蓄积。

（二）残留毒性与危害

有机磷农药的生产和应用也经历了由高效高毒型（如对硫磷、甲胺磷、内吸磷等）转变为高效低毒低残留型（如乐果、敌百虫、马拉硫磷等）的发展过程。有机磷农药化学性质不稳定，分解快，在作物中残留时间短。有机磷农药对食品的污染主要表现在植物性食物中。水果、蔬菜等含有芳香物质的植物最易吸收有机磷，且残留量高。有机磷农药的毒性随种类不同而有所差异。

有机磷农药是一类比其他种类农药更能引起严重中毒事故的农药，其导致中毒的原因是体内乙酰胆碱酯酶受抑制，导致神经传导递质乙酰胆碱的积累，影响人体内神经冲动的传递。这类化合物可能滞留在肠道或体脂中，再缓慢地被吸收或释放出来。因此中毒症状的发作可能延缓，或者在治疗过程中症状有反复。0.5~24h 之间表现为一系列的中毒症状：开始为感觉不适、恶心、头痛、全身软弱和疲乏。随后发展为流口水（唾液分泌过多），并大量出汗，呕吐，腹部阵挛，腹泻，瞳孔缩小，视觉模糊，肌肉抽搐、自发性收缩，手震颤，呼吸时伴有泡沫，病人可能阵发痉挛并进入昏迷。严重的可能导致死亡；轻的在 1 个月内恢复，一般无后遗症，有时可能有继发性缺氧情况发生。

（三）防止食品中有机磷农药中毒的措施

（1）加强农药管理，严禁与食品混放。防止运输、贮存过程发生农药污染事件。用于家庭卫生杀虫时，应注意食品防护，防止食品污染。

（2）农业生产中，要严格按照《农药安全使用标准》规范使用，易残留的有机磷农药避免在短期蔬菜、粮食、茶叶等作物中施用。

（3）对于水果和蔬菜表面的微量残留农药，可用洗涤灵或大量清水冲洗、去皮等方法处理。粮食、蔬菜等食品经过烹调加热处理后可清除大部分残留的有机磷农药。

近年来，在食物中毒事件中，由农药残留引起的中毒死亡人数占总中毒死亡人数的20%左右。特别是，近年来农民患癌症及其他疾病的概率不断增加，农民作为施药者的主体，缺乏自我保护意识，再加上落后的施药器械使其经常面临急性中毒的危险，甚至丧失生命。因此食品中农药的检测十分重要。

三、食品中农药的检测方法

（1）食品中有机磷农药残留量的测定气相色谱—质谱法（GB23200.93—2016）。

（2）范围：本标准规定了进出口动物源食品中 10 种有机磷农药（敌敌畏、二嗪磷、皮蝇磷、杀螟硫磷、马拉硫磷、毒死蜱、倍硫磷、对硫磷、乙硫磷、蝇毒磷）残留量的气相色谱—质谱检测方法。本标准适用于清蒸猪肉罐头、猪肉、鸡肉、牛肉、鱼肉中有机磷农药残留量的测定和确证，其他食品可参照执行。

（3）原理：试样用水—丙酮溶液均质提取，二氯甲烷液—液分配，凝胶色谱柱净化，再经石墨化炭黑固相萃取柱净化，气相色谱—质谱检测，外标法定量。

（4）试剂和材料：除另有规定外，所用试剂均为分析纯，水为 GB/T6682—1992 规定的一级水。

（5）仪器和设备。

①气相色谱—质谱仪：配有电子轰击源（EI）。

②电子天平：感量 0.01g 和 0.0001g。

③凝胶色谱仪：配有单元泵、馏分收集器。

④均质器。

⑤旋转蒸发器。

⑥具塞锥形瓶：250mL。

⑦分液漏斗：250mL。

⑧浓缩瓶：250mL。

⑨离心机：4000r/min 以上。

（6）试样制备与保存。

①试样制备：取代表性样品约 1kg，样品取样部位按 GB2763 执行，经捣碎机充分捣碎均匀，装入洁净容器，密封，标明标记。

②试样保存：试样于 -18℃ 保存。在抽样及制样的操作过程中，应防止样品受到污染或发生残留物含量的变化。

（7）分析步骤。

①提取：称取解冻后的试样 20g（精确到 0.01g），置于 250mL 具塞锥形瓶中，加入 20mL 水和 100mL 丙酮，均质提取 3min。将提取液过滤，残渣再用 50mL 丙酮重复提取 1 次，合并滤液于 250mL 浓缩瓶中，于 40℃ 水浴中浓缩至约 20mL。将浓缩提取液转移至 250mL 分液漏斗中，加入 150mL 氯化钠水溶液和 50mL 二氯甲烷，振摇 3min，静置分层，收集二氯甲烷相。水相再用 50mL 二氯甲烷重复提取 2 次，合并二氯甲烷相。经无水硫酸钠脱水，收集于 250mL 浓缩瓶中，于 40℃ 水浴中浓缩至近干。加入 10mL 环己烷—乙酸乙酯溶解残渣，用 0.45μm 滤膜过滤，待凝胶色谱（GPC）净化。

②净化。

A. 凝胶色谱（GPC）净化。

凝胶色谱条件。

凝胶净化柱：BioBeadsS—X3，700mm×25mm（i. d.），或相当者；

流动相：乙酸乙酯—环己烷（1+1，V/V）；

流速：4.7mL/min；样品定量环：10mL；预淋洗时间：10min；

凝胶色谱平衡时间：5min；

收集时间：23～31min。

B．凝胶色谱净化步骤：将10mL待净化液按规定的条件进行净化，收集23～31min区间的组分，于40℃下浓缩至近干，并用2mL乙酸乙酯—正己烷溶解残渣待固相萃取净化。

C．固相萃取（SPE）净化：将石墨化炭黑固相萃取柱（对于色素较深试样，在石墨化炭黑固相萃取柱上加1.5cm高的石墨化炭黑）用6mL乙酸乙酯—正己烷预淋洗，弃去淋洗液；将2mL待净化液倾入上述连接柱中，并用3mL乙酸乙酯—正己烷分3次洗涤浓缩瓶，将洗涤液倾入石墨化炭黑固相萃取柱中，再用12mL乙酸乙酯—正己烷洗脱，收集上述洗脱液至浓缩瓶中，于40℃水浴中旋转蒸发至近干，用乙酸乙酯溶解并定容至1.0mL，供气相色谱—质谱测定和确证。

③测定。

A．气相色谱—质谱参考条件。

色谱柱：30m×0.25mm（i.d.），膜厚0.25m，DB—5MS石英毛细管柱，或与之相当者；

色谱柱温度：50℃（2min）30℃/min，180℃（10min）30℃/min，270℃（10min）；

进样口温度：280℃；

色谱—质谱接口温度：270℃；

载气：氦气，纯度≥99.999%，流速1.2mL/min；

进样量：1L；

进样方式：无分流进样，1.5min后开阀；电离方式：EI；

电离能量：70eV；

测定方式：选择离子监测方式；选择监测离子（m/z）；溶剂延迟：5min；

离子源温度：150℃；

四级杆温度：200℃。

B．气相色谱—质谱测定与确证：根据样液中被测物含量情况，选定浓度相近的标准工作溶液，对标准工作溶液与样液等体积参插进样测定，标准工作溶液和待测样液中每种有机磷农药的响应值均应在仪器检测的线性范围内。

第三节　食品容器和包装中有害物质的检验

一、塑料包装中有害物质的检验

塑料，照字面上讲，是具有可塑性的材料。现代塑料：用树脂在一定温度和压力下浇铸、挤压、吹塑或注射到模型中冷却成型的一类材料的专称。化学上，塑料是一种聚合物，是由很多个单元不断重复组合而成的。

（一）塑料特点

重量轻、耐酸碱、耐腐蚀性、低透气、透水性、运输销售方便、化学稳定性好、易于加工、装饰效果好及良好的食品保护作用；近30年来世界上发展最快的包装材料；大多数塑料可达到食品包装材料对卫生安全性的要求，但仍存在着不少影响食品的不安全因素。

（二）塑料分类

塑料是一种可塑性的高分子材料，是树脂在一定温度和压力下浇铸、挤压、吹塑或注射到模型中冷却成型的，分两类。

（1）热塑性塑料主要是由线型或支链型高聚物组成的，加热软化或熔融，可塑制成型，再加热又能软化或熔融，可如此反复处理，其性能基本不变。

（2）热固性塑料，再次加热不能熔融成型。

随着塑料产量增大、成本降低，大量的商品包装袋、液体容器以及农膜等人们已经不反复使用，使塑料成为一类用过即被丢弃的产品的代表。废弃塑料带来的"白色污染"，今天已经成为一种不能再被忽视的社会公害了。

多种塑料中，一般只有PET（聚对苯二甲酸乙二醇酯，polyethyleneterephthalate）及HDPE（低压聚乙烯）塑料是普遍会被回收的，除试测性质的小规模回收计划外，其他塑料一般是不被回收的。可回收塑料价值是生产新塑料价格的3倍，成本高昂，塑料的回收及再造比其他材料较难普及。

聚苯乙烯（polystyrene，PS）：以石油为原料制成乙苯，乙苯脱氢精馏后可得到苯乙烯，再由苯乙烯聚合而成。本身无味、无臭、无毒、透明、廉价、刚性、印刷性能好，不易生长霉菌，卫生安全性好，可用于收缩膜、食品盒、水果盘、小餐具，以及快餐食品盒、盘等。常残留有苯乙烯、乙苯、异丙苯、甲苯等挥发性物质，有一定毒性，不同国家的限量标准不同。氯乙烯聚合而成的，本身是一种无毒聚合物，其安全性主要是残留的氯乙烯单体、降解产物和添加剂（增塑剂、热稳定剂和紫外线吸收剂等）的溶出造成食品污染；增塑剂在塑料中的使用量主要取决于聚合物的伸长率及塑料的用途。目前已进入工业生产的增塑剂有500余种，大部分都属于酯类化合物。几种重要增塑剂和增塑效率塑料包装中的另类有害物质是被确定为环境激素化学物质双酚A，双酚A可对前列腺的发育产生微小的影响，在婴儿刚刚出生时是看不出来的。但当受到影响的婴儿在长大后，就会逐渐出现病症，比如前列腺肥大和前列腺癌。这种化学成分还可以导致尿道畸形。

单体氯乙烯具有麻醉作用，可引起人体四肢血管收缩而产生疼痛感，同时还具有致癌和致畸作用，各国对其单体的残留量都做了严格规定；其结构疏松多孔，吸收增塑剂能力很强，所以有优异的加工性能，可用于生产高质量、透明度强的塑料制品；制造各种板材、棒材、管材、透明片、软塑料制品等，广泛应用于食品、医疗、文具、建材、装饰、化工、纺织、日用品制造等行业；包在熟食上的 PVC 保鲜膜，如果与油脂接触或放微波炉里加热，保鲜膜里的增塑剂与食物发生化学反应，毒素挥发出来，危害人体健康。其主要检测方法为气相色谱法。

（三）塑料包装中有害物质的检验方法

（1）氯乙烯的测定（GB31604.31—2016）。

（2）原理：将试样放入密封平衡瓶中，用 N，N-二甲基乙酰胺溶解。在一定温度下，氯乙烯扩散，当达到气液平衡时，取液上气体注入气相色谱仪，氢火焰离子化检测器测定，外标法定量。

（3）试剂与材料：除非另有说明，所有试剂均为分析纯。

①试剂：N，N-二甲基乙酰胺，纯度大于 99%。

②标准品：氯乙烯基准溶液，5000mg/L，丙酮或甲醇作溶剂。

③标准溶液配制。

A. 氯乙烯储备液的配制（10mg/L）：在 10mL 棕色玻璃瓶中加入 10mLN，N-二甲基乙酰胺，用微量注射器吸取 20μL 氯乙烯基准溶液到玻璃瓶中，立即用瓶盖密封，平衡 2h 后，保存在 4℃冰箱中。

B. 氯乙烯标准工作溶液的配制：在 7 个顶空瓶中分别加入 10mLN，N-二甲基乙酰胺，用微量注射器分别吸取 0μL、50μL、75μL、100μL、125μL、150μL、200μL 氯乙烯储备液缓慢注射到顶空瓶中，立即加盖密封，混合均匀，得到 N，N-二甲基乙酰胺中氯乙烯浓度分别为 0mg/L、0.050mg/L、0.075mg/L、0.100mg/L、0.125mg/L、0.150mg/L、0.200mg/L。

（4）仪器与设备。

①气相色谱仪：配置自动顶空进样器和氢火焰离子化检测器。

②玻璃瓶：0mL，瓶盖带硅橡胶或者丁基橡胶密封垫。

③顶空瓶：20mL，瓶盖带硅橡胶或者丁基橡胶密封垫。

④微量注射器：25μL、100μL、200μL。

⑤分析天平：感量 0.0001g 和 0.01g。

（5）分析步骤。

①试液制备。

称取 1g（精确到 0.01g）剪碎后的试样（面积不大于 1cm×1cm），置于顶空瓶中，加入 10mL 的 N，N-二甲基乙酰胺，立即加盖密封，振荡溶解（如果溶解困难，可适当升温），待完全溶解后放入自动顶空进样器待测。

②测定。

A. 仪器参考条件：

a. 自动顶空进样器条件：定量环：1mL 或 3mL；

平衡温度：70℃；定量环温度：90℃ 传输线温度：20℃；平衡时间：30min；

加压时间：0.20min；

定量环填充时间：0.10min；

定量环平衡时间：0.10min；

进样时间：1.50min。

b. 色谱条件：

色谱柱：聚乙二醇毛细管色谱柱，长 30m，内径 0.32mm，膜厚 1μm，或等效柱；柱温程序：起始 40℃，保持 1min，以 2℃/min 的速率升至 60℃，保持 1min，以速率升至 200℃，保持 1min；载气：氮气，流速 1mL/min；进样模式：分流，分流比 1:1；进样口温度：200℃；检测器温度：200℃。

B. 标准工作曲线的制作：对色谱条件中制备的标准工作溶液在测定所列仪器参数下进行检测，以氯乙烯标准工作溶液质量浓度为横坐标，以对应的峰面积为纵坐标，绘制标准工作曲线，得到线性方程。

C. 定量测定：对试液制备中制备的样品在测定所列仪器参数下进行检测，根据氯乙烯色谱峰面积，由标准曲线计算出样液中氯乙烯单体量。

（四）精密度

在重复性条件下获得的两次独立测定结果的绝对差值不得超过算术平均值的 10%。

（五）其他

本标准中氯乙烯的检出限 0.1mg/kg，定量限为 0.5mg/kg。

二、纸包装中有害物质的检验

造纸生产分两大部分,即制浆和造纸。制浆是用化学法或机械法(磨木法)把天然植物原料中的纤维离解出来,制成本色或漂白纸浆的过程;造纸是将纸浆进行打浆处理,再加胶料、填料,使纸浆在水中均匀分散,然后在抄纸机中脱水(滤水、挤压、烘干)造型,再通过切纸机、复卷机整理制成成品纸。

东汉时期,是以麻为主的破布和渔网为原料,唐宋年间,造纸开始使用麻、树皮、稻草等原料;近100年里,随着现代制浆技术的出现,木材开始逐渐成为造纸的主要原料,比重由1880年的10%上升到1970年的93%,现在世界上主要的造纸国家,几乎全部用木材纤维造纸。

木材比其他原料更适合于现代化大生产:纤维形态比其他原料好,而且,易制造出各种高质量的产品,生产效率高,易于污染治理,体积密集,便于运输、保存。

木材是最重要的造纸生产用纤维的原材料。木材分布广泛,方便取用,并且是一种可再生的自然资源。造纸原料有植物纤维和非植物纤维(无机纤维、化学纤维、金属纤维)等两大类。目前国际上的造纸原料主要是植物纤维,一些经济发达国家所采用的针叶树或阔叶树木材占总用量的95%以上。这些方面相对金属等包装材料来说,具有很大的优越性。

然而,纸包装材料还是有一定的污染。在植物纤维中,主要有草浆和木浆。资料显示草浆用的麦秆之类的植物所含的木质素比木浆所用的阔叶、针叶木所含木质素要少,然而木浆的黑液可以通过碱回收系统回收再用,回收系统成熟。草浆的黑液里含有太多的硅酸盐,会对碱回收系统造成干扰,使系统不能很好地运行,所以草浆的黑液回收系统目前还不完善,只能排放草浆黑液。

为了减少原料对环境的污染,开始寻求新技术解决这个问题。比如用蔗渣、稻草做原料,用全新技术达到基本无污染造纸。随着技术的全面发展,纸包装材料的取用对环境的污染会越来越小,为纸包装在绿色环保的道路上扫清障碍。

纸包装生产流程分为四步:制浆、抄纸、涂布、加工。

造纸工业产生的主要污染来自制浆工艺。碱法制浆会产生造纸黑液,即木质素、聚戊糖和总碱的混合物,黑液中所含的污染物占到了造纸工业污染排放总量的90%以上,且具有高浓度和难降解的特性,它的治理一直是一大难题。

为了让纸包装成为更加环保的材料,各种技术用于治理制浆工艺产生的黑液。木质素是一类无毒的天然高分子物质,作为化工原料具有广泛的用途,聚戊糖可用作牲畜饲料。

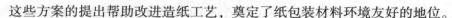

这些方案的提出帮助改进造纸工艺，奠定了纸包装材料环境友好的地位。

尽管制浆工艺有一定的污染，纸包装的生产相对于其他包装材料还是更加绿色环保。金属、塑料、玻璃的熔融加工需要消耗大量的能量，其工业废物污染更加严重。并且，改进金属等材料的加工工艺十分困难，复杂的工艺流程决定了这些材料没有纸包装材料在环保方面的优越性。

食品包装纸中有害物质的主要来源：造纸原料中的污染物；造纸过程中添加的助剂残留，如硫酸铝、纯碱、亚硫酸钠、次氯酸钠、松香和滑石粉、防霉剂等；包装纸在涂蜡、荧光增白处理过程中，受多环芳烃化合物和荧光增白化学污染物；彩色颜料污染，如生产糖果使用的彩色包装纸，涂彩层接触糖果可造成污染；成品纸表面的微生物及微尘杂质污染。

包装纸对食品安全性的影响：食品包装纸的安全问题与纸浆、助剂、油墨等有关；种植过程中，使用农药、化肥等使其在稻草、麦秆等纸浆原料中残留；工厂在纸浆原料中掺入一定比例的社会回收纸，脱色只脱去油墨，铅、镉、多环芳烃类等仍留在纸浆；加工过程加入清洁剂、改良剂等对食品造成污染；使纸增白添加的荧光增白剂及石蜡处理制作蜡纸时石蜡中含有的多氯联苯，都是致癌物质；我国还没有食品包装印刷专用油墨，所用油墨中含有铅、镉及甲苯、二甲苯等物质，对食品造成污染。

包装与环境相辅相成，一方面包装在其生产过程中需要消耗能源、资源，产生工业废料和包装废弃物会污染环境；另一方面也要看到包装保护了商品，减少了商品在流通中的损坏，这又是利于减少环境污染的。目前，在解决包装与环境的关系上，决不仅仅考虑如何处理包装废弃物，而是要考虑人们的一切活动中所需要的包装产品都是通过消耗自然资源及能源，产生废弃物并且影响地球环境作为代价的。因此，包装的目标，就是要保存最大限度的自然资源，形成最小数量的废弃物和最低限度的环境污染。这些方面，纸包装材料很好地符合了绿色包装的标准。

食品包装纸中有害物质的检测：荧光染料的检测，多氯联苯的测定，食品包装材料中铅、砷和镉的测定。具体检验方法同无机包装中有害物质的检测。

三、橡胶包装中有害物质的检验

天然橡胶是由人工栽培的三叶橡胶树分泌的乳汁经凝固、加工而制得的，其主要成分为聚异戊二烯，含量在90%以上，此外还含有少量的蛋白质、糖分及灰分。天然橡胶按制造工艺和外形的不同，分为烟片胶、颗粒胶、绉片胶和乳胶等，市场上以烟片胶和颗粒胶为主。

虽然自然界中含有橡胶的植物很多，但能大量采胶的主要是生长在热带雨区的巴西橡胶树。从树中流出的胶乳，经过凝胶等工艺制成的生橡胶，最初只用于制造一些防水织物、手套、水壶等，但它受温度的影响很大，热时变黏，冷时变硬、变脆，因而用途较少。

人们常用的合成橡胶有丁苯橡胶、顺丁橡胶和氯丁橡胶等。合成橡胶与天然橡胶相比，具有高弹性、绝缘性、耐油和耐高温等性能，因而广泛应用于工农业、国防、交通及日常生活中。

橡胶制品常用作奶嘴、瓶盖、高压锅垫圈及输送食品原料、辅料、水的管道等。有天然橡胶和合成橡胶两大类。天然橡胶是以异戊二烯为主要成分的天然高分子化合物，本身既不分解也不被人体吸收，因而一般认为对人体无毒。但由于加工的需要，加入的多种助剂，如促进剂、防老剂、填充剂等，给食品带来了不安全的问题。合成橡胶主要来源于石油化工原料，种类较多，是由单体经过各种工序聚合而成的高分子化合物，在加工时也使用了多种助剂。橡胶制品在使用时，这些单体和助剂有可能迁移至食品，对人体造成不良影响。有文献报道，异丙烯橡胶和丁橡胶的溶出物有麻醉作用，氯二丁烯有致癌的可能。丁腈橡胶，耐油，其单体丙烯腈毒性较大，大鼠 LD50 为 78～93mg/kg 体重。美国 FDA1977 年规定丁腈橡胶成品中丙烯腈的溶出量不得超过 0.05mg/kg。

橡胶加工时使用的促进剂有氧化锌、氧化镁、氧化钙、氧化铅等无机化合物，由于使用量均较少，因而较安全（除含铅的促进剂外）。有机促进剂有醛胺类如乌洛托晶，能产生甲醛，对肝脏有毒性；硫脲类如乙酸硫脲有致癌性；秋兰姆类能与锌结合，对人体可产生危害；另外还有胍类、噻唑类、次磺酰胺类等，它们大部分具有毒性。防老剂中主要使用的有酚类和芳香胺类，大多数有毒性，如 β-萘胺具有明显的致癌性，能引起膀胱癌。而填充剂也是一类不安全因子，常用的如炭黑往往含有致突变作用的多环芳烃——苯并（α）芘物质。橡胶主要的添加剂有硫化促进剂、防老剂和填充剂。其中硫化促进剂可促进橡胶硫化作用，以提高其硬度、耐热度和耐浸泡性。无机促进剂有氧化锌、氧化镁、氧化钙等，均较安全。氧化铅由于对人体的毒性作用应禁止用于餐具。有机促进剂多属于醛胺类，如六甲四胺（乌洛托晶，又名促进剂 H）能分解出甲醛。硫脲类中乙酸丁硫脲有致癌作用，已被禁用。秋兰姆类的烷基秋兰姆硫化物中，烷基分子愈大，安全性愈高，如双五烯秋兰姆较为安全。二硫化四甲基秋兰姆与锌结合对人体有害。架桥剂中过氧化二苯甲酰的分解产物二氯苯甲酸毒性较大，不宜用作食品工业橡胶。

防老化剂为使橡胶对热稳定，提高耐热性、耐酸性、耐臭氧性以及耐曲折龟裂性等而使用。防老化剂不亦采用芳胺类而亦用酚类，因前者衍生物及其化合物具有明显的毒性。

如 β-萘胺可致膀胱癌已被禁用，N-N′-二苯基对苯二胺在人体内可转变成 β-萘胺，酚类化合物应限制制品中游离酚含量。

充填剂主要有两种，即炭黑和氧化锌。炭黑提取物在 Ames 实验中，被证实有明显的致突变作用。故要求其纯度较高，并限制其苯并 [α] 芘含量，或降其提取至最低限度。由于某些添加剂具有毒性，或对实验动物具有致癌作用。故除上述以外，我国规定 α-巯基咪唑啉，α-硫醇基苯并噻唑（促进剂 M）、二硫化二甲并噻唑（促进剂 DM）、乙苯-β-萘胺（防老剂 J）、对苯二胺类、苯乙烯代苯酚、防老剂 124 等不得在食品用橡胶制品中使用。

橡胶制品的安全性：天然橡胶本身既不分解也不被人体吸收，一般认为对人体无毒，但由于加工的需要，加入的多种助剂，如促进剂、防老剂、填充剂等，给食品带来了不安全的问题；合成橡胶在加工时也使用了多种助剂，使用时这些单体和助剂有可能迁移至食品，对人体造成不良影响；文献报道，异丙烯橡胶和丁橡胶的溶出物有麻醉作用，氯二丁烯有致癌的可能。

橡胶制品中有害物质的测定：挥发物、可溶性有机物质、重金属及甲醛的测定同塑料及锌的测定。

参考文献

[1] 宁喜斌. 食品微生物检验学 [M]. 北京：中国轻工业出版社，2019，02.

[2] 林丽萍，吴国平，舒梅. 食品卫生微生物检验学 [M]. 北京：中国农业大学出版社，2019，06.

[3] 1] 张勇，杨静，高婷婷. 食品检验技术与质量控制 [M]. 汕头：汕头大学出版社，2022，04.

[4] 王明华. 生物检测技术在食品检验中的应用研究 [M]. 北京：中华工商联合出版社有限责任公司，2022，07.

[5] 魏明奎，王永霞，岳晓禹. 食品微生物检验 [M]. 北京：中国农业大学出版社，2022，03.

[6] 张琪，陈祥俊，李金霞. 食品理化检验技术 [M]. 长春：吉林科学技术出版社，2022，04.

[7] 姚勇芳. 食品微生物检验技术第 3 版 [M]. 北京：中国科技出版传媒股份有限公司，2022，04.

[8] 吴时敏. 食品分析与检验实验教程 [M]. 上海：上海交通大学出版社，2022，06.

[9] 雅梅. 食品微生物检验技术第 3 版 [M]. 北京：化学工业出版社，2022，04.

[10] 曹叶伟. 食品检验与分析实验技术 [M]. 长春：吉林科学技术出版社，2021，05.

[11] 郑琳，郑培君，曹川. 食品微生物检验技术 [M]. 北京：科学出版社，2021，08.

[12] 时国庆，郝景昊，李镁娟. 食品包装技术与检验 [M]. 天津：天津科学技术出版社，2021，04.

[13] 曾峰，刘斌. 食品微生物检验 [M]. 北京：中国轻工业出版社，2021.

[14] 邹小波，赵杰文，陈颖. 现代食品检测技术第 3 版 [M]. 北京：中国轻工业出版社，2021，01.

［15］严晓玲，牛红云. 食品微生物检测技术［M］. 北京：中国轻工业出版社，2021，01.

［16］尹永祺，方维明. 食品生物技术［M］. 北京：中国纺织出版社，2021，04.

［17］毛玲，杨雪芳，薛爱玲. 现代微生物检验技术［M］. 北京：科学技术文献出版社，2021，08.

［18］刘丽云. 食品检验［M］. 北京：中国农业大学出版社，2020，06.

［19］王立晖，刘皓. 食品检验工［M］. 天津：天津大学出版社，2020，06.

［20］周建新，焦凌霞. 食品微生物学检验［M］. 北京：化学工业出版社，2020，02.

［21］李凤梅. 食品安全微生物检验［M］. 北京：化学工业出版社，2020，10.

［22］陈智理，覃海元，赵永锋. 食品感官与理化检验技术［M］. 北京：中国农业大学出版社，2020，06.

［23］王瑞兰，杨靖副，曾海燕. 食品微生物检验技术实训手册［M］. 北京：科学出版社，2020，08.

［24］肖海，杨玉红. 食品微生物检验技术［M］. 北京：中国质量标准出版传媒有限公司；北京：中国标准出版社，2020，07.

［25］李道敏. 食品理化检验［M］. 北京：化学工业出版社，2020，05.

［26］柳青，包永华，谭龙飞. 食品感官检验技术［M］. 北京：北京师范大学出版社，2020，01.

［27］王庭欣，李松涛. 食品微生物检验［M］. 北京：中国标准出版社，2020，07.

［28］李博，陈庆华. 食品理化检验第2版［M］. 上海：华东师范大学出版社，2020，09.

［29］王海霞. 食品药品微生物检验技术［M］. 哈尔滨：黑龙江科学技术出版社，2020，08.

［30］林婵. 食品理化检验技术［M］. 北京：九州出版社，2019，01.

［31］李宝玉. 食品微生物检验技术［M］. 北京：中国医药科技出版社，2019，01.

［32］杨彩霞. 食品卫生检验学［M］. 沈阳：辽宁科学技术出版社，2019，05.

［33］林丽萍，吴国平，舒梅. 食品卫生微生物检验学［M］. 北京：中国农业大学出版社，2019，06.

［34］朱军莉. 食品安全微生物检验技术［M］. 杭州：浙江工商大学出版社，2019，12.

［35］朱艳. 食品微生物检验方法与技术探究［M］. 长春：吉林科学技术出版社，2019，10.

［36］丁元明. 食品检验教程［M］. 昆明：云南人民出版社，2019，02.

［37］郑百芹，强立新，王磊. 食品检验检测分析技术［M］. 北京：中国农业科学技术出版社，2019，08.

［38］雷昌贵，周婧琦，江飞. 食品微生物检验［M］. 郑州：郑州大学出版社，2019，04.

［39］刘鹏，李达. 食品分析与检验［M］. 西安：西安交通大学出版社有限责任公司，2019，01.

［40］马少华. 食品理化检验技术［M］. 杭州：浙江大学出版社，2019，08.

［41］杜淑霞. 食品理化检验技术［M］. 北京：科学出版社，2019，02.

8